# 단감재배 신기술

원예연구소 소장
김 성 봉 저

五星出版社

# 품 종

← 부유(富有)

→ 일목계 차랑

← 만어소

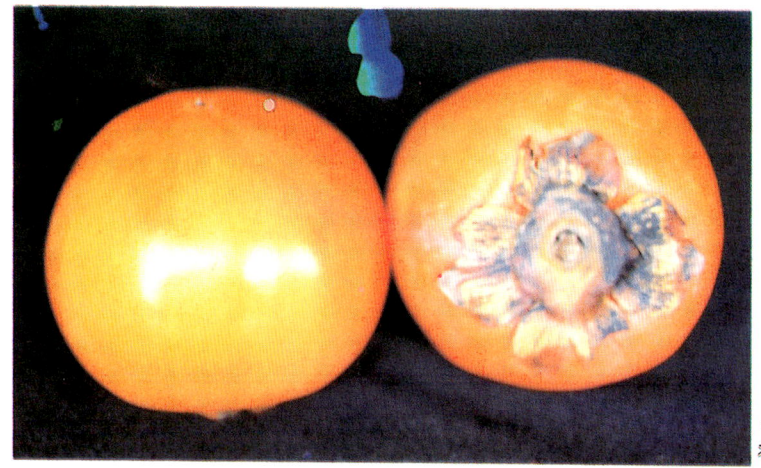

← 천신어소

→ 준하

← 선사환

↑ 대안단감과 부유비교 (좌 : 대안단감)

## 개원 재식

↑ 원예시험장 나주지장 단감 시험포장

↓ 산지 단감원

↑ 급경사지 단감원 (일본 나라지방)

↑ 급경사 과원에 모노레이 설치(일본)

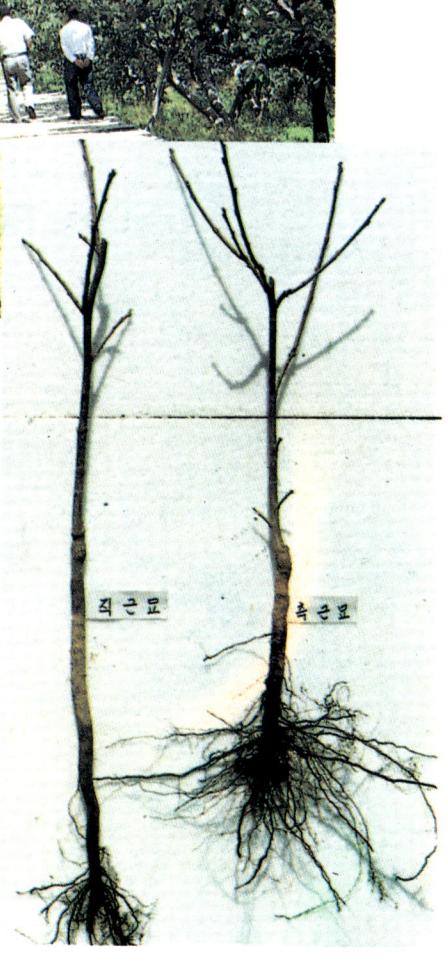
→ 묘목의 상태

↓ 심경(유기물과 석회시용)

## 개 화

← 선사환의 개화

## 인공수분

↓ 손끝으로 인공수분 작업

# 적 과

↑ 적과전 결실상태

↓ 적과후 결실 (1지 1과 착과)

# 고 접

↑ 일시갱신고접상태

↓ 일시갱신 고접수 신초신장

↑ 노목결실

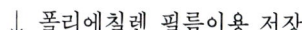

↓ 폴리에칠렌 필름이용 저장

# 시 설

↑ 단감재배 연동 비닐 하우스 (전남 부안)

↓ 시설내 재배상태

# 약재 살포

↑ S.S에 의한 약제살포(하계약제)

↓ 석회유황합제 5도액 살포 (동계약제)

↑ 대안단감 10년생의 수좌

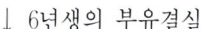

↓ 6년생의 부유결실

# 병 해

← 근두암종병

↓ 원성낙엽병

↑ 흰가루병

↑ 탄저병

# 충해

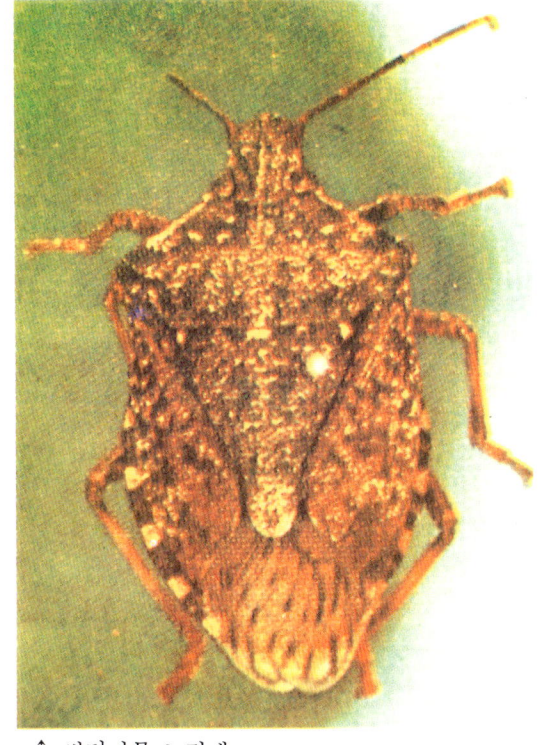

↑ 썩덩나무 노린재　　　　　　　　　↑ 풀색노린재

↓ 갈색날개 노린재　　　　　↓ 충해 피해로 화관(花冠) 부착

↑ 으름나방 성충

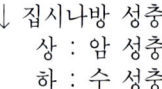

← 깍지벌레 피해로 가지고사

↓ 집시나방 성충
　상 : 암 성충
　하 : 수 성충

↑ 감꼭지 나방 성충

← 잎마리 나방
좌상 : 성충
좌하 : 유충
우측 : 잎이 말린 상태
(속에 유충이 있음)

↓ 감나무 잎마리 나방

↑ 쐐기나방 유충

↑ 쐐기나방 성충

→
주머니 나방
좌 : 주머니(유충)
우 : 성충

↓ 된박벌레 부치(엽육만 가해)

# 생리장해

↑ 녹반증 (망간과다)

↑ 망간부족상태 ↓ 정부열과

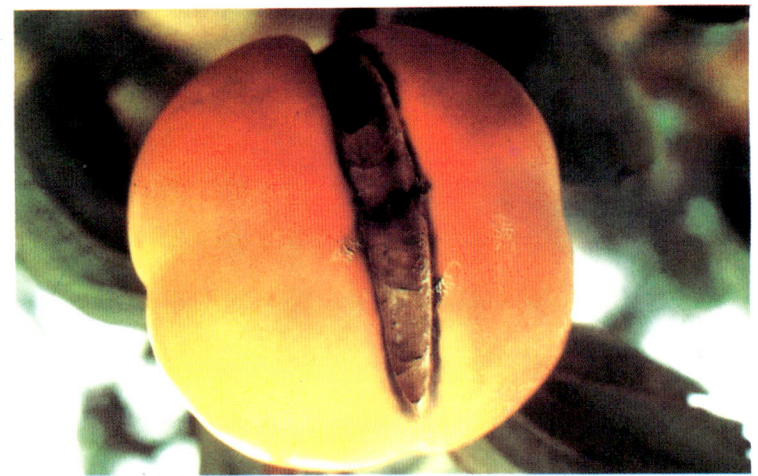

↑ 서촌조생의 열과

↑ 정부열과 및 꼭지부분 피해

↓ 과피 검은무늬 증상

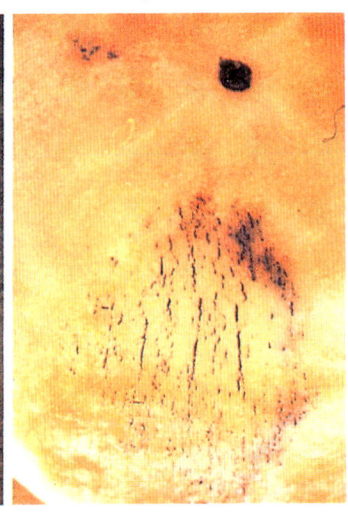

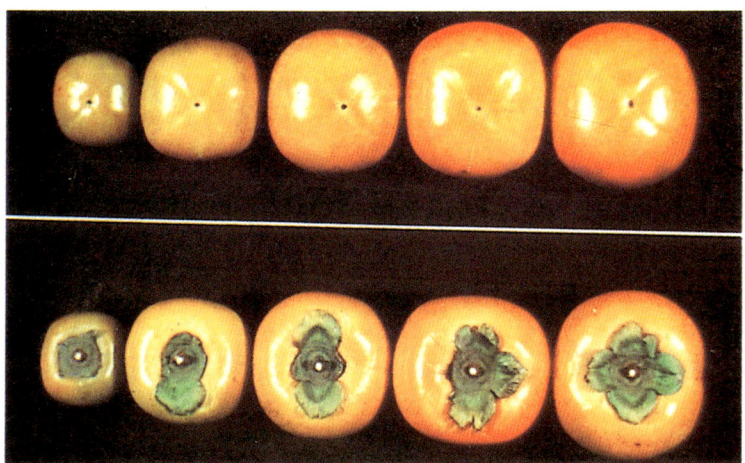

↑ 꼭지제거와 과실크기

↑ 종자가 많으면 당도증가 (과육갈변)

↓ 과숙에 의한 연화(軟化)

↑ 흰줄무늬병(하우스내 고온시 발생:서촌조생)

↓ 생리적 낙과

# 동 해

↑ 동해피해로 가지고사

# 살충제 피해

↓ 디프 수화제 500배 피해

↑ 충북 영동읍

감나무 가로수(경북 청도)

↓ 제초제 반벨의 피해증상

# 단감재배 신기술

김 성 봉 저

五星出版社

# 머 리 말

    우리나라 고유의 단감은 지리산(智異山) 남부에 산재되어 있었다는 기록이 있고 현재 재배되고 있는 단감은 1910년경에 도입(導入)된 것으로 본격적인 단감의 재배역사는 그리 오래되지 않았다.
    최근 경제 성장에 따라 과실 소비량이 급증하면서 단감의 재배면적도 급격하게 확대되어 주산지가 형성되어 가고 있다. 그러나 단감재배의 국내 연구 결과가 거의 전무한 상태이고 농가의 재배기술 또한 다른 과종에 비하여 낙후(落後)되어 있는 실정에 있다.
    단감은 우리나라에서는 특수지역에 극한 재배(極限栽培)가 가능한 과수로서 산지, 경사지에 재배가 많이 되고 있으나 생산성을 높이고 국제경쟁력(國際競爭力)에 대응하기 위해서는 10도 미만의 경사지 아니면 평지재배가 되어야 한다. 특히 단감은 다른 과수에 비하여 병해충의 발생 빈도가 낮고 농약 살포 횟수가 적어 농약 공해가 거의 없는 과실이며 장기간 저장하여도 연화가 되지 않아 연중 소비자들의 기호를 충족시켜 주는 장점을 가지고 있기 때문에 앞으로 더욱 각광(脚光)을 받게 될 것이다.
    단감은 수입개방(輸入開放)에 대응해서 새롭고 경쟁력있는 과수로서 국내 소비는 물론 수출도 증가될 전망이 밝으나 상업농시대에 부응한 품질향상과 생산비 절감, 작형 및 저상기술개발 등에 의한 연중 출하로 소비가 대중화되고 국제 경쟁력이 강화될 수 있는 여러가지 문제점이 산적해 있어 이점 해결이 절실히 요구되는 시점에 와 있다고 본다.

금번 발행하게 된 이 책은 선진국들의 농산물 수입개방 압력이 가중되고 있는 전환(**轉換**)기에 보다 실용적이고 새로운 재배기술을 제공하고자 그 동안의 국내외 연구결과와 저자의 경험을 토대로 해서 꾸미려 하였으나 본래 의도했던 대로 충분하게 반영되지 못한 것 같아 아쉬움이 많다. 부족한 점은 앞으로 계속 보완해 가기로 하고 미비하나마 이 책이 단감 재배농가에 많은 참고 자료가 되어 주기를 바라는 마음 간절하다.
　끝으로 이 책이 출판될 수 있도록 진심이 담긴 권고와 용기를 주시고 출판을 도와주신 오성출판사(**五星出版社**) 김중영 사장(**金重英社長**)님께 심심한 사의를 표하는 바이다.

저　　자

# 단감재배 신기술     차례

## 제 1 장 감의 분포와 재배현황

제 1 절 감의 분포 ································································35
제 2 절 재배 역사 및 현황 ··················································39

## 제 2 장 품종

제 1 절 단감의 분류································································44
제 2 절 조생종··········································································46

가. 대안단감 · 46 / 나. 서천조생 · 47 / 다. 이두 · 49 / 라. 선사환 ······50

제 3 절 중생종··········································································52

가. 차랑 · 52 / 나. 송본조생부유 · 53 / 다. 일목계 차랑 ················54
라. 전천차랑 ··········································································57

제 4 절 만생종··········································································58

가. 부유 · 58 / 나. 화어소 · 60 / 다. 준하 ········································61

## 제 3 장 재배환경

제 1 절 기상조건 ····································································65
제 2 절 토양조건 ····································································70

## 제4장  감나무의 기능

제1절  뿌리 …………………………………………… 73
제2절  잎 ……………………………………………… 80
제3절  가지 …………………………………………… 83
제4절  꽃 ……………………………………………… 88

## 제5장  결실생리(結實生理)

제1절  수분(受粉)과 수정(受精) ……………………… 95

가. 수정의 효과 · 95 / 나. 꽃가루 · 96 / 다. 수분 수 ……… 96
라. 인공수분 ……………………………………………… 97

제2절  단위결과성(單位結果性) ……………………… 101
제3절  꼭지와 과실발육 ……………………………… 103
제4절  생리적 낙과 …………………………………… 108
제5절  격년결과(隔年結果) …………………………… 114

## 제6장  과실 비대 생리

제1절  과실의 구조 …………………………………… 116
제2절  과실발육 ……………………………………… 121
제3절  저장 양분과 과실 크기 ……………………… 129

## 제7장 과실 품질

제1절 과실의 외관 ………………………………………… 132
제2절 맛 …………………………………………………… 135
제3절 육질 ………………………………………………… 137

## 제8장 묘목양성

제1절 대목 ………………………………………………… 138
제2절 대목양성 …………………………………………… 141
제3절 접목 ………………………………………………… 144

## 제9장 개원재식(開園栽植)

제1절 개원할 포장조건 …………………………………… 151
제2절 재식시기 및 재식거리 ……………………………… 152
가. 재식시기 · 152 / 나. 재식거리 ………………………… 152
제3절 정식 ………………………………………………… 155

## 제10장 정지전정

제1절 전정의 기초 이론 …………………………………… 161
제2절 생육특성과 정지 전정 ……………………………… 167
제3절 수형 ………………………………………………… 170

## 제11장  과수원 토양관리

제1절  표토관리 …………………………………………………… 181
제2절  과수원의 토양보존 ……………………………………… 187
제3절  토양 개량 ………………………………………………… 196
제4절  수분(水分) 관리 ………………………………………… 212

## 제12장  시비

제1절  무기영양과 단감나무의 생육 ………………………… 224

가. 질소(N) · 224 / 나. 인산(P) · 225 / 다. 칼리(K) …………… 226
라. 칼슘(Ca, 석회) · 227 / 마. 마그네슘(Mg, 고토) …………… 228
바. 붕소(B) ………………………………………………………… 229

제2절  시비량 ……………………………………………………… 230
제3절  시비시기 ………………………………………………… 234

가. 밑거름 · 234 / 나. 웃거름 · 235 / 다. 가을거름 · 237 / 라. 분시 · 238

제4절  비료종류 ………………………………………………… 239
제5절  시비방법 ………………………………………………… 240

## 제13장  과수의 생리장해

제1절  환경에 의한 생리장해 ………………………………… 242
제2절  미량원소 부족에 의한 생리장해 ……………………… 263

# 제14장 저장

제1절 수확 후 과실의 변질요인 ················································268

가. 과실 자체의 작용에 의한 변질 · 268 / 나. 증산에 의한 변질 ······268
다. 미생물에 의한 변질 ··································································270

제2절 저장성 ················································································271
제3절 냉장 ····················································································273
제4절 폴리에틸렌 냉장 ································································275
제5절 CA저장 ··············································································281
제6절 동결저장 ············································································283

# 제15장 시설재배

제1절 시설재배의 현황과 전망 ··················································285
제2절 시설재배의 특징 ································································286

가. 시설재배에 적합한 품종 · 286 / 나. 조숙, 고품질 생산 가능 ······286
다. 생산성 증대와 수세관리 · 287 / 라. 가온개시 및 시기결정 ········287
마. 초기 생육 단계는 온도 순화 · 288 / 바. 적숙기 수확 ··············288

제3절 작형 ····················································································289
제4절 시설재배의 생리반응 ························································292

가. 광조건 · 292 / 나. 토양수분 · 294 / 다. 온도 ··························296
라. 습도 · 297 / 마. 탄산가스($CO_2$) ············································298

제5절 시설재배시의 식물생장 조정제 이용 ····························299

제 6 절  시설재배의 관리요령 ································· 302

가. 재배상의 주요한 관리 · 302 / 나. 비닐 피복전 준비 ················ 304
다. 온도관리 · 305 / 라. 관수 · 308 / 마. 결실관리 ················· 309
바. 비닐 피복과 착색관리 ····································· 310

# 제16장  병해충 방제

제 1 절  병해의 생태 및 방제 ································· 312

가. 근두암종병 · 312 / 나. 탄저병 · 314 / 다. 검은별무늬병 ··········· 316
라. 흰가루병 · 319 / 마. 둥근별무늬 낙엽병 ······················ 321
바. 모무늬 낙엽병 · 325 / 사. 동고병 ··························· 328

제 2 절  해충의 생태 및 방제 ································· 331

가. 감꼭지 나방 · 331 / 나. 차 주머니 나방 ······················ 336
다. 노랑쐐기 나방 · 339 / 라. 노린재류 ························· 341
마. 깍지벌레류 · 343 / 바. 애모무늬 잎말이나방 ··················· 348

● 참고문헌

# 제1장 감의 분포(分布)와 재배현황(栽培現況)

## 제1절 감의 분포

### 가. 세계적인 분포

감의 원산지는 동아시아로 중국은 사천(泗川), 운남(雲南), 절강(浙江), 강소(江蘇), 및 호북(湖北)의 각 성이 순야품종(純野品種)의 원산지이다.

전 세계에 분포하는 감나무속(屬) 식물은 약 190여 종으로 열대에서 온대지방까지 널리 분포한다.

우리나라에는 감나무와 고욤(君遷子)이 있으며, 고욤은 과실이 둥근 것(豆柿)과 타원형인 청고욤(信濃柿)이 있다. 일반적으로 둥근고욤과 청고욤을 통털어 고욤(君遷子)이라 한다. 감은 과실로 이용되나 고욤은 식용(食用)보다는 대목(臺木)과 시삽(柿澁)을 채취하여 약(藥) 또는 염료(染料)로 쓰인다.

(표 1-1) 감나무 종류 및 용도

| 종 류 | 원 산 지 | 용 도 |
|---|---|---|
| 감나무 Diospyros Rari Linn f. | 한국, 중국, 일본 | 식용, 대목, 시삽 |
| 고 욤 Diospyros lotus Linn | 소아시아, 페르시아 | 식용, 대목, 시삽 |
| 미국감 Diospyros viginaiana Linn | 북 미 | 대목, 시삽 |
| 유 시 Diospyros oleifera Cheng | 중 국 | 시삽 |

36  제 1 장  감의 분포와 재배현황

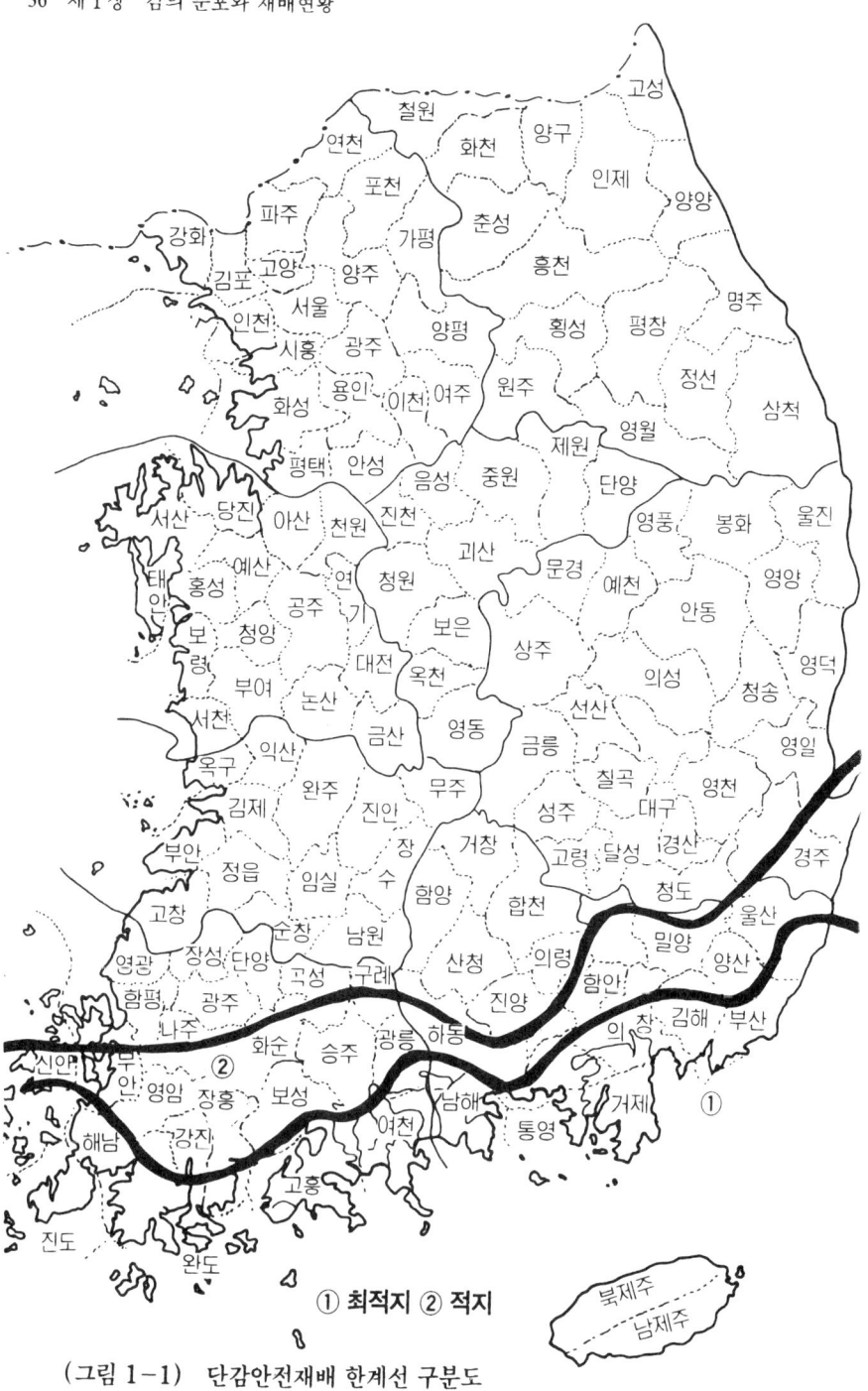

① 최적지  ② 적지

(그림 1-1)  단감안전재배 한계선 구분도

떫은 감의 분포는 서해안은 평남의 진남포(鎭南浦)를 중심으로 용강 지방(龍岡地方)까지, 내륙지방은 경기 가평(加平), 충북의 제천(堤川), 경북의 봉화(奉化), 동해안은 원산(元山), 북청 해안지역(北靑海岸地域)까지 분포한다.

위도(緯度)상으로는 서해안은 39°, 내륙지방은 37~38°선, 동해안은 40°선까지이다.

기온상으로는 연평균기온 8~10℃의 등온선에서 재배가 제한되고 북쪽으로 갈수록 재배면적이 적다.

## 나. 우리나라의 분포

단감은 떫은감에 비해 추위에 약하여 남쪽인 따뜻한 지방에서 경제적 재배가 이루어지고 있으며 주산지를 이루고 있다.

단감은 연평균기온이 11~15℃에 1일 평균기온 10℃이상, 일수가 215~240일 이상인 지역 그리고 9월 평균기온이 22~23℃이고, 10월의 평균기온 15℃ 이상인 지역으로 우리나라는 경남 포항(浦項), 경주(慶州), 밀양(密陽), 진양(晋陽), 하동(河東), 전남 광양(光陽), 고흥(高興), 장흥(長興), 강진(康津), 해남(海南)을 연결하는 남해안 지역과 전남 비야가 미기상(微氣象)으로 단감이 재배되고 있다.(그림 1-1)

떫은감은 연평균기온이 8~10℃, 등온선상(等溫線上)과 1월 평균기온 -8~-6℃, 등온선상으로 재배북한(栽培北限)은 평안북도의 용강군 해안지대와 함경남도의 안변(安邊)을 기점으로 북청군까지의 해안 연변의 9개군, 황해도는 연백(延白), 재령(載寧), 신천(信川), 안악(安岳), 은율(殷栗), 금천(金川), 장연(長淵), 옹진(甕津), 송화(松禾) 등 10개군 일대와 내륙지방에 속하는 경기도는 가평(加平), 포천(抱川), 연천(漣川), 장단(長湍), 양평(楊平), 개풍군(開豊郡)의 서북단(西北端)지방, 충청북도의 동북부인 제천, 단양지역(丹陽地域), 경상북도의 봉화군 등을 떫은감의 최북단 지역(最北端地域)으로 본다.(그림 1-2)

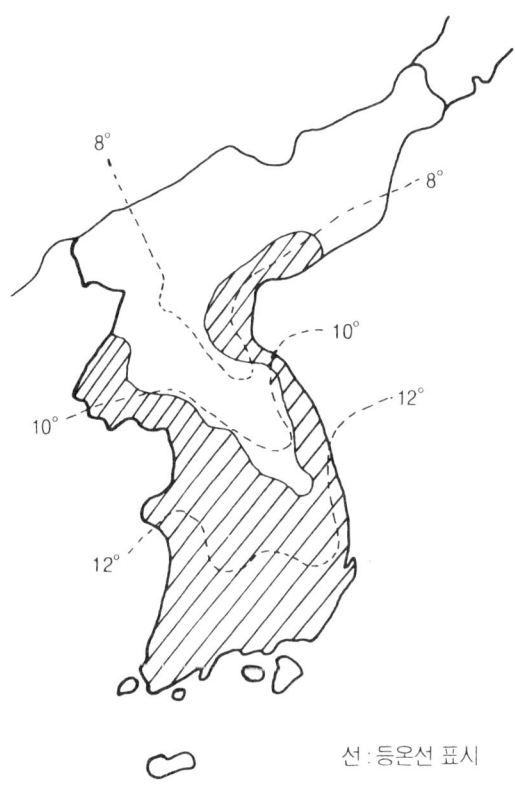

선 : 등온선 표시

(그림 1-2) 떫은 감재배 지대 구분도

## 제 2 절  재배역사 및 현황

### 가. 재배역사(栽培歷史)

우리나라의 감의 재배역사는 언제부터 시작되었는지 확실한 기록이 없고 근세(近世)에 대한 기록이 약간 있을 뿐이다.

고려 원종(元宗)1284~1351년 농상집요(農桑輯要) 이엽(李皣)의 기록이 있고 이조 성종(成宗) 1474년 국조오례의(國朝五禮義)의 강희맹(姜希孟)은 중추제에 제물로 사용했다고 기록되어 있으며 광해군(光海君) 1614년 지봉유설(芝逢類說) 이수광(李晬光)에 의하면 고염나무(樗), 정향시(丁香柹), 홍시(紅柹) 등의 재배기록이 있다. 또 현종(顯宗) 1660년 구황촬요(救荒撮要) 신속(申洬)에도 소시(小柹:고욤의 일종)의 조리법과 곶감 만드는 법이 있고 고사십이집(古事十二集) 1715~1781년 서명응(徐命膺)에 의하여 감식초 제조법과 홍시 만드는 방법에 대한 기록이 있다.

중국에서는 5세기 초의 감속식물인 감(柹),유시(油柹), 군천자(君遷子), 정향시(丁香柹), 경면시(鏡面柹), 소협시(小協柹)가 재배되었다고 제민요술(齊民要術)과 본초문헌(本草文獻)에 기록되어 있다.

일본은 지질시대의 제3기 중 신세(新世)에 감의 화석이 발견되었다고 하고 서남 난지역은 중국의 감원산지와 풍토가 유사하다고 했다. 단감과 떫은감이 구분되는 것은 염창시대 1192~1333년의 문헌으로 증명하고 있다.

## 나. 재배현황(栽培現況)

### 1) 재배면적과 생산량(生産量)

1980년도 우리나라의 단감 재배면적은 2,700ha로 과수원으로서의 규모를 갖추면서 재배하게 되었다. 희귀성과 맛이 특이하여 가격이 고가(高價)로 수익성이 증대되면서 재배면적이 확대되어 1991년에는 11,300ha로 '80년도에 비하여 4.2배로 넓어졌다.

생산량도 '80년도에 6,000㎧이 '91년도에는 13.6배로 늘어났고 감은 우리나라 5대과종 중 하나로 매우 중요한 과실이 되었다.

(표 1-2) 연도별 단감 재배면적과 생산량

| 년도<br>구분 | 1980 | 1985 | 1986 | 1987 | 1988 | 1989 | 1990 | 1991 |
|---|---|---|---|---|---|---|---|---|
| 재배면적(ha) | 2,700 | 8,300 | 8,500 | 9,200 | 10,000 | 8,900 | 9,900 | 11,300 |
| 생 산 량(㎧) | 6,000 | 63,500 | 64,600 | 65,300 | 88,000 | 84,000 | 65,700 | 82,000 |

### 2) 재배품종의 구성비율(構成比率)

단감재배 초기인 1982년노에는 품종이 매우 다양하였다.

조생종으로 대안단감 외 10여 품종과 중생종으로 선사환 외 5품종, 만생종으로 부유 외 10여 품종이 재배되었으며, 1987년도에 이르러서는 지역적응에 맞고 상품성이 높은 우량품종으로 귀착이 되어 가고 있는 것을 볼 수 있다.

우리나라 단감은 부유, 차랑, 대안단감으로 품종이 정착되어 가고 있으며, 1987년 품종별 재식비율(栽植比率)을 보면 부유품종의 재배면적이 7,248ha로 86.4%를 차지하고 있다. 차랑도 재배면적이 늘고 있으나 대안단감은 줄고 있다.

주요 재배지역인 경남지역은 부유품종만 재배하고 있으며 전남지역은 부유, 차랑, 대안단감, 서초조생을 재배하고 있다. 1990년부터는 대안단감을 경남지역에서도 재배를 시작하고 있는데 그 이유는 과실이 대과이고 착색이 잘 되고 추석에 출하되기 때문이다.

(표 1-3) '82, '87년도 단감의 숙기, 품종별 면적과 비율

| 숙기 | 품종 | 1982년 면적과 비율 | | 1987년 면적과 비율 | |
|---|---|---|---|---|---|
| | | 면적(10a) | 비율(%) | 면적(10a) | 비율(%) |
| 조생종 | 대 안 단 감 | 1,288 | 54.1 | 1,030 | 39.6 |
| | 서 촌 조 생 | — | | 646 | 24.8 |
| | 이 두 | 225 | 9.4 | 624 | 24.0 |
| | 적 시 | 215 | 9.0 | — | — |
| | 송본조생부유 | 167 | 7.0 | 42 | 1.6 |
| | 구 보 | 124 | 5.2 | 54 | 2.1 |
| | 가 라 | 111 | 4.7 | 25 | 1.0 |
| | 수 도 | 33 | 1.4 | — | — |
| | 삼 곡 어 소 | 7 | 0.3 | — | — |
| | 등 팔(적시) | 4 | 0.2 | — | — |
| | 기 타 | 208 | 0.7 | 179 | 6.9 |
| | 소 계 | 2,382 | 100 | 2,600 | 100 |
| 숭생종 | 선 사 환 | 57 | 10.5 | 67 | 6.2 |
| | 권 천 차 랑 | 42 | 7.7 | — | — |
| | 천 신 어 소 | 29 | 5.3 | — | — |
| | 기 타 | 416 | 76.5 | 1,017 | 93.8 |
| | 소 계 | 544 | 100 | 1,084 | 100 |

| 만생종 | 부 유 | 59,847 | 93.50 | 72,480 | 90.4 |
| | 차 랑 | 2,974 | 4.65 | 7,621 | 9.5 |
| | 어 소 | 203 | 0.32 | 79 | 0.1 |
| | 감 백 도 | 124 | 0.19 | — | — |
| | 미 까 도 | 606 | 1.0 | — | — |
| | 정 월 | 23 | 0.04 | — | — |
| | 만 어 소 | 10 | 0.02 | — | — |
| | 화 어 소 | 4 | 0.01 | — | — |
| | 기 타 | 174 | 0.27 | — | — |
| | 소 계 | 63,966 | 100 | 80,180 | 100 |
| | 품종불분명 | 821 | | — | |
| | 총 계 | 67,713 | | 83,864 | |

3) 재배농가의 규모별 농가호수(規模別農家戶數)

단감 재배농가 규모별 호수를 보면 0.5ha 이하의 농가호수가 1982년에는 11,842호로 비율은 77.9%이고, 1987년은 16,068호로 76.2%였다. 표 1-4에서 보는 바와 같이 단감재배는 재배규모가 영세농인 것을 알 수 있다.

(표 1-4)  '82, '87년도 단감재배 규모별 농가 호수

| 연도별 | 계 | 0.1ha 미만 | 0.1~0.5 | 0.5~1.0 | 1.0~2.0 | 2.0~3.0 | 3.0~5.0 | 5ha 이상 | 과수원 면적(ha) |
|---|---|---|---|---|---|---|---|---|---|
| 1982 | 15,193 (100) | 3,692 (24.3) | 8,150 (53.6) | 1,953 (12.9) | 956 (6.3) | 222 (1.5) | 155 (1.0) | 65 (0.4) | 6,772 |
| 1987 | 21,087 (100) | 671 (3.2) | 15,397 (73.0) | 2,960 (14.0) | 1,518 (7.2) | 323 (1.5) | 163 (0.8) | 55 (0.3) | 9,200 |

( ) : 비율  ※ '82와 '87 : 농림수산부 과수실태조사

(표 1-5) 주요 재배지역 및 재배품종

| 지역 | | 재배면적 | 주요품종 |
|---|---|---|---|
| 경남 | 김해시·군 | 1,770ha | 부유 |
| | 의창군 | 1,025 | 〃 |
| | 진양군 | 568 | 〃 |
| | 사천군 | 483 | 〃 |
| | 밀양군 | 385 | 〃 |
| | 함안군 | 357 | 〃 |
| | 고성군 | 330 | 〃 |
| 전남 | 승주군 | 304 | 부유, 차랑 |
| | 무안군 | 127 | 부유, 차랑, 대안단감, 서촌조생 |

# 제 2 장  품종(品種)

 품종선택은 영리재배(營利栽培)가 성공해야 하고 품종에 맞는 적지가 가장 중요하다.
 첫째는 시장의 기호도(嗜好度)로서 우수품종의 선택이다. 우리나라에는 단감으로는 부유가 제1 품종이고 차랑이 그 다음 품종으로 되어 있다.
 둘째는 적지적작(適地適作)이어야 한다. 시장성이 높아도 기후풍토에 적합하지 못하면 자연적인 탈삽이 곤란하고 품질이 떨어진다. 그러나 지역적인 특산으로 무안지역의 대안단감은 과실이 대과이고 과피색이 아름답고, 추석에 출하가 가능하여 선물용으로 인기가 높다. 그리고 품종 재식비율은 주품종이라도 국토 전체 재식비율이 30~40%가 넘어 가면 안 된다. 그 이유는 기상재해(氣象災害)나 병해충 발생시 주품종(主品種)에 피해가 발생하게 되면 심한 흉작을 면할 수 없다.

## 제1절  단감의 분류

 감은 과실의 맛에 의하여 단감과 떫은감으로 분류하고 있다.
 우리나라도 1959~1964년까지 6년간 지방적으로 대표적이며 우량하다고 알려져 있는 떫은감 품종 186종을 수집하여 그중 유망시되는 74품종을 선발해냈다. 떫은감의 분류는 과실의 형태, 색택, 육질, 숙기 등을 특징으로 한 인위분류 방식으로 장형(長形), 편형

(扁形), 원형(圓形), 방형(方形), 기타형으로 분류한다.

(그림 2-1) 단감의 분류

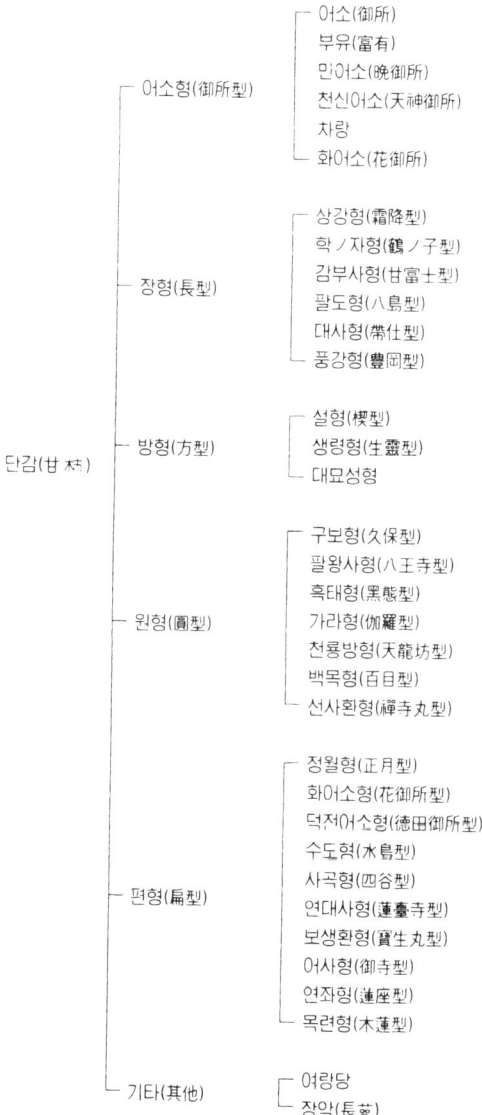

단감은 일본에서 어소형(御所形), 장형(長形), 방형(方形), 원형(圓形), 편형(扁形), 기타형으로 분류하고 있어 이에 따라 분류를 했다.

# 제 2 절  조생종(早生種)

## 가. 대안단감(大安)

전남 무안군(全南務安郡) 톱머리가 원산지로 1908년경부터 재배가 되어왔으나 단감의 진가를 인정받지 못하였다. 그러나 점차 국민경제 수준이 높아지면서 또 생활의 고급화와 병행하여 단감 소비량이 증가되었다. 또한 추석 단감으로 대과에 과피색이 곱고 단맛이 높아 원예시험장 나주지장에서 발굴해 대안단감으로 명명하였다. 본래의 이름은 톱머리단감, 대홍시(大紅柿), 극대형 부유 등으로 불러왔다.

### 1) 나무의 특징(特徵)

나무의 세력은 약한편이며 왜성재배(矮性栽培)가 가능하다.
개장성(開張性)으로 가지는 옆으로 퍼져 수평 이하로 처지며 굵은 과실이 착과되어 더욱더 수하(垂下)된다.
가지는 굵고 마디가 길며 구부러져서 직립 생장은 거의 하지 않으며 가지 수는 적다. 가지의 끝눈은 복아(復芽)로 끝부분의 마디가 짧고 흰색의 잔털이 많다. 나무는 개장성(開張性)이 강하여 수형 구성에 어려움이 있는 품종이다.

## 2) 과실의 특성(特性)

과실의 크기는 250~300g의 대과종(大果種)의 품종이며, 큰 것은 350g 이상인 것도 있다.

과실형태는 부유처럼 편원형이나 약간 한쪽으로 기운편이다. 과정부는 평편하고 십자로 4개의 얕은 골이 있다. 과피색은 등홍색으로 과면 전체에 착색이 곱게 든다. 과육은 담황색이며 육질은 연하고 과즙이 많다.

종자 형성력은 약하여 보통 3~4개의 종자가 생긴다. 또 완전 단감으로 일찍부터 떫은 맛이 빠지고 꼭지 떨림이 적다. 당도는 13%로서 부유보다 낮고 맛은 담백하다.

## 3) 재배상의 유의사항

나무가 개장성이므로 유목 때부터 주간에 지주를 세워 주지 않으면 일정 높이까지 주간 연장이 되지 않고 왜성으로 된다.

과실은 크고 색깔이 곱기 때문에 시장성이 있으나 격년결과성과 수량이 낮은 결점이 있으므로 수분수 혼식과 적과에 주의가 필요하다. 대안 단감은 후기 낙과가 심하고 저장력이 약한 결점이 있다.

## 나. 서천조생(西川早生)

일본 시가현(滋賀縣) 니시무라(西村秤藏)씨 과수원에서 부유에 적시(赤枾)화분이 수분되어 우연발생에 의하여 이루어진 품종으로 추정하고 있다. 서천조생은 불안전(不安全) 담단으로 품질은 그리 좋지 않으나 숙기가 빠르고 외관(外觀)이 아름다운 특징이 있다.

우리나라에서는 1968년 도입되어 1981년 원예시험장 나주지장에서 조생종 품종으로 선발한 품종이다.

1) 나무의 특징(特徵)

수세는 평핵무 정도로 강하고 직립성(直立性)이나 왜화성 성질이 있다. 가지는 붉은색을 띠고 피목(皮目)이 크고 뚜렷하며 껍질이 거칠어 다른 품종과 구별하기가 쉽다. 그리고 싹이 일찍 발아하므로 늦서리의 피해를 받을 때가 많다. 유목기 수꽃과 암꽃이 같이 개화하므로 수분수로도 기대되나 꽃수가 적고 화분량이 적은 결점이 있다. 격년결과는 적으며 낙과도 비교적 적어 수량은 안정생산이 가능한 품종이다.

2) 과실특성(特性)

과실크기는 180~200g의 조생종으로 비교적 과실이 큰 편이다. 과실모양은 장보주형(長寶珠形)으로 모가 나고 꼭지 쪽이 넓고 편편하며 정부가 약간 뾰족하고, 4개의 옅은 골이 있으며 모양이 부유 품종보다 아름답다. 과피색은 진홍색이며 광택이 있고 빛깔이 보기 좋다.

불완전 단감으로 무핵과(無核果)는 과육이 착색이 덜되며 떫은 맛이 있으나 성목이 되어 종자가 4개 이상 들면 과육색도 짙어지고 완전 탈삽이 되어 당도가 14% 내외가 된다. 조생종이지만 견딜성이 있어 수송력에는 강한편이다. 숙기는 9월 하순이다.

3) 재배할 때 유의할 점

㉮ 조생종이므로 부유와 같이 온도의 영향이 적어 부유보다는 위도가 더 높은 곳에서도 재배가 가능하다. 토양은 배수가 양호하고 유기물이 풍부한 사양토가 적지이다.
㉯ 수분작업을 하기 위해서는 수형은 개심자연형으로 수고를 낮게 가꾸는 것이 바람직하다. 차랑품종과 같이 결과 습성이 기부쪽으로 착과되는 습성이 있다.
㉰ 종자수가 과실당 4개 이상이 있어야 완전 탈삽이 되므로 인공수분이 필요하다. 수분수로는 개화기가 빠른 적시가 적당하다. 무핵과로는 착색도 늦고 탈삽이 완전히 되지 않아 떫은 맛이 있어 상품성이 없으며 늦게 10월 중순 이후에 수확하더라도 판매시에는 떫은 맛의 유무를 알아 볼 필요가 있다.

## 다. 이두(伊豆)

일본 농림수산성 원예시험장에서 육성한 품종으로 교배양친은 부유에 A-4(만어소×만어소)이다. 본품종은 조생종으로 유일한 완전단감이며 이 시기의 품종으로도 우수한 품종이다.

1) 나무의 특징(特徵)

수세는 약한 편이며 왜성기미가 있고 개장성이다. 가지는 굵고 짧으며 가지 발생이 적다.
피목은 크고 나무껍질은 거칠며 발아는 늦으나 부유보다는 빠르다. 유목에 꽃눈이 많이 착생되지만 생리적 낙과가 많고 결실률이 낮다.

### 2) 과실의 특성(特性)

과실크기는 평균 180g으로 부유품종보다 작다. 과형은 부유와 같으며 과피색은 등황색으로 매끈매끈한 광택이 난다.

과육은 담황색으로 갈반이 없으며 육질이 친밀하고 연하며 다즙이고 당도가 14~16%로 부유보다는 못하지만 조생종으로서는 상품에 속한다. 견딜성이 낮아 저장력은 약하다. 숙기는 10월 상순으로 서천조생보다 10일 정도 늦고, 꼭지 떨림이 생기며 과피검은무늬증상(오염과)의 발생이 많다.

### 3) 재배시의 유의할 점

㉮ 조생종이지만 부유품종의 재배지 북쪽에서 재배는 부적합하다. 배수가 잘 되고 비옥지는 과실의 과피검은무늬 증상과의 발생이 많으므로 통풍이 잘 되는 곳이 적지이다.

㉯ 수세가 약하기 때문에 수세보강에 유의해야 하고 대과 생산시에는 꼭지 떨이가 생긴다.

㉰ 주간(主幹)에 조피가 생기므로 명나방종류의 피가 있으므로 이른 봄 조피작업이 필요하다.

## 라. 선사환(禪寺丸)

일본 가나가와현(神奈川縣 都築郡 柿生村 王禪寺)이 원산지이다. 1214년 발견되었다고 전해오는 품종으로 오래된 품종이나 부유 품종의 수분수 혼식용으로 가치가 있는 품종이다.

### 1) 나무의 특징(特徵)

수세는 왜성이고 개장성이며 가지는 밀생인 편이다.
가지는 적갈색이고 성엽은 갈녹색이며 수꽃이 핀다.

### 2) 과실의 특성(特性)

과실크기는 100~200g으로 소과이며 과실형태는 정단부가 약간 들어가고 횡단면은 원형이다. 과피색은 황홍색이나 흑색의 줄무늬가 생기기 쉽다. 과분은 많으나 광택은 나지 않는다. 과육은 황색이나 갈반이 많고 육질은 조잡하나 당도가 높다. 본품종은 과실 속에 종자 수가 적으면 반탈삽과(半脫澁果)가 되고 종자가 없으면 떫은 감이 된다. 숙기는 10월 상·중순이다.

### 3) 재배상의 유의할 점

㉮ 수세가 약하고 과다 결실성이며 격년결과가 심한 품종이므로 적과를 철저히 해야 한다.
㉯ 잔가지 발생이 많으므로 동계전정과 하계전정을 충분히 하여 수관내까지 광선이 비치도록 한다.
㉰ 과실내 종자가 없으면 떫은 감이 생산되므로 인공수분을 할 필요가 있다.

## 제 3 절　중생종(中生種)

### 가. 차랑(次郎)

일본 시스오까현(靜岡縣)에서 발견된 품종으로 부유품종의 다음으로 많이 재배되고 있는 품종이다. 우리나라에는 1910년경 도입되었다.

1) 나무의 특징(特徵)

수세는 강하고 직립성이나 부유품종보다는 약하고, 수고도 5~6m의 높이에 달하나 나무는 큰나무는 되지 못하며 부유품종에 비하여 수관(樹冠)이 작으나 늘어지는 가지는 적다. 가지는 굵고 마디도 짧으며 분지(分枝) 수가 많고 밀생되기 쉽다. 잎은 특유한 황록색으로 장기간 지속되어 타 품종과 식별이 용이하고 부유품종의 잎보다 작고 둥근편이며 빳빳한 것이 특징이다.

2) 과실의 특성(特性)

과실의 크기는 200~250g으로 부유품종보다 크다. 과실형태는 편원형이며 과정부가 약간 들어가 평편하고 8개의 골이 있는데 4개 골은 크고 깊으며 나머지 4개골은 작고 얕다. 과실을 절단해서 횡단면을 보면 4각형을 이룬다. 차랑품종은 정부열과가 생기며 큰 과실일수록 더 심하다. 완숙된 과피는 등홍색(橙紅色)이고 과분이 많으며 과경은 굵고 짧아서 풍해에 견디는 힘이 강하다.

과육은 담홍색으로 치밀하고 과즙이 적은 편이나 당도가 17% 내외로 감미가 강한 품종이다. 과육이 물러지면 식미가 떨어지며 종자는 평균 1~2개가 들어 있으나 단위결실률(單爲結實率)이 부유품종보다 높아 무핵과가 많다. 숙기는 부유보다 7~10일 정도 빠르다. 저장성은 부유품종에 비해 떨어진다.

3) 재배시의 유의할 점

㉮ 부유품종보다 비옥지를 선호하나 추비를 잘못 사용하면 8월쯤에 후기 낙엽이 일어난다.

㉯ 전정은 자연 개심형이나 변측주간형으로 하며 잔가지가 많고 꽃눈이 잘 착생되므로 가지가 무성하기 쉽다. 동계 전정과 하계 전정으로 가지를 솎아내어 수간 내부까지 광선이 들어가도록 해야 과실의 착색이 촉진된다.

㉰ 무핵과로 결실은 되지만 아직은 인공수분은 하지 않고도 재배가 가능하나 수분수를 혼식하고 인공수분을 하면 균산(均産)과 과실의 품질이 향상된다.

㉱ 과점열과를 줄이기 위해서는 적과를 철저히 하고 질소질은 적게 사용할 것이며 수분 변화가 적은 토양에서 재배를 하는 것으로 부유품종의 재배보다 어려운 점이 되겠다.

## 나. 송본조생부유(松本早生富有)

일본 교토부(東都府 何鹿郡 志賀鄕村(現綾部市志賀鄕町)의 송

본(松本)씨 과수원에서 부유품종의 아조변이로 1935년경에 발견되어 송본조생부유라고 했고 아이지현(愛知縣) 이소무라(磯村)씨 과수원에서 발견된 것은 애지조생부유(愛知早生富有)라고 한다.

1) 나무의 특징(特徵)

수세는 부유에 비하여 약한 편이며 성과기에 가서도 부유보다 나무가 적다.

2) 과실특성(特性)

부유보다 약간 편편한 것 외에는 크기나 외관이 부유와 흡사하나 부유에 비하여 육질이 약간 떨어진다. 숙기는 부유보다 약 2주간 빠른 10월 중, 하순경이다.

3) 재배상 유의할 점

㉮ 부유품종보다 조기 수확이 되며 완전 탈삽이 되기 때문에 재배가능 지역이 부유보다 넓다.
㉯ 기타는 부유에 준하여 관리한다.

### 다. 일목계 차랑(一木系 次郞)

일본 시스오까현(靜岡縣, 周智郡)의 일목원(一木園)에 차랑나무에서 1925년경 발견된 것으로 일목계 차랑이라고 한다.
우리나라에 도입은 1968년이며 차랑의 대체 품종으로 유망시되는 품종이다.

## 1) 나무의 특징(特徵)

차랑처럼 수세가 강하며 곧게 자라나 왜화성(矮化性)이다. 가지는 짧고 굵으며 가지수가 많다. 마디 사이가 짧고 어린나무 때는 생육이 좋으나 결실기에 들어서면 가지의 신장이 둔하여 나무 전체가 작아진다.

가지색은 회갈색으로 윤기가 있고 잎은 차랑처럼 작으며 두텁다. 결실기가 빠르고 꽃눈의 형성이 양호하여 짧은 가지에서도 잘 결실한다.

종자형성력과 단위결실성(單爲結實性)이 강하며 생리적 낙과가 거의 없어 과다결실을 하기 쉽다. 해거리가 약하여 매년 잘 결실하는 다수성 품종이다. 추위에 강하고 썩음병, 낙엽병에 강한 품종이다.

## 2) 과실의 특성(特性)

과실의 크기는 220~230g으로 대과종에 속하며 과실의 형태는 차랑과 비슷하나 정부열과가 적고 차랑보다 10여일 빠른 품종이다.

## 3) 재배상 유의할 점

㉮ 재배하기에 편한 품종이며 키가 짧은 왜화성이기 때문에 산지(山地) 재배에는 아주 알맞고 다른 품종보다 밀식 재배를 하면 다수확을 얻을 수 있는 품종이다.

㉯ 초기생육을 촉진시켜 수고를 높이는 관리가 필요하며 키가 짧기 때문에 시설하우스 재배에 알맞다.

㊄ 거름 주는 양을 증가하고 과다 결실이 되지 않도록 솎음이 필요하며 일반 관리는 부유, 차랑에 준하여 실시하면 된다.

## 라. 전천차랑(前川次郎)

일본 미에현(三重縣, 多氣郡) 마에가와 (前川唯一)씨 과원에서 발견된 차랑의 변이지(變異枝)이다. 차랑품종보다 숙기가 빠르고 골이 얕은 것 외는 차랑과 거의 같다.

1) 나무의 특징(特徵)

수세는 일목계차랑보다 강하며 차랑품종보다 오히려 강한 편이다.
수관확대는 느린 편이나 개장성이다. 꽃눈 착생은 중정도이나 결실률은 높은 편이고 격년 결과는 적으나 수량은 부유종보다 적다.

2) 과실의 특성(特性)

과실의 크기는 200~250g 정도로 차랑과 같은 크기이다.
과실모양은 차랑보다 높은 편이고 측면의 골은 넓고 얕다. 과실은 옆으로 절단해 보면 정방형에 가까운 모양이며 외관은 살이 쪄 보이나 과정부의 열과와 꼭지쪽에 잔주름이 적은 것이 특징이다.
과피색은 차랑품종보다 매끄럽고 광택이 난다. 숙기가 가까워지면 등황색으로 과면에 과분(果粉)이 많고 품질면에서 보면 차랑과 별차이가 없다. 당도는 16~18%이다.

## 3) 재배상의 유의할 점

㉮ 숙기가 빠르기 때문에 가을에 일찍 저온이 되어 온도가 떨어지는 지역에서도 재배가 어렵다.

㉯ 착색이 잘 되고 당도가 높은 고품질 과실은 가을에 강우량이 적고 온난한 기간이 긴 때, 특히 10월의 기온이 비교적 높은 지방이 아니면 안 된다.

㉰ 수확기는 난지에서 10월 상순경이며 꼭지쪽이 등황색일 때 수확을 한다. 또 과정부는 착색이 되고 꼭지쪽이 녹색이 남아 있는 과실은 미숙과로 식미가 떨어진다.

## 제 4 절  만생종(晩生鍾)

## 가. 부유(富有)

단감 중에서는 가장 품질이 좋은 품종이다. 일본 기후현(岐阜縣 本巢郡 川崎居倉)이 원산지이며 거창어소(居倉御所)의 계통이다.

1898년 기후현농회주최 품평회 때 출품자 후쿠시마(福島才治) 씨가 부유(富有)와 수복(壽福) 두 이름 중 어느것이 좋으냐고 국민학교(川崎尋常小學校) 교장 구요(久世龜吉) 씨에게 물어 부유로 결정해서 출품했고 품종명은 부유로 결정이 되었다.

우리나라에는 1910년경 도입되었다.

### 1) 나무의 특징(特徵)

수세는 강하고 신장성과 개장성은 있으나 큰나무는 되지 않는다. 가지는 길고 굵으며 절간이 약간 길지만 밀생은 되지 않는다.

어린 눈(嫩)은 큰 편이며 발아시기가 늦다. 성엽(成葉)은 중정도의 크기이며 타원형, 농록색(濃綠色)이며, 광택이 나고 엽면의 파열성을 보인다. 결실기가 빠르고 꽃눈이 많아서 해거리가 적은 다수성 품종이다.

단위결실성이 낮은 반면 종자 형성력이 강하여 종자 수가 많다. 수정만 이루어지면 낙과가 적고 과다결실을 하는 경우가 많아 해거리를 하게 된다. 추위에 약하고 썩음병, 흰가루병에 약하다.

## 2) 과실의 특성(特性)

　과실의 크기는 200g이 보통이며 큰 것은 250g 이상의 것도 생산이 되나 차랑보다는 작은 편이다.
　과형은 편원형이며 끝이 둥글고 옅은 4개의 골이 있다.
　종자가 있는 과실은 과정부(果頂部)가 평평하며 골이 얕고 크며 착색이 잘 된다. 종자가 없는 과실은 과정부가 오목하게 들어가며 과실이 작고 착색이 잘 되지 않는 결점이 있다.
　과피색은 등황색으로 광택이 나며 착색이 잘 되면 과분이 많이 생긴다.
　과경은 굵고 짧아 풍해에 강하다. 당도는 14~16%로 감미가 높고 품질이 좋은 품종이다.
　수확기는 10월 하순부터 11월 상순까지며 저장할 과실은 서리 오기 전에 수확한다. 저장과 수송력은 강한 편이다.
　부유 품종은 맛에 있어서는 어소(御所), 화어소(花御所), 등원어소(藤原御所)와 평핵무(平核無) 같은 품종과는 대등하나 차랑 품종보다는 떨어진다.
　부유 품종은 나무에 달려 있으면서 탈삽(脫澁)이 아주 빨리 되는 품종이다. 그러므로 출하가 일찍 이루어진다.

## 3) 재배상의 유의한 점

　㉮ 결실수령이 빨라도 해거리는 적으며 비교적 수량은 안정생산이 되는 품종이다.
　㉯ 대과생산을 위하여 1과당 20~25잎이 필요하다.
　㉰ 개화직전에 적과와 낙과 방지를 위하여 인공수분을 실시한다.

㉑ 수형은 변측주간으로 재배하고 성과기에는 밀식되지 않게 재식한다.

㉒ 탄저병에 약하여 6~8월에 강우량이 많은 해에는 발생이 심하므로 6월 상순부터 살균제를 7~10일 간격으로 살포한다.

㉓ 여름에 비가 적고 건조하며 유기물이 풍부하고 비옥한 토양과 11월 상, 중순까지 서리가 내리는 지역에서 붉은색이 짙고 당도가 높은 과실이 생산된다.

㉔ 고염은 친화성이 없으므로 공대를 사용하여 묘목을 생산해야 한다.

## 나. 화어소(花御所)

일본 돗또리현(鳥取縣 八頭郡)이 원산지이다.

팔두군(八頭郡)의 특산물이며 이 지역의 50ha 범위에서 재배되고 있으나 부유 품종에 비해 재배면적이 늘지는 않고 있다. 반면 소비자들이 선호하는 품종이다.

### 1) 나무의 특징(特徵)

수세는 강하고 직립성이며 나무는 크게 자란다. 가지는 가늘고 짧으며 밀생하여 흑록색을 나타낸다.

발아시기는 늦어도 부유 품종보다는 빠르며 화어소 품종은 수령이 많아질수록 다수의 수꽃이 달린다.

결실성은 결과수령에 도달이 비교적 늦으며 격년결과성도 있다.

종자형성력과 단위결실력은 중 정도이고 결실은 불안정하다.

2) 과실의 특성(特性)

과실은 200g 정도로 부유 품종보다 약간 작다.
과형은 의보주형(擬寶珠形)으로 어소(御所)에 가까우나 어소품종보다 크다.
과피색은 황색이 짙으며 과정부에 자갈색의 작은 반점이 생긴다.
과육은 갈반은 없고 치밀하며 과즙이 많다. 당도는 17% 내외로 감미가 높고 단 맛으로는 상품이며 단감품종 중 화어소 품종을 능가하는 품종은 없다.
숙기는 11월 중하순으로 1월 까지 저장이 가능하다.

3) 재배상의 유의할 점

㉮ 표토가 깊고 유기물이 풍부하며 수분변화가 적은 비옥지가 적지다.
㉯ 개간한 경사지에서는 생리낙과와 격년결과가 심하며 착색도 잘 되지 않는다.

## 다. 준하(駿河)

일본 농림수산성 원예시험장에서 화어소(花御所)에 만어소(晩御所)를 교배해서 얻은 실생에서 선발된 품종으로 우리나라의 도입은 1959년경이나 재배면적은 거의 없는 품종이다.

1) 나무의 특징(特徵)

 나무는 세력이 강하고 어린나무 때는 약간 곧게 자라지만 과실이 맺기 시작하면 점차로 개장성이 된다. 가지는 굵고 발생수는 보통이고 길며, 잎은 짧고 두터우며 타원형이다.
 어린나무 때부터 일찍 결실하며 한 결과지에는 2~3개의 암꽃만 맺지만 꽃수는 많은 편이 아니다.
 꽃잎은 완전히 퍼지지 않고 그대로 개화가 끝나는 것이 많은데 이러한 꽃은 단위결실을 하여 종자가 생기지 않는다. 낙과는 거의 없으며 해거리가 없는 안정된 품종이다.
 검은썩음병, 원성낙엽병과 모무늬낙엽병에 강하며 추위에도 강한 편이다.

2) 과실의 특성(特性)

 과실의 크기는 210g 정도로 크다. 과실의 형태는 5모꼴의 짧은 보주형으로 과정부가 약간 뽀족하다.
 과실형태가 이그러진 기형과의 발생을 가끔 볼 수 있으나 많지는 않다. 꼭지부분이 넓고 큰 주름이 있다.
 과피색은 등횡색이며 과분이 많고 과육은 치밀하고 단단하며 갈반이 전혀 없는 담황색이다.
 씨없는 과실이 많으며 보통 1~2개의 종자가 들어있을 뿐이다. 나무에서 오래도록 매달아 둘 수 있고 수확 후에도 저장성이 극히 강하여 저장용으로 알맞다.
 당도는 16%로 높고 품질이 우수하며 떫은 맛이 잘 빠지는 완전단감으로 숙기는 11월 상순경인 극히 만생종의 단감이다.

### 3) 재배상 유의할 점

㉮ 준하의 재배면적은 거의 없고 극만생종으로서 수확기가 극히 늦기 때문에 북부지방의 단감재배 한계지의 재배는 피하고 남부 따뜻한 지방에서 재배토록 함이 바람직하다.

㉯ 단위결실성이 강하므로 수분수의 혼식률은 줄이고 결과지를 많이 만들어 결실량을 늘이도록 한다.

㉰ 기형과 발생이 있으므로 어린과실 때 솎아 없애고 고르게 착생시켜 품질을 높이도록 한다.

㉱ 강전정을 피하고 솎음전정이 가볍게 이루어지도록 관리한다.

㉲ 준하의 수확기는 다른 단감을 수확한 이후에 해당하므로 홍수기 출하를 피할 수 있는 좋은 점도 있다.

㉳ 저장력이 강하므로 남부지방에서도 부유와 함께 저장 품종으로 유망하다.

㉴ 기타 관리는 차랑에 준한다.

## 제 2 장 품종

(표 2-1) 주요 단감품종의 특성표

| 품종명 | 원산지 | 수세 | 수자(수자) | 나무의 크기 | 결실성 | 수꽃유무 | 숙기 | 과중 | 과색 | 당도 | 품질 | 비 고 |
|---|---|---|---|---|---|---|---|---|---|---|---|---|
| 상계조생(三ヶ谷御所) | 奈良 | 강 | 직립 | 교목 | 중 | 무 | 8하~9상 | 130g | 황등 | 18도 | 중/하 | 극조생중이나 기형과 많다. 불완전 단감 |
| 천신어소(天神御所) | 崎阜 | 약 | 약간 직립 | 중 | 중 | 소 | 10하 | 240g | 등적 | 15도 | 중/상 | 부유보다 숙기 빠르고 외관착색은 좋으나 수상연과 발생 |
| 어소대(御所代) | 山梨 | 강 | 중 | 교목 | 약 | 무 | 10하 | 290g | 등황 | 17도 | 상 | 대과이나 착색불량하고 수상연과 발생 |
| 열어소(裂御所) | 岐阜 | 중 | 중 | 중 | 약 | 중 | 11상중 | 260g | 황등 | 16도 | 상 | 부유보다 풍산성이나 외관이 못하고 오염과 발생 많음 |
| 만어소(晚御所) | 岐阜 | 약 | 개장 | 약간왜화 | 약 | 다 | 11중 | 180g | 등홍 | 16도 | 상 | 수꽃이 많고 수량은 안전성이 높으나 과정열과 많다 |
| 어소(御所) | 奈良 | 강 | 중 | 중 | 불량 | 중 | 11중 | 150g | 등주황 | 17도 | 극상 | 품질은 좋으나 격년결과가 심하고 오각화(五角化) 발생 |
| 등원어소(藤原御所) | 奈良 | 중 | 가장 | 중 | 중 | 소 | 11하 | 200g | 등주황 | 18도 | 극상 | 결실수령이 늦고 격년 결과성이 강하고 토질의 선택성이 있다. |

# 제 3 장   재배환경(栽培環境)

 감은 원래가 온대에 적합한 작물이나 고온과 저온에서는 재배가 어렵다. 특히 단감 품종은 저온에서 자연탈삽이 되지 않거나 불완전 단감이 된다.

## 제 1 절   기상조건(氣象條件)

### 가. 기온(氣溫)

 작물의 종류, 품종에 따라 기후적, 생태적 특성이 있어 재배적지 혹은 재배한계지라는 조건이 있다.
 또 작물이 생육하는 데 그해의 기상조건이 크게 영향을 미치며 작물의 풍흉을 좌우한다.
 우리나라와 같이 중위도(中緯度)에 위치하고 있는 나라에서는 온도가 크게 일간변화하며 또 연간변화를 한다. 연간변화가 커서 사계절이 있기 때문에 작물재배에 계절성(季節性)이 생겼다.
 감은 저온에 약하여 −15℃ 이하로 온도가 내려가면 가지의 내부조직 중 세포의 일부가 동해를 받아 고사하게 된다. 또 성숙기에는 온도가 낮으면 과실비대와 착색이 잘 되지 않으며 단감은 떫은 맛이 남는다.
 단감은 연평균기온이 13℃ 이상이 되고 최저기온이 −14℃인 지역에서 재배하기가 좋고 1년에 −15℃ 이하로 내려가지 않는 곳이 재배적지이다. 또 탈삽관계로는 온도가 중요한데 9월 평균기온이 21~23℃가 되고 10월의 평균기온은 15℃ 이상인 지역에서 품질이 좋은 과실이 생산된다.

(표 3-1) 단감 안전 재배지대의 기온

| 연평균기온 | 온량지수 | 평균 5℃ 이상일수 | 최저 5℃ 이상일수 | 평균 10℃ 이상일수 | 적산온도 | 최저온도 | 일조시간 |
|---|---|---|---|---|---|---|---|
| 13℃ | 105 | 250일 | 210일 | 220일 | 4,300℃ | -14℃ | 2,340시간 |

(표 3-2) 지역별 기상요인

| 지명 | 연평균기온 (℃) | 1월의평균기온 (℃) | 온량지수 | 일조시수 (시간) | 첫서리 (월일) | 늦서리 (월일) |
|---|---|---|---|---|---|---|
| 강 릉 | 12.1 | -1.0 | 98.6 | 2,394.5 | 11.4 | 4.3 |
| 광 주 | 12.8 | -0.6 | 104.6 | 2,377.9 | 10.18 | 4.24 |
| 대 구 | 12.6 | -1.6 | 108.2 | 2,541.8 | 10.20 | 4.11 |
| 포 항 | 13.0 | 0.6 | 103.9 | 2,184.9 | 11.6 | 4.21 |
| 김 해 | 13.8 | 0.7 | 112.8 | 2,487.3 | 10.25 | 4.5 |
| 부 산 | 13.8 | 1.8 | 109.7 | 2,471.2 | 11.21 | 3.8 |
| 제 주 | 14.7 | 4.8 | 110.2 | 2,069.0 | 12.13 | 3.12 |

## 나. 습도(濕度)

1) 공중습도(空中濕度)

강우량과 공중습도와는 깊은 관계가 있다. 7~8월의 장마기간 중에 공중습도가 높으면 어린과실에 탄저병 발생이 심하다. 가을철 과실의 성숙기에 기온이 건조하게 되면 과실은 착색이 잘 되고 품질도 향상되며 또 건조하게 되면 병해충의 발생도 적어진다.

2) 토양습도(土壤濕度)

토양습도와 강우량도 관계가 깊다. 뿌리가 양분을 흡수하는 데에도 관계가 된다. 감나무 생육에 적합한 토양습도는 토양의 용수량(容水量)으로 60~80%이다.
우리나라는 7~8월의 장마기 이외는 가문 편이다.
4~6월은 개화 후 유과기이며 9~10월은 성과기로 가물면 과실 비대와 나무생육에 지장을 가져오므로 가물면 관수를 해야 한다.
관수방법은 점적관수(点滴灌水)로 1회 관수량은 20~30mm 정도가 적합하다.

## 다. 일조(日照)

감나무는 약전정을 해서 가지를 많이 두면 일조가 부족하게 되므로 다른 과수보다 착과가 불량해진다. 또 꽃은 많이 피어도 유과기에 낙과가 많아진다.
이 낙과원인은 강우량이 많아 과습할 때 낙과가 되며 낙과는 과습보다는 일조부족으로 인한 동화물질이 부족해서 오는 원인이 크다.
감나무의 생육에 필요한 일조시수는 연간 2,340시간으로 단감재배지엔 충분한 일조시수(日照時數)가 되지만 지역적으로 볼 때 제주도는 2,069.0 시간으로 약간 부족한 시간이다. (표 3-2 참조)

## 라. 바람(風)

일반적으로 바람이라고 하면 누구나 풍해를 먼저 생각하게 된다.
강풍이 작물생육에 피해를 주고 수량을 감소시키고 과실에 손상을 가져오기 때문이다. 그러나 바람은 광합성능력에도 영향을 준다. 엽면의 경계층(境界層)을 바람이 불어 날림으로서 신선해지고 탄산가스 농도가 높아지며 새로운 경계층이 만들어진다.
이 경계층이 새로워짐으로써 광합성작용과 증산작용은 촉진된다.
즉, 건조한 바람이 부는 경우에는 풍속이 약간만 세게 불어도 기공폐쇄(氣孔閉鎖)가 일어나서 광합성능력이 저하되나 그림 3-1에서와 같이 습도가 50%로 건조할 때보다 80%로 습도가 높아지면 풍속이 약간 불어도 광합성능력은 계속 증가된다.

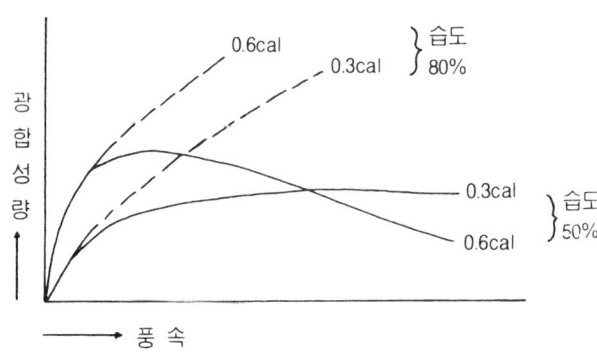

(그림 3-1) 풍속, 습도, 광의 강도와 광합성

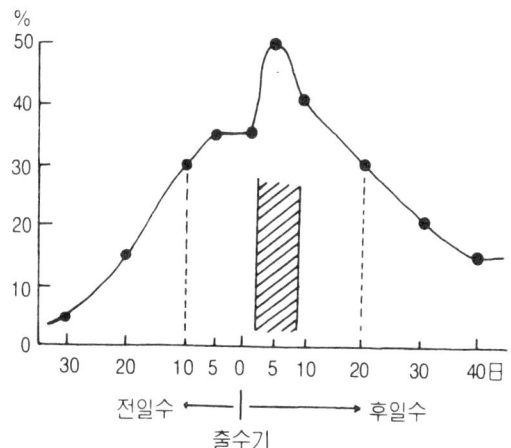

(그림 3-2) 폭풍에 의한 수도생육 시기별 수량 감수율

그림 3-2는 벼에서 풍해에 의한 수량감소(收量減少)로 30~35$^m$/sec 폭풍이 5시간 불었을 때 출수 전(出穗前) 10일, 출수 후 20일 후에 피해가 같다. 출수 후에 날짜가 경과되면 벼이삭이 무거워져서 피해가 많아진다.

풍해 중에서 가장 피해가 많은 바람은 태풍이다.

태풍 내습시에는 강한 바람으로 인하여 과실은 낙과가 생기고 잎은 찢어지고 낙엽이 되며 가지도 부러지고 심한 경우에는 나무가 뽑히거나 쓰러진다.

개원할 때 지역사정을 조사하여 올바른 위치선정이 절대로 필요하며 품종선택도 고려해야 하고 방풍림 조성도 생각해 볼 문제이다.

## 제 2 절   토양조건(土壤條件)

### 가. 토질(土質)

　감은 토양에 대한 적응범위가 넓다. 최적 토양은 점질기미가 있고 보수력도 좋으며 배수가 잘 되는 토질이다. 역질토(礫質土)나 사질양토는 점질토에 비하여 병해발생은 적으나 가지의 발육은 떨어지고 과실은 소과가 생산된다. 그러나 과실은 감미가 높고 경도(硬度)는 단단한 것이 생산된다.
　지하수위는 1m 이하인 지역이 좋다.
　지하수위가 높으면 뿌리는 활력이 떨어져 생육이 불량해지며 생리적 낙과와 기타 병해의 발생도 많아진다. 그러므로 배수가 불량한 토양은 암거배수(暗渠排水)를 설치하고 양분을 흡수하는 뿌리가 분포되어 있는 40~60cm 깊이의 토양 pH는 5.5~6.5가 되게 하며 유기질(有機質)이 3% 정도인 토양이 되게 하는 것도 중요하다.

### 나. 지형(地形)

　기계화 작업이 될 수 있는 10° 미만의 경사이면 좋다. 그러나 배수가 잘 되고 유기물이 충분한 평지가 작업관리상 편리하고 생산비 절감에서는 경사지보다 유리한 조건이 된다.
　지형적으로 볼 때 움푹 패인 구릉지 지형은 찬 공기가 못 빠져나

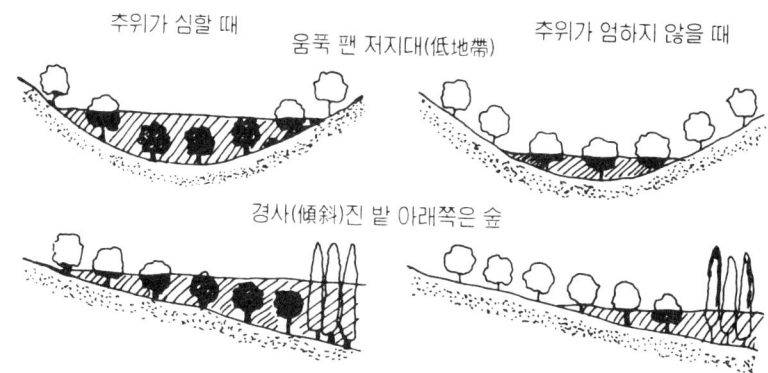

(그림 3-3) 움푹 패인 구릉지의 저온피해 (坪井)

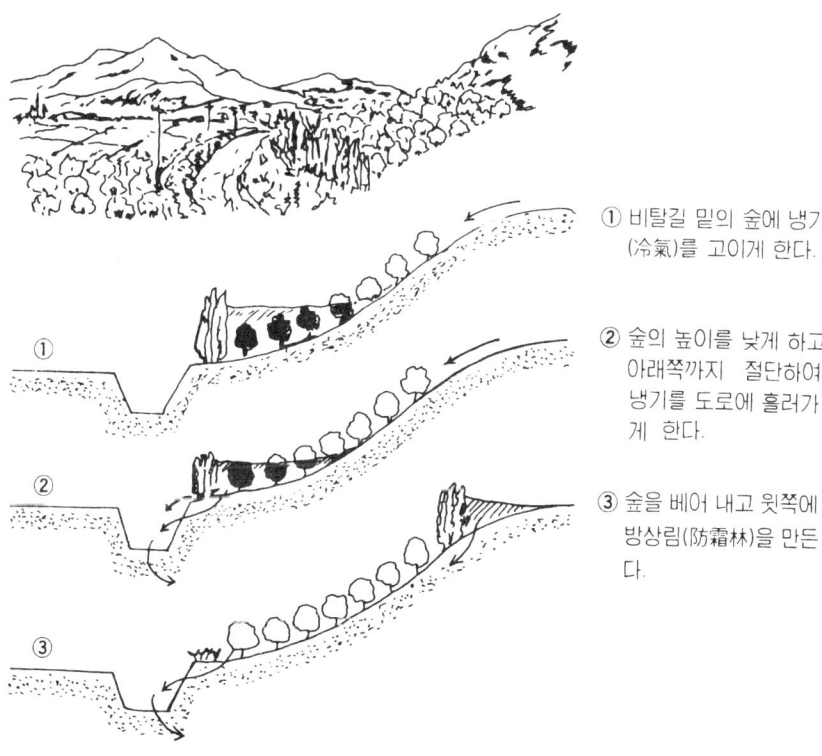

① 비탈길 밑의 숲에 냉기(冷氣)를 고이게 한다.

② 숲의 높이를 낮게 하고 아래쪽까지 절단하여 냉기를 도로에 흘러가게 한다.

③ 숲을 베어 내고 윗쪽에 방상림(防霜林)을 만든다.

(그림 3-4) 상해상습지의 기후개량

가 호수에 물이 고인 것과 같이 찬공기가 고여 있어 상해(霜害)를 받으며 높은 제방이 있어도 동해(凍害)를 받는다.

  우리나라에서 1981년 1월 4~6일에 -26℃ 안팎으로 극저온의 내습시 수원시 서둔동 포도원의 피해 상황은 경사지에 조성되어 있는 포도원 바로 앞에 둑이 있었다.

  이 포도원은 낮은 곳은 동해로 전멸되어 봄이 되어도 포도나무는 발아하지 않았으나 반대로 높은 곳은 피해가 전혀 없었고 중간지대에 있는 포도원의 피해 정도는 중간 정도였다. 상해상습지의 피해 방지를 위하여 찬 공기가 모이지 않도록 터주면 된다.

# 제 4 장   감나무의 기능(機能)

## 제 1 절   뿌리(根)

### 가. 뿌리의 특성

 뿌리는 땅 속으로 깊이 뻗어 들어가 생육에 원동력인 양수분(養水分)을 흡수하여 나무 전체에 공급을 하고 지상 부분을 지지(支持)하는 역할을 한다.

1) 토양수분과 발근(發根)

 뿌리는 여름철 고온건조시에는 생육이 떨어지고 5월 중순에서 10월 하순까지 생장한다.
 뿌리의 생장은 토양수분과 밀접한 관계가 있다. 그림 4-1에서 보는 바와 같이 토양수분이 20~40%일 때 생장량이 가장 높고 20% 이하가 되면 생장량이 떨어지며 토양수분이 50% 이상일 때는 뿌리가 습해를 받아 생육이 저해된다.
 유목시 토양이 건조하면 초기생육이 떨어지고 세력이 강한 과원에서 단근(斷根)을 하게 되면 건조시에는 발아가 늦어지고 발육이 떨어지며 9월경에 가서는 수세가 급격하게 쇠약해진다.

74  제 4 장  감나무의 기능

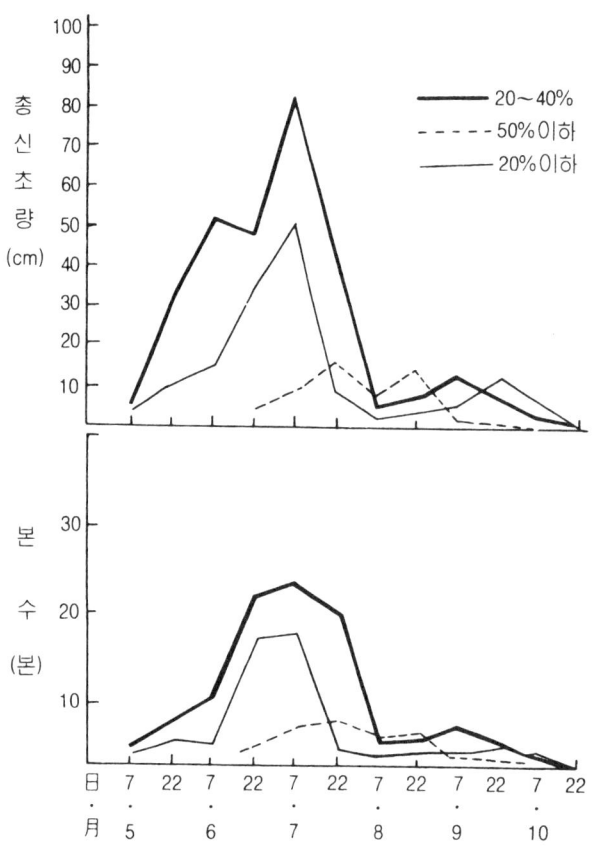

(그림 4-1) 토양수분이 뿌리의 생장주기에 미치는 영향(평핵무 공대)(傍島)

2) 비료 농도(肥料濃度)와 생장(生長)

뿌리신장은 질소질이 20~40ppm, 인산 20ppm, 칼리는 40~160ppm, 농도에서 뿌리의 생육이 좋고 지상부위의 생장은 질소 20ppm, 인산 20~40ppm, 칼리 40~160ppm 때 좋다. 그러나 질소, 인산을 80~160ppm의 과다 시용하면 생장이 억제된다.

### 3) 토양 중의 산소 농도(酸素濃度)

땅 속 깊숙히 있는 뿌리도 생육하기 위해서는 적당량의 산소량이 필요하다.

뿌리의 호흡은 뿌리의 활동개시부터 활발해진다. 5월 중순부터 11월 중순까지 왕성하나 한여름 고온시(高溫時)에만 생장이 일시 정지되었다가 다시 호흡은 왕성하게 된다.

뿌리는 내수성(耐水性)은 강하나 토양 속 뿌리 근처의 토양 중에 산소 농도가 5% 이하이면 생육이 억제되어 잎은 작아지고 황화현상(黃化現狀)이 일어난다. 모리다(森田)씨에 의하면 토양 속에 적어도 7~8%이상의 산소가 있어야 정상적인 생육을 한다고 했다.

(표 4-1)  뿌리의 계절적 호흡량의 변화                                  (榜島)

| 측 정 일 | $CO_2$ 호출량 (mg) | 측정시 기온 (℃) |
|---|---|---|
| 9. 3 | 6.0 | 28 |
| 10. 1 | 7.2 | 25 |
| 11.14 | 7.2 | 18 |
| 12. 3 | 6.6 | 15 |
| 1.11 | 5.0 | 12 |
| 2. 5 | 4.8 | 7 |

(주) 절단근(切斷根) 30g의 1시간당 호출량(呼出量)

### 4) 온도와 뿌리의 생장

소바시마(傍島)에 의하면 김 뿌리의 활동이 시작되는 생육 온도는 지온이 13~15℃라고 했으며 뿌리의 신장 최적지온(最適地慍)은 21~24℃라고 했다. 또 고온에 의해 활동이 억제되는 온도는

25~26℃ 이상이고 신장이 그치고 겨울 월동으로 들어가는 지온은 10~11℃ 전후가 된다고 했다.

### 나. 뿌리의 형태(形態)

감은 심근성(深根性)으로 가뭄과 내수성(耐水性)에는 강하다.

실생(實生)의 뿌리는 곧은뿌리(直根)가 깊이 뻗어 들어간다. 토양에 따라 다르지만 보통 토양에서 120cm 깊이까지 들어가고 넓이는 30cm 정도에서 90cm까지 뻗는다.

감은 곁뿌리(側根)의 착생이 적으며 가는뿌리(細根)도 비교적 적은 편이다. 그러나 접목 후 나무의 수령이 많아지면 지면(地面)

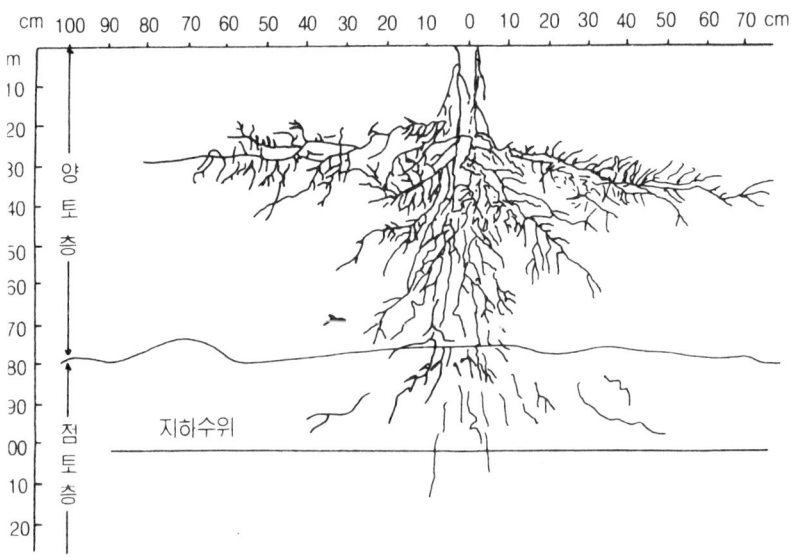

(그림 4-2) 부유공대(共台) 정식 제1년생 감근계(根系)(森田)

가까이 굵은뿌리가 분포되고 가는뿌리도 많아진다. 뿌리는 농흑색이나 절단해 보면 목질부는 황색으로 되어 있다. 그러나 오래 두면 갈색으로 변한다.

## 다. 근군(根群)의 분포(分布)

1) 수평분포(水平分布)

감의 뿌리분포는 수평분포는 심경(深耕)한 과수원에서 주간(主幹)으로부터 2.5m 이내에 이르며 그중 가는뿌리(細根)가 가장 많이 분포되어 있는 곳이 0.5~1.5m로 뿌리 전체에 85%를 점하고 있다.
 깊이별 가는뿌리와 중간 굵기의 뿌리의 분포를 보면
 0~50cm 까지는 가는뿌리 26%, 중간 굵기 뿌리 42%이고
 50~100cm 까지는 가는 뿌리 38%, 중간 굵기 뿌리 32%이며

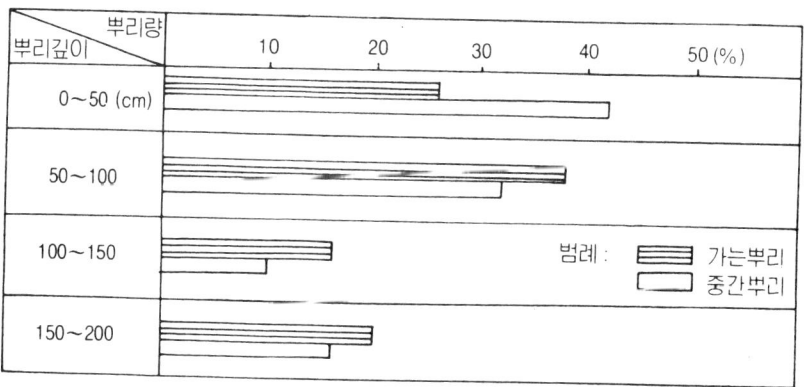

(그림 4-3) 부유 10년생의 뿌리 수평분포(和歌山果試)

100~150cm 까지는 가는 뿌리가 16%, 중간 굵기 뿌리 10%가 분포된다. 더 깊이 뻗은 뿌리 150~200cm 까지는 가는뿌리 20%, 중간 굵기 뿌리 16%의 비율로 분포되어 있다.

감나무는 0~50cm 즉, 원줄기(主幹) 가까이는 가는뿌리가 중간 굵기 뿌리보다 뿌리량이 적으나 50cm 이상 깊이에서는 가는 뿌리량이 많다.

2) 수직분포(垂直分布)

심경한 과수원에서 뿌리가 뻗어 들어가는데 40cm 깊이까지 뻗어 들어간 뿌리의 비율이 전체 뿌리의 70% 이상 분포되며 또 100cm 깊이보다도 더 깊이 뻗어 들어가는 뿌리도 있다.

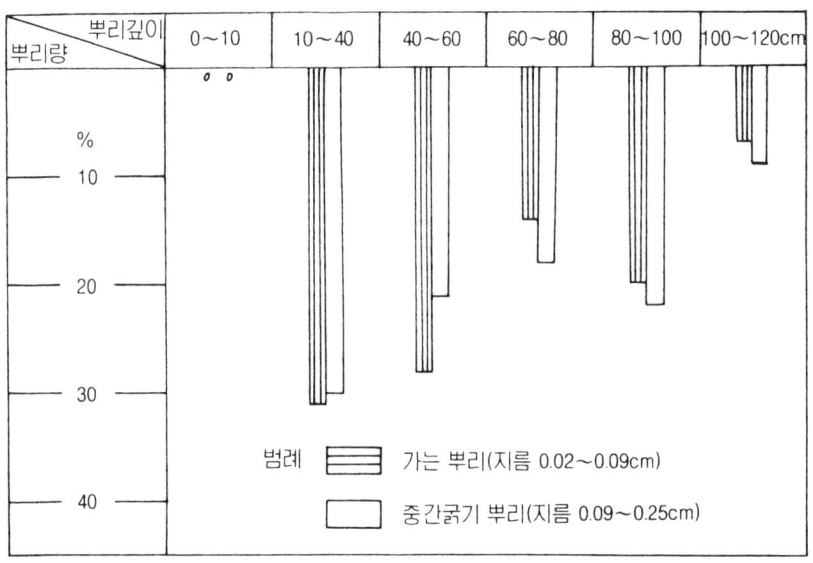

(그림 4-4) 부유 10년생의 뿌리 수직분포(和歌山果試)

지표에서 60cm 깊이까지는 가는 뿌리의 분포가 59%이고 중간 굵기의 뿌리가 51%로 가는 뿌리가 약간 많이 분포하고 있으나 60cm에서 120cm 깊이에는 가는 뿌리보다 중간 굵기 뿌리가 8%가 더 많이 분포되어 있다.

## 제 2 절  잎(葉)

### 가. 잎의 생장과정(生長過程)

잎은 발아(發芽)하여 전엽후(展葉後) 잠깐 사이 급격히 자라서 짧은 기간에 다 자란 잎(成葉)이 된다.

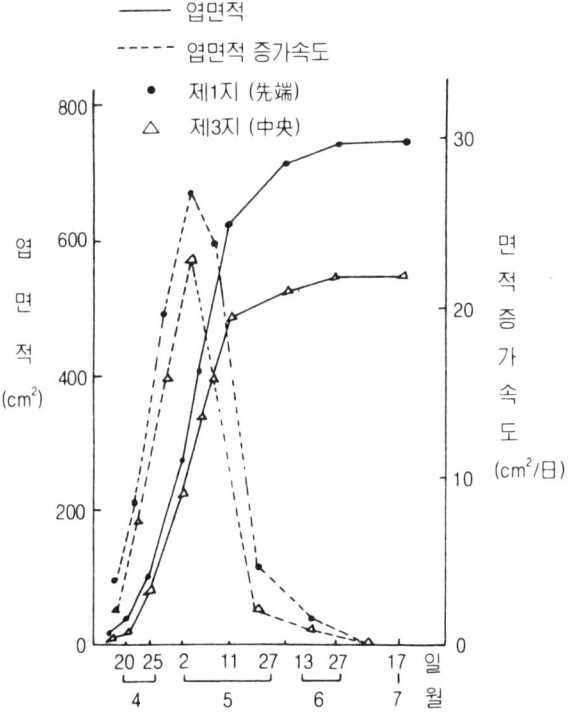

(그림 4-5)  잎의 생장속도(新居)

한 신초상에서도 잎의 생장을 보면 신초기부(新梢基部)의 잎과 제3번째 잎은 5월 상순에 커지고 중간에 있는 제5~7번 잎은 5월 중, 하순에 커진다. 신초 선단부 제10번 잎은 그보다도 늦은 6월 상순에 다 커진다. 그래서 신초기부 잎은 빨리 발육되지만 엽면적은 적고, 가지 선단쪽의 잎은 생육이 늦어도 잎이 확대 생장 되어 엽면적(葉面積)은 넓어진다.

엽면적의 생장속도를 보면 5월 중순에 최대치(最大値)를 보이고 5월 하순에 가서 생장속도가 떨어진다. (그림 4-5 참조)

## 나. 잎의 동화능력(同化能力)

### 1) 온도와의 관계

광합성 작용에 영향을 주는 환경요인 중 햇빛의 강도(强度)가 큰 제한인자(制限因子)가 된다.

햇빛의 강도는 0으로부터 시작되어 점점 강한 빛이 되면 광합성(光合成)의 속도는 급속하게 증대된다. 그러나 능력의 최대치에 도달하게 되면 그 후부터는 조도(照度)가 증대되어도 광합성 속도는 증대되지 않고 일정하게 유지된다. 감나무의 광포화점(光飽和点)에 도달되는 조도(照度)는 40klx이다.

### 2) 온도와 광합성 속도(光合成速度)

온도도 광합성 속도에 큰 영향을 주는 것이므로 감에서는 20℃일 때 광합성 능력이 최고치(最高値)에 도달되며 온도가 30~40℃로 계속 상승하면 반대로 떨어진다.

히로다(平田)에 의하면 월별 온도 변화를 조사하여 본 결과 8월은 30~32℃ 이상, 9월은 25~29℃ 이상, 10월은 20~22℃ 이상일 때는 광합성이 급속하게 저하된다고 했다.

## 제 3 절  가지(枝)

### 가. 가지의 생장과정(生長過程)

 가지는 전엽후(展葉後) 신초는 급속히 신장되며 정부우세성(頂部優勢性) 때문에 신초선단부는 늦게까지 자란다.
 결과모지의 선단 제1지(枝)도 5월 하순부터 6월 상순까지 생육의 최대치에 달하며 30cm 이상 신장된다. 그러나 제3지(枝), 제5지(枝)는 제1지보다도 빨리 5월 중순에 가장 많이 자라지만 약

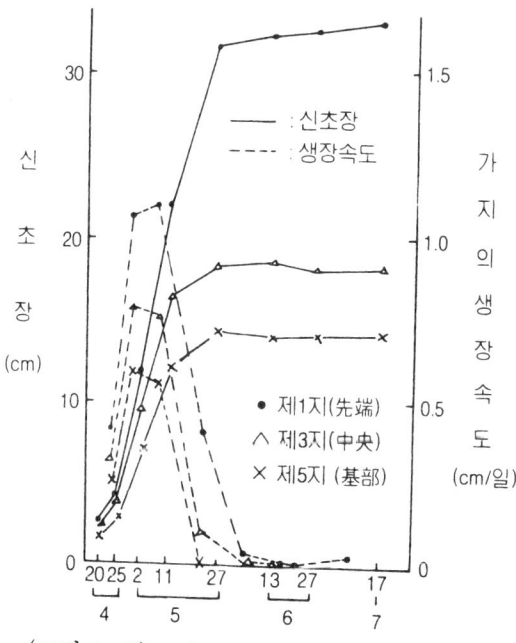

(그림 4-6)  신초의 생장과정과 속도(新居)

15~18cm 정도로 짧게 생장된다.

결과모지에 환상박피(環狀薄皮)를 하면 가지의 신장이 멈춘다. 그러나 신초의 신장은 저장양분과 잎에서 만들어진 물질로 지탱하게 된다. 환상박피를 하면 꽃눈 형성이 잘 되고 낙과방지(落果防止), 성숙기 촉진이 이루어진다.

결과모지에 환상박피를 하면 환상박피한 윗부분의 잎에서 형성된 동화양분이 다른 부분으로 이동하지 못하고 집적되므로 새가지의 생장에 소모되며 충실한 꽃눈의 형성이 잘 된다. 과실은 발육이 좋아지며 성숙기도 촉진시킨다. 그러나 탄수화물(炭水化物)이 이동하여 뿌리까지 도달되지 못하므로 뿌리의 생육이 저하되므로 나무 전체로 볼 때는 쇠약하게 되는 것이다. 해마다 계속해서 심하게 환상박피를 하면 수세는 쇠약해지고 수량도 감소한다.

## 나. 가지의 종류와 결과 습성(結實習性)

### 1) 결과습성(結果習性)

감은 정액생(頂腋生) 화아형으로 1년생가지의 끝눈(頂芽)과 연달아 2~3개의 측아(側芽)는 꽃눈이 된다. 나무가 영양적으로 충실한 가지는 선단쪽으로 몇 개의 눈은 꽃눈이 된다.

꽃눈과 잎, 가지와 꽃을가진 혼합화(混合花)형으로 꽃눈에서는 신초가 뻗어나고 그 기부(基部) 가까이에 개화가 되어 결실한다.

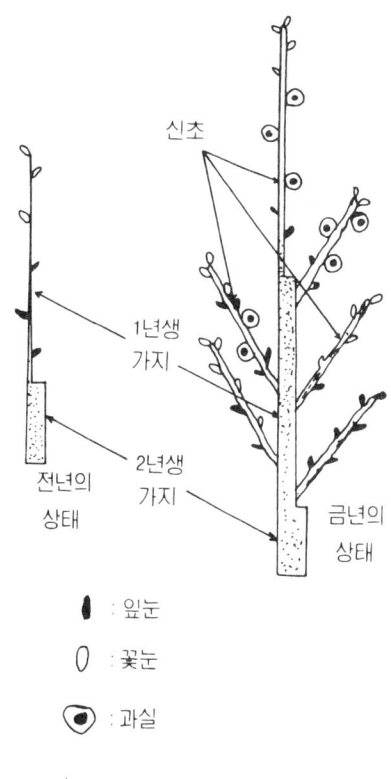

(그림 4-7) 감나무의 결과습성

## 2) 결과모지(結果母枝)

 1년 자란 충실한 새가지가 겨울을 지나고 봄에 신초 발생이 되면 그 가지 선단부분에 꽃이 피고 과실이 결실된다. 이 가지를 발생시키는 가지를 결과모지(結果母枝)라고 한다. 결과모지는 짧은 가지로부터 50cm 이상 자란 긴 가지까지 있다. 결과모지로 적당한 길이는 품종에 따라 차이가 있으나 부유 품종인 경우에는 20~30cm 정도가 적당하다.

## 3) 결과지(結果枝)

결과모지의 꽃눈에서 자라나온 신초에 꽃이 착생(着生)하여 결실이 되는 가지를 결과지라고 한다. 이 결과지는 결과모지와 같이 품종에 따라 다르지만 짧은 가지와 긴 가지가 있다.

결과지의 구분은 10cm 미만인 가지를 단과지라고 하고, 10~30cm 가지는 중과지, 30cm 이상인 가지는 장과지라고 부른다. 결과지로 적당한 가지는 중과지가 되겠다.

기시모도(岸本)에 의하면 신초의 길이는 수세가 약한 나무에서는 짧은 것이 많고 수세가 강한 나무에서는 긴 가지가 많은 경향이라고 했다. 그러나 수확이 되는 가지는 수세에 관계가 없으며 같은 길이의 가지가 분포하게 된다.

표 4-2를 보면 과실이 결실되는 가지는 길이가 차랑은 6~25cm, 부유는 11~30cm일 때 80% 이상의 결실이 된다.

부유 품종의 결과지 길이별 과실 생산율을 보면 가지길이가 27.5cm 이상인 가지에 결실된 과실이 크고 수량은 12.5~22.5cm의 길이의 가지에서 많았다.(표 4-3참조)

(표 4-2) 결과지의 길이에 따른 결실가능지의 비율 (岸本)

| 품종 | 가지길이<br>(cm) | 조사연도 | 가지수<br>(%) | 엽수<br>(%) | 엽면적<br>(%) | 결실가능지<br>(%) |
|---|---|---|---|---|---|---|
| 차랑 | 6~25 | 1960 | 72 | 76 | 79 | 88 |
|  |  | 1961 | 72 | 78 | 81 | 86 |
|  |  | 1962 | 55 | 64 | 68 | 85(N.S) |
| 부유 | 11~30 | 1960 | 50 | 58 | 60 | 77 |
|  |  | 1961 | 46 | 55 | 58 | 85 |
|  |  | 1962 | 42 | 49 | 50 | 70(N.S) |

〈표 4-3〉 부유 1년생지 길이가 과실 크기와 생산율에 미치는 영향 (上野)

| 가지길이(cm)<br>구분 | 2.5 | ~7.5 | ~12.5 | ~17.5 | ~22.5 | ~27.5 | ~32.5 | ~37.5 | ~42.5 | ~42.6 |
|---|---|---|---|---|---|---|---|---|---|---|
| 총 가지수 | 601 | 417 | 322 | 216 | 149 | 78 | 60 | 39 | 31 | 113 |
| 과실수 | 10 | 46 | 125 | 110 | 89 | 50 | 47 | 20 | 12 | 30 |
| 성목 결과율(%) | 1.7 | 11 | 38.8 | 50.9 | 59.7 | 64.1 | 74.6 | 51.2 | 38.7 | 26.5 |
| 평균과중(%) | 140 | 182 | 181 | 188 | 189 | 196 | 199 | 193 | 205 | 193 |
| 수량비율(%) | 1.4 | 8.3 | 22.2 | 20.3 | 16.5 | 9.6 | 9.2 | 3.8 | 2.5 | 5.7 |

4) 발육지(發育枝)

발육지는 잎눈(葉芽)이 자란 신초로 꽃눈이 생기지 않는 가지를 말한다. 발육지의 신장은 수 cm에서 50cm 정도의 긴 가지가 있다.

그러나 수세가 강하고 나무의 생육이 좋은 나무에서는 1m 정도의 길고 굵은 가지가 나오는데 이런 가지를 도장지라고 한다.

도장지(徒長枝)는 직립으로 발육되는 가지로, 원줄기 또는 굵은 가지의 전정한 장소에서 대개가 발생이 된다.

도장지는 수관내 가지를 복잡하게 만들고 수광(受光)상태도 떨어지게 하며 기타 결과지나 발육지에 대하여 생장을 저해한다.

이시하라(石原)에 의하면 도장하는 발육지도 6월 상, 중순에 8엽을 남기고 설단해 주면 2차 생장을 하지 않고 선단부가 충실해지며 결과모지가 된다고 한다.

또, 시까현(滋賀縣)농업시험장 성적에 의하면 6월 26일 80cm가 자란 도장지를 선단부 20cm를 절단했을 때 2차 생장을 하지 않고 8개의 잔가지가 발생되었으며 그 중 4개 가지에서 9개 방울달림(着蕾)이 착생되어 2개 과실을 수확했다고 보고되어 있다.

## 제4절 꽃(花)

### 가. 꽃눈의 분화 시기(分化時期)

감의 꽃눈은 혼합꽃눈(混合花芽)으로 신초선단의 3~4개의 엽액(葉腋)에 형성되어 같은 눈 속에 꽃눈과 가지로 자랄 영양눈이 함께 있다. 그래서 혼합꽃눈이 벌어지면 꽃은 엽액에 붙어 있다.

꽃눈의 분화는 눈의 내부에 있는 미전개엽(未展開葉)의 겨드랑눈(腋芽)의 생장점이 생식생장으로 전환될 때 외견적으로 보면 영양아(榮養芽)에 비하여 두툼하게 살찐 것 같이 되어 있다. 감꽃의 개화는 6월 말쯤이지만 꽃눈분화는 전년도 7~8월에 발생된다.

하찌즈(蜂巢)가 부유 품종의 암꽃발달에 대하여 조사한 것을 보면 6월에 생장을 정지한 신초는 8월 말이 되면 충실하게 굵어지고 신초상의 엽액(葉腋)에 눈이 착생되어 있는데 그것은 선단의 것보다 크다. 그래서 정부(頂部)의 2~3개의 눈은 이듬해 봄 맹아(萌芽)가 움트기 전까지는 크게 자라지 않게 되어 있으며 이 눈을 겨울눈(冬芽)이라고 부른다.

겨울눈(冬芽) 미전개엽의 액부(腋部)에는 여러 개의 꽃눈이 있다. 부유 품종에 있어서는 1개의 겨울눈에 10개의 꽃눈이 있다. 그러나 10개의 꽃눈 전체가 완전한 꽃으로 발육할 수는 없는 것이다.

꽃눈의 발달과정을 현미경(顯微鏡)으로 관찰했을 때 그림 4-9는 꽃눈이고 그림 4-10은 영양눈(營養芽)으로 두 개 눈을 비교해 보면 7월 21일에는 양자 발육에 차이가 없는 것으로 볼 수있으나 28일에 가서는 분명히 꽃눈의 분화가 보이는 것으로 감 꽃눈 분화

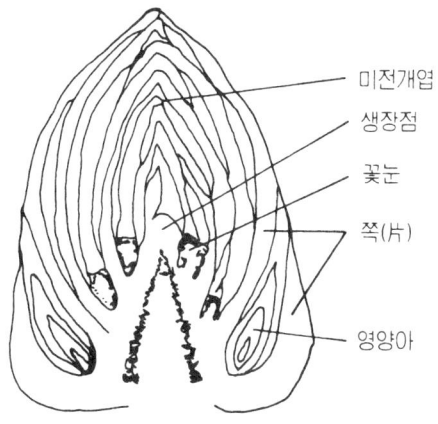

(그림 4-8) 꽃눈이 포함된 겨울눈(蜂巢)

는 7월 중, 하순이라 생각된다.

  8월이 되면 4개의 꽃받침(萼片)이 될 부분이 보이며 대개가 이와같은 상태에서 월동한다. 월동한 후 봄 3월이 되면 꽃눈은 급격히 크게 되고 4월에 들어서면 꽃받침(萼), 꽃잎(花弁), 수술(雄蕊), 암술(雌蕊)같은 부분이 확실하게 된다.

  마쓰하라(松原)의 조사에 의하면 부유 품종과 차랑은 7월 중순에서 8월 하순 사이에 꽃눈이 형성된다고 했다.

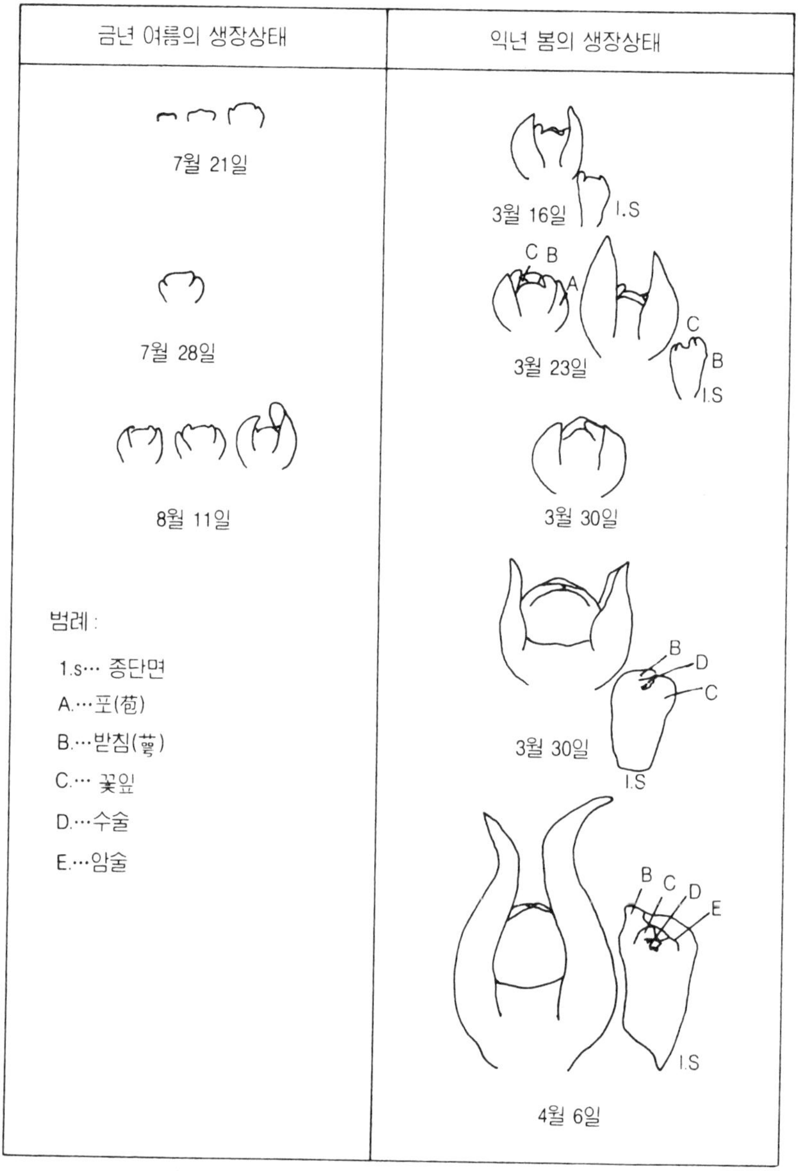
금년 여름의 생장상태
익년 봄의 생장상태
7월 21일
7월 28일
8월 11일
범례 :
1.s… 종단면
A.…포(苞)
B.…받침(萼)
C.… 꽃잎
D.…수술
E.…암술
3월 16일
I.S
C B
A
C
B
I.S
3월 23일
3월 30일
B
D
C
3월 30일
I.S
B
C
D
E
I.S
4월 6일

(그림 4－9) 꽃눈의 발육상태 (蜂巢)

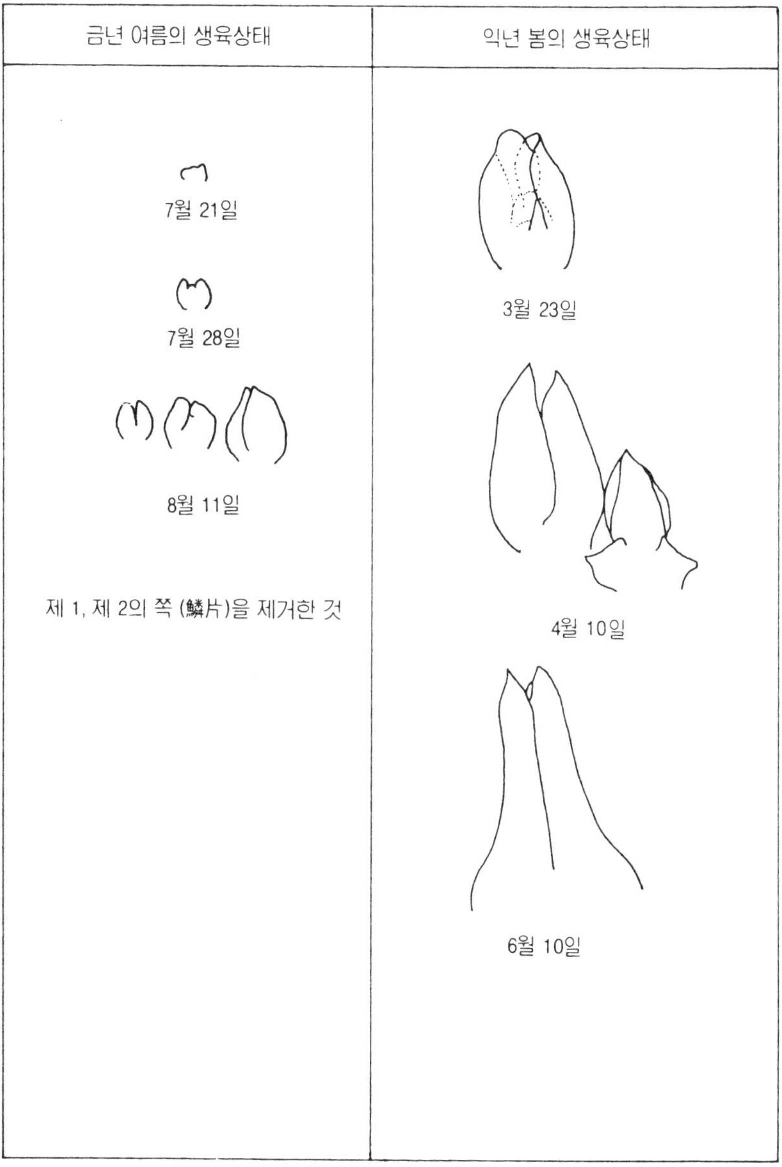

제 4 절 꽃 91

| 금년 여름의 생육상태 | 익년 봄의 생육상태 |
|---|---|
| 7월 21일 | |
| 7월 28일 | 3월 23일 |
| 8월 11일 | |
| 제 1, 제 2의 쪽(鱗片)을 제거한 것 | 4월 10일 |
| | 6월 10일 |

(그림 4-10) 영양아(榮養芽)의 발육상태(蜂巢)

## 나. 꽃(花)

　감의 꽃은 암술(雌蕊)만 가지고 있는 암꽃과, 수술(雄蕊)만 가지고 있는 단성화(單性花)와 수꽃과, 암꽃과 모두를 가지고 있는 양성화(兩性花)가 있다. 부유, 차랑 같은 보통 재배품종은 암꽃만 피고 양성화 품종으로는 화어소, 대어소 같은 어소계(御所系)품종과 정월(正月), 부부시(夫婦枾) 품종이 있다. 선사환, 적시(赤柿) 품종은 암꽃과 수꽃이 따로 피는 품종으로 수꽃이 있기 때문에 수분수로 심는다.

　암꽃과 수꽃을 보면 원래부터 수술과 암술이 없었던 것이 아니고 언젠가 이 기관들이 퇴화(退化)된 것으로 암꽃에는 퇴화된 수술이 있고 화분이 형성되어도 발아력이 없어 수꽃의 능력을 발휘하지 못한다. 또, 수꽃에도 암술이 있으나 암술이 퇴화되어 역시 암술의 기능이 손실(損失)되므로 결실이 안 되는 것이다.

### 1) 암꽃(雌花)

　그림 4-11과 같이 4개의 큰 감꼭지와 4개의 꽃잎 아래쪽에는 씨방상위(子房上位)의 큰 씨방이 있다. 그 씨방 속에는 종자가 생길 자실(子室)이 있다.

　감의 꽃은 크게 4구분으로 구조가 되어 있는데 4심피(心皮), 8자실(子室), 4꽃잎으로 화주(花柱)의 선단은 4로 갈라져 있고 감꼭지는 4개로 갈라져 있다.

　암꽃의 모식도를 보면 하찌즈(蜂巢)가 그린 그림과 같이 개화시는 이미 발달이 되어 있어 작은 과실의 모양을 가지고 있다. 종자가 들어 있는 자실은 꼭지와 아주 가깝다.

제 4 절 꽃  93

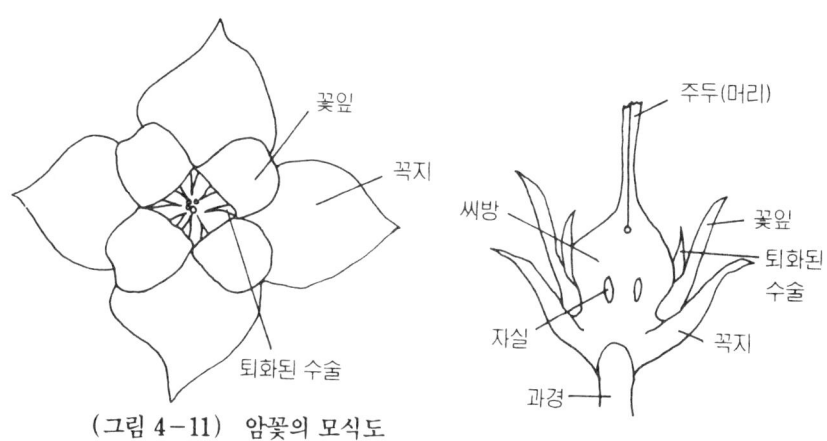

(그림 4-11) 암꽃의 모식도

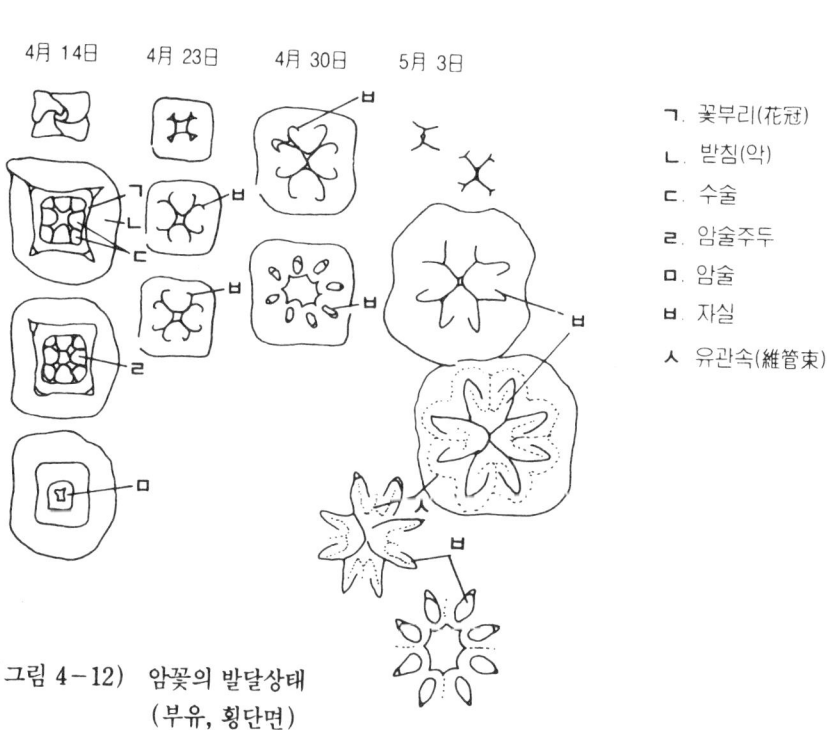

ㄱ. 꽃부리(花冠)
ㄴ. 받침(악)
ㄷ. 수술
ㄹ. 암술주두
ㅁ. 암술
ㅂ. 자실
ㅅ. 유관속(維管束)

(그림 4-12) 암꽃의 발달상태
　　　　　　(부유, 횡단면)

## 2) 수꽃(雄花)

　수꽃이 있는 감품종은 선사환, 적시, 대어소(大御所), 만어소, 화어소, 정월 같은 품종이 있지만 수분수는 꽃가루가 많아야 과실의 품질이 향상되므로 적품종은 선사환과 적시품종이다.
　수꽃은 엽액(葉腋)에 3개의 꽃이 집산화서(集散花序)로 착생되어 있는데 대개는 2~5개 꽃이 착생되어 있다.
　수술은 품종에 따라 차이가 있으나 11~25개가 있고 대개의 품종들은 16개의 수술을 가지고 있다.

## 3) 양성화(兩性花)

　양성화는 정월(正月), 부부시(夫婦枾) 같은 일부 품종이 있다. 이 품종들을 보면 수꽃에서 발달된 것으로 보이며 수꽃과 암꽃의 중간의 구조를 갖고 있다. 수정(受精)하여 결실은 되나 결실율이 낮고 또, 결실이 되어도 종자수가 적기 때문에 발육이 떨어져 품질이 불량하다. 양성화의 분화(分化) 발달과정은 아직 불분명하다.

# 제 5 장   결실 생리(結實生理)

## 제 1 절   수분(受粉)과 수정(受精)

 암술머리에 꽃가루가 닿는 것을 수분(受粉)이라고 하고 수분이 되어 꽃가루가 발아하여 화분관이 신장되어 웅핵(雄核)이 씨방 배낭내(胚囊內)의 난핵(卵核)과 결합되는 것을 수정(受精)이라고 한다. 수정이 이루어지면 종자가 형성된다.

### 가. 수정의 효과(效果)

 과실은 자방벽이 비대하여 그 부분을 사람이 먹는 것으로 수정이 이루어져 종자가 형성될 때, 과실은 비대가 된다. 그러나 평핵무(平核無) 같은 품종은 단위결실성(單爲結實性)이 강하여 수정이 되지 않아도 꽃만 개화하면 양질의 과실이 결실된다.
 서천조생 같은 품종은 불완전 단감으로 종자수가 적으면 과실 전체가 탈삽이 되지 않으므로 품질이 떨어진다. 그러므로 송자수가 많아야 된다.
 부유, 화어소 같은 품종은 완전단감으로 먹을 때는 종자가 없는 것이 좋을 지 모르나 송자수가 적어지면 과실 크기도 작아지고 생리적 후기 낙과기가 생긴다. 그래서 수분수 혼식비율이 낮거나 수분수가 없는 과원에서는 필히 인공수분을 실시해야 한다.

## 나. 꽃가루(花粉)

감의 꽃가루는 건조상태에서 보면 타원형으로 럭비공 같은 모양이다. 꽃가루를 발아상에서 발아시켜 보면 화분관 신장을 볼 수 있다. 꽃가루가 암술머리에 도달되면 화분관이 신장하고 화분관이 신장되면 웅핵은 이 관을 따라 배낭 속으로 들어간다.

감은 풍매화가 아니므로 곤충이나 인공수분을 하지 않으면 결실률은 크게 떨어진다.

품종별 화분수와 발아율, 화분신장, 화분량을 보면 표 5-1과 같다. 화분수는 정월품종이 가장 많고 산시(山枾)가 적으며, 발아율은 30.1~64.37%로 정월, 선사환 품종이 높다. 화분관 신장은 선사환이 가장 길었고 화분량은 24.5~62.5mg으로 선사환품종이 가장 많다.

〈표 5-1〉 품종별 화분수와 발아율, 화분신장, 화분량

| 품 종 | 화분수 | 발아율(%) | 화분관신장(μm) | 화분량(mg) |
|---|---|---|---|---|
| 정월(正月) | 1,320 | 64.37 | 332.8 | 34.5 |
| 선사환(禪寺丸) | 665 | 64.21 | 588.8 | 62.5 |
| 적시(赤枾) | 961 | 59.23 | 435.2 | 24.5 |
| 부부시(夫婦枾) | 933 | 57.37 | 465.2 | 17.5 |
| 만어소(晚御所) | 737 | 46.42 | 452.8 | 31.0 |
| 산시(山枾) | 522 | 30.10 | 416.0 | 28.0 |

## 다. 수분수(受粉樹)

수분수 혼식 비율(混植比率)은 15~20%는 되어야 한다. 요꼬사

와(橫澤)에 의하면 수분수의 거리가 멀면 분명히 종자수가 적다고 했다. 이것은 거리가 멀면 매개곤충(媒介昆蟲)이 나무와 나무를 거쳐가는 동안 몸에 수분수의 꽃가루가 적어지기 때문이다.

감의 수꽃은 수분능력도 높고 화분의 양이 많아야 하며 또, 개화기가 암꽃이 개화할 때 같이 개화되어야 필요조건이 맞는 것이다.

기무라(木村)에 의하면 선사환품종은 수분수로 우량한 품종이라고 했고 적시품종은 개화기가 약간 늦은 경향이나 과실의 숙기를 빨라지게 하여 시장성이 높다고 했고 정월품종은 과실 품질에는 좋은 수분수(受粉樹)이나 만생(晩生)이기 때문에 추운 지방에서는 적합하지 못하다고 했다.

## 라. 인공수분(人工受粉)

1) 수분의 필요성(必要性)

감을 재배할 때에는 수정을 특별히 중요시하지 않으면 안 된다. 왜냐하면 조기낙과, 과형이 좋지 않거나 당도가 떨어지기 때문이다.

현재 재배되고 있는 감품종은 70% 정도가 수꽃이 붙어 있지 않다. 감꽃이 개화하여 과실이 비대가 되는 것은 암꽃주두에 수꽃가루가 붙어 수정되는 것이 중요한 것이다.

감은 이 수정이 되지 않은 일부의 과실이 비대하는 것이 있는데 이런 경우의 과실은 종자가 없는 과실이기 때문에 과실이 비대하는 도중 낙과가 많이 된다.

부유품종인 경우 수정이 잘 되지 않아 종자가 없는 과실은 과정부(果頂部)가 약간 움푹하게 들어가므로 과형이 좋지 않아 상품성(商品性)이 떨어진다.

## 2) 꽃가루 만드는 법

꽃봉오리가 내일쯤 개화될 수꽃을 따서 상자 속에 종이를 깔고 그 위에 깔아두고 온도가 20~25℃ 정도로 보온을 하게 되면 다음날 아침 꽃은 피고 꽃잎은 갈변되어 부서진다. 이것을 톡톡 털어서 꽃가루만 모으면 된다.

만든 꽃가루를 습기가 없는 박카스병 같은 것에 넣어 붓이나 면봉(綿棒, 귀속털이)으로 꽃가루를 찍어서 암꽃주두에 수분시키면 된다. 적시 품종은 수꽃 1,000개를 따서 꽃가루를 받으면 약 2.5g 정도가 생산된다.

감은 10a당 면적을 면봉으로 인공수분을 할 때 사용할 꽃가루는 약 10g이 필요하고 권총 같은 소형 수분기를 사용하면 40g 정도의 꽃가루가 필요하다.

또, 다른 방법으로 꽃가루를 받는 방법은 내일 아침에 개화가 될 수꽃을 30cm 깊이에 20cm 넓이가 되는 봉지에 따넣어 꽃가루를 받는 방법도 있다.

## 3) 인공수분 방법(人工授粉方法)

암꽃의 수정 능력은 개화 후 2~3일에 가장 왕성하며 꽃잎은 변색기미가 보이면 수정능력이 감퇴(減退)된다. 개화당일에 가장 수정능력이 강하다.

꽃잎은 개화 후 1일 후에는 변색이 되지 않으며 2일이 되면 약간의 붉은색 기미가 군데군데 보인다.

감의 암꽃은 1결과지상에 여러 개의 꽃이 개화되는데 그 중에서 가지 중앙에 위치한 꽃이 가장 일찍 개화되며 가지 선단쪽의 꽃은

(표 5-2) 부유품종의 꽃봉오리와 개화수분성적

| 구 분 | | 수분비율(%) | 무핵과율(%) | 1과당 평균 완전종자수(개) |
|---|---|---|---|---|
| 꽃봉오리에 수분 | 개화2일 전 | 69.88 | 17.24 | 3.23 |
| | 개화1일 전 | 92.57 | 2.19 | 4.71 |
| 개화수분 | 개화당일 | 98.28 | 0 | 5.11 |
| | 개화1일 후 | 98.30 | 0.85 | 5.34 |
| | 개화2일 후 | 98.06 | 1.00 | 5.34 |
| | 개화3일 후 | 94.79 | 7.69 | 3.72 |
| | 개화4일 후 | 59.30 | 76.46 | 2.42 |

중앙부에 위치한 꽃보다. 1~2일 늦게 개화되는 경우가 많다.

1결과지에 1~2개의 과실을 착과시키는 것이 과실비대에도 좋다. 그리고 빨리 개화된 꽃에서 결실된 과실이 낙과율도 적다.

인공수분은 결과모지상의 중앙부에 있는 1~2개의 꽃에 한다.

4) 꽃가루 저장(貯藏)

채집(採集)된 꽃가루는 기상에 의하거나 기타 이유로 작업이 늦어지는 경우가 있다. 이런 때는 저장을 하지 않으면 안 된다.

모리(森)에 의하면 표 5-3에서 보는 바와 같이 꽃가루를 실내에 방치했을 경우는 5일간은 안전하게 저장이 되며 수정능력도 충분했다고 하였으며 또, 데시케이타에 넣어 건조된 것을 냉장고에 넣어 두면 7일 이상 저장이 가능하다고 했다.

(표 5-3) 저장화분(선사환)에 의한 수분시험　　　　　　(森, 浜口 '50)

| 장　　소 | 처　리 | 공시화수 | 결실률(%) | 1과 평균 함유종자수(개) |
|---|---|---|---|---|
| 실내 저장 | 당일 수분 | 50 | 96 | 6.2±0.11 |
|  | 3일 저장구 | 49 | 94 | 6.0±0.14 |
|  | 5일 저장구 | 43 | 91 | 6.1±0.15 |
|  | 7일 저장구 | 44 | 16 | 5.4±0.60 |
| 데시케이타內 실온저장 | 당일 수분 | 50 | 92 | 6.2±0.11 |
|  | 3일 저장구 | 49 | 92 | 6.1±0.11 |
|  | 5일 저장구 | 47 | 92 | 6.1±0.13 |
|  | 7일 저장구 | 45 | 93 | 5.4±0.19 |
| 0℃ 저장고 저장 (데시케이타 內) | 당일 수분 | 43 | 93 | 5.9±0.12 |
|  | 3일 저장구 | 46 | 80 | 6.2±0.12 |
|  | 5일 저장구 | 41 | 93 | 6.3±0.12 |
|  | 7일 저장구 | 45 | 96 | 5.7±0.12 |

## 제 2 절  단위결과성(單位結果性)

꽃이 피어 과실이 결실되려면 암술에 꽃가루가 수분되어 수정이 되면 종자가 형성되는 것이다. 그러나 과종에 따라 전혀 수분이 되지 않아도 결실이 되고 또 수분은 되어도 수정이 되지 않을 경우에

(표 5-4)  감 품종의 단위결실력과 종자형성력의 분류 (梶浦)

| 단위결과력 \ 종자형성력 | 적고 1 | 2 | 3 | 4 | 5 | 많다 6 |
|---|---|---|---|---|---|---|
| 약(弱) Ⅰ | | | | | 수도(水島) | 적시(赤柿) 덕전어소(德田御所) |
| Ⅱ | | 어소(御所) 등원어소(藤原御所) | 천신어소(天神御所) | 갑주백목(甲州百目) | 부유(富有) 감백목(甘百目) | |
| Ⅲ | | | | 횡야(橫野) 화어소 | 차랑(次郎) | 만어소(晚御所) |
| Ⅳ | 청주무핵(淸州無核) | | 문평(紋平) | 의문(衣紋) | | |
| Ⅴ | | | 청도시(淸道柿) | 사곡시(舍谷柿) | | 전창(田倉) |
| 강(强) Ⅵ | 평핵무(平核無) 궁기무핵(宮崎無核) | 미곡(尾谷) | 회진신불지(會津身不知) | 사계구(四ツ溝) | | |

도 과실은 결실되는 것이 있다. 이와 같이 수정이 되지 않아도 과실이 결실되는 현상을 단위결과(單位結果)라고 한다.

감은 일반적으로 단위결과성이 강하며 단감보다 떫은감이 강한 경향이다. 가지우라(梶浦)가 감 품종별에 대한 단위결과력과 종자형성력에 관한 분류를 한 것을 표 5-4에서 보면 평핵무(平核無)와 궁기무핵(宮崎無核)은 단위결과력이 강하고 종자형성력은 아주 약한 것을 볼 수 있다. 부유 품종은 단위결실력은 약하나 종자형성력은 강한 편에 속하는 품종이다. 감 품종 중에 단위결과력과 종자형성력이 약한 품종은 어소(御所)와 등원어소(藤原御所)이다.

부유나 어소, 등원어소는 동일하게 단위결과력이 약하고 종자형성력은 차이가 있으나 수분이 되면 부유품종은 많은 종자가 생기고 결실이 잘 된다. 이와 같이 부유 품종은 인공수분이 필요한 품종이다. 차랑은 부유보다 약간 단위결과력이 강하나 평핵무에 비교하면 약하다.

평핵무는 단위결과력이 강하여 수분이 되지 않아도 결실이 잘 된다. 또 수분을 시켜도 종자형성력이 약해서 완전한 종자는 형성되지 않는다. 그러나 평핵무도 수분을 시키면 수정란(受精卵)이 발달하여 종자형성이 시작되는 것으로 생각되나 어떤 이유에서인지 도중에 발달이 정지된다. 이러하기 때문에 평핵무에 수분을 시키면 종자는 생기지 않아도 생리적 낙과는 적어진다. 또 평핵무는 완전한 종자가 형성되면 탄닌세포가 갈변형으로 변하여 과실내에 갈반이 많이 생겨 품질이 저하된다. 그러므로 평핵무는 종자형성력이 있어 종자가 1개만 생겨도 단순한 잡감으로 취급된다.

## 제 3 절  꼭지와 과실발육(果實發育)

감에는 큰 꽃받침(萼)이 있다. 이와 같이 큰 꽃받침은 다른 과실에서는 볼 수가 없다.

꽃받침은 과실 중에 빨리 발달되는 것으로 개화시에 꽃전체의 50~60%에 해당하는 무게에 도달한다.

과실의 표피에는 기공(氣孔)이 있으며 이 기공은 가스(gas)를 출입하는 구멍(孔)으로 기공이 있는 과실도 있고 없는 과실도 있다.

(표 5-5)  만개시 꽃의 각부위별 무게

| 부위 \ 품종 | 부    유 | 평  핵  무 |
|---|---|---|
| 유   과 (자   방) | 256mg(16.1) | 191mg(10.0) |
| 주         두 | 17mg( 1.1) | 15mg( 0.8) |
| 꽃         잎 | 374mg(23.4) | 658mg(34.6) |
| 수   술 (퇴   화) | 19mg( 1.2) | 22mg( 1.2) |
| 꽃    받    침 | 929mg(58.2) | 1016mg(53.4) |
| 계 | 1595mg(100.0) | 1902mg(100.0) |

### 가. 꽃받침의 구조(構造)

감의 꽃받침(萼)은 과실과 밀착되어 있으며 네쪽으로 갈라져 있다. 꽃받침이 자리를 잡은 위치는 과실이 가지에 붙어 있는 장소로 과실의 양수분의 통로이고 이곳에 유관속(維管束)이 잘 발달되어 있다.

1) 꽃받침의 형태(形態)

정상적인 꽃받침은 네 쪽으로 갈라져 있고 흔하지는 않아도 때로는 다섯쪽의 것도 있다. 이와 같은 꽃받침에 결실된 과실은 기형으로 되는 것이 많다. 꽃받침의 모양은 주요품종간에는 거의 같은 모양이나 지방종(地方種)에서 보면 세장형(細長型) 또는 크고 작은 모양의 특성이 있다.

잎과 이삭잎(苞葉)이 다르고 꽃받침 이면에는 강모형(剛毛型)의 털이 많이 있다. 꽃받침이 붙은 자리는 표피조직(表皮組織)과 해면조직(海綿組織)이 분화되어 있으며 책상조직(柵狀組織)은 퇴화되어 흔적도 찾아 볼 수 없다. 표피세포층의 아래쪽에는 석세포층(石細胞層)이 있고 그 중간부는 유관속이 지나가고 있다.

유관속은 과경(果梗)으로부터 꽃받침 붙은 곳에 이르면 방사상(放射狀)으로 갈라지고, 전개(展開)하여 뻗어나가며 다시 과육부(果肉部)와 꽃받침을 향해 갈라진다. 꽃받침에 들어온 유관속은 제각기 평행으로 내부조직의 중앙부로 뻗으며 꽃받침은 크게 잘 자란다.

2) 꽃받침의 기공수(氣孔數)

감은 기공이 없는 과실에 속한다. 그러나 큰 꽃받침에는 많은 기공이 있다. 표 5-6에서 보면 잎의 이면은 8.9개인데 꽃받침 이면에는 2.8개로 꽃받침의 기공수는 많은 편이다. 기공은 식물체에 가

(표 5-6) 꽃받침과 잎의 기공수

| 측 정 부 | | 표피세포수 | 기 공 수 |
|---|---|---|---|
| 꽃받침 | 전면 | 24 | 1.8 |
| | 이면 | 28.2 | 2.8 |
| 잎 | 이면 | 37.1 | 8.9 |

※ 주 : 300배 현미경 1시야내수(視野內數)

스 교환을 하는 구멍으로 과실 발육과 수확 후 생리 등에도 중요한 역할을 한다.

최근에는 감의 꽃받침에 대하여 다니(谷 : 1965), 나가무라(中村 : 1967), 마에다(前田 : 1968년)등 여러 학자들이 이 생리에 흥미를 갖고 연구하고 있다.

3) 꽃받침의 기능(機能)

꽃받침은 과실비대와 깊은 관계가 있다. 7월 상순경에 꽃받침이 없으면 유과는 낙과가 되거나 또, 낙과가 되지 않는 과실은 발육이 불량해진다. 그러나 무핵종인 평핵무는 꽃받침이 없는 과실도 낙과가 되지 않는다.

그림 5-1에서 보면 부유종은 꽃받침을 5월 20일에서 5월 30일 정도에 제거하면 100% 낙과가 되며 6월 20일에 제거를 해도 90%가 낙과된다. 그러나, 7월 20일이나 8월 20일에 제거한 것은 낙과율이 25%로 크게 줄고는 있으나 꽃받침이 없으면 과실은 적어진다.

또 꽃받침의 부분제거시에도 낙엽은 되고 있다. 그림 5-2에서 보는 바와 같이 1개의 꽃받침 4잎 중에서 한 잎을 처리한 것으로

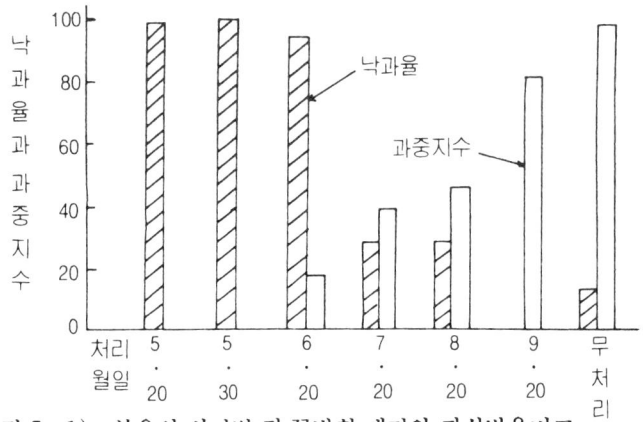

(그림 5-1)  부유의 시기별 전 꽃받침 제거와 과실발육비교

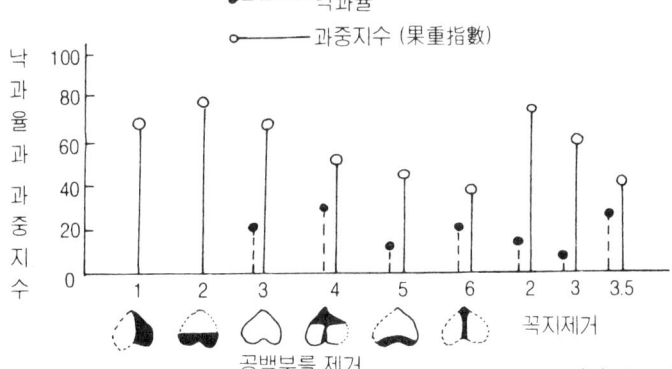

(그림 5-2)  꽃받침(萼) 부분적 제거와 과실 발육 비교    (처리 : 6월 21일, 수확 10월 30일)

1/2을 제거해도 낙과는 되지 않으나, 2/3 이상이 제거되면 낙과도 되고 과실비대도 떨어지는 것을 볼 수 있다.

나까무라(中村)의 과실발육에 대한 꽃받침 제거와의 관계를 보면 그림 5-3과 같다.

꽃봉오리 때(花蕾期) : 꽃받침의 생육은 왕성하나 꽃받침의 발육이 70% 정도 자랐을 때 꽃받침을 제거해도 꽃봉오리가 개화하는

제 3 절 꼭지와 과실발육 107

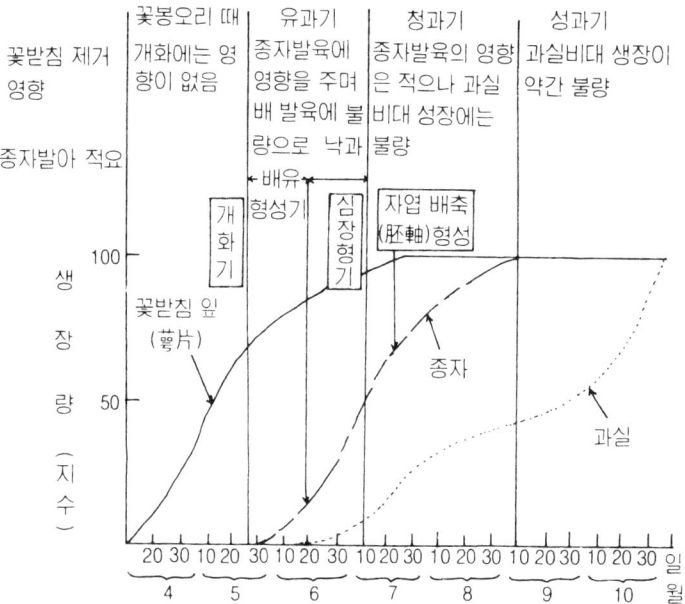

(그림 5-3) 꽃받침, 종자 과실의 발육과정의 상관관계와 감꼭지(蔕)의 영향

데는 별로 영향을 받지 않으나, 유과기 때는 낙과 피해가 커서 100%가 낙과된다.

 유과기(幼果期) : 이 시기는 종자가 급격히 발육하는 시기이고 전반에는 배유(胚乳)가 완성되고 후반에는 배(胚)가 심장형으로 생장된다. 이 시기는 꽃받침은 서서히 생장하여 발육정지에 가까워 지는 시기이고, 과실 발육은 아직도 계속 자라고 있는 때이다. 꽃받침 제거는 종자 발육에 영향을 주며 배 발육시기이므로 100%의 낙과가 생긴다.

 청과기(靑果期) : 과실의 비대가 왕성한 시기이다. 꽃받침을 제거해도 종자생육에 아무런 영향은 없으나 과실비대에는 약간의 영향을 미친다.

## 제 4 절  생리적 낙과(生理的 落果)

많은 종류의 과수는 생리적인 낙과 현상이 일어나고 있다. 특히 감은 이 현상이 심하다. 유과기에는 생리적 낙과가 아니라도 병해충(病害虫), 폭풍우에 의하여 뚝뚝 떨어진다.

### 가. 낙과파상(落果波相)

가지우라(梶浦)가 많은 품종에 대해서 계절적으로 낙과수를 조사한 결과 그림 5-4와 같다.

감은 개화후 7월하순에서 8월상순에 걸쳐 조기낙과(早期落果)하고 8월하순에서 9월하순의 낙과는 후기낙과(後期落果)라 한다.

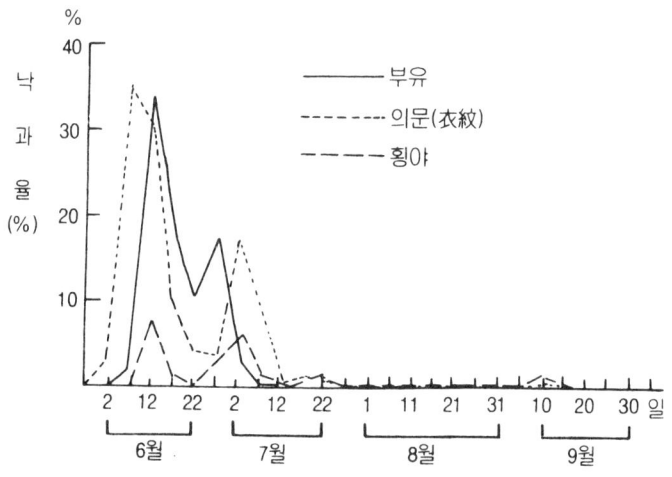

(그림 5-4)  감의 생리적낙과의 파상(梶浦)

낙과파상을 보면 6월에서 7월 상순의 조기낙과율이 높으나 이때는 유과가 떨어지는 것이고 후기낙과는 적으나 과실이 비대되고 또 착색된 상품성(商品性) 있는 과실이 떨어지기 때문에 직접 수량과 관계가 된다.

## 나. 조기낙과(早期落果)

### 1) 조기낙과의 양상(樣相)

꽃이 피고 지면 6월 상순에 낙과가 시작된다. 개화 3주간쯤이 조기낙과의 정점(頂點)을 보이고 그 후인 6월 하순에서 7월 상순에는 낙과가 줄어들어 낙과의 1차 파상(波相)을 나타낸다. 일반적으로 감의 생리낙과라고 하는 것은 이 시기의 낙과를 가르켜 '준드롭(June drop)'이라고 부른다.

감의 적정 착과율은 40~60%이지만 80~90%가 낙과될 경우에는 큰 감수가 되어 흉작을 면하기가 어렵다.

### 2) 낙과(落果)의 원인(原因)

생리적인 낙과는 나무의 세력을 유지하기 위하여 나무 자체가 자연 조절을 유지하기 위한 일종의 도태현상(淘汰現狀)이라고 볼 수 있다.

낙과원인을 분석해 보면

첫째는 단위결실성과 종자형성력에 차이가 있다. 이 두 가지 요인이 관계가 되는 현상으로 감의 생리적 낙과를 복잡하게 보고 있다.

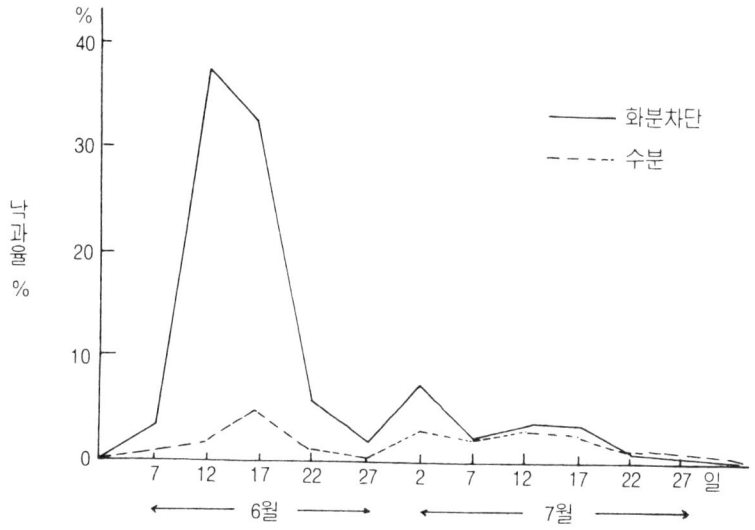

(그림 5-5)  부유품종의 낙과파상(梶浦)

둘째는 자연조건 하에서 수정과와 불수정과가 섞여서 착과되어 있으므로 이것에 대한 단위결과성 강약이 복잡다난하므로 일층 생리낙과의 고찰이 어렵다.

셋째는 종자가 형성되면 낙과는 적어진다. 이것은 배주(胚珠)의 생장과정에 있어 식물호르몬의 늘어남과 줄어듬이 낙과를 저지하는 것이다.

넷째는 강우가 계속되거나 날씨가 흐려 일조부족(日照不足)이 낙과에 큰 영향을 준다.

다섯째는 감 재배시 각종조건에 대해 민감(敏感)하므로 약간의 자극이 있어도 낙과가 된다. 낙과의 조건을 요약하면 수정불량과 영양조건이 주가 되며 그 배경으로 재배환경요인(栽培環境要因)인데 그중에서도 기상(氣象)의 영향이 가장 크다.

## 다. 후기낙과(後期落果)

감의 후기낙과는 사과의 수확 전 낙과와는 다르다. 후기낙과 시기는 8월 중순에서 9월 중순에 걸쳐 감꽃받침(蕚)만 나무에 붙이고 과실은 떨어지는 것으로 갑주백목, 의문, 회진어소 같은 품종은 낙과가 심한 품종이며 조생차랑도 많이 된다. 부유 품종은 비교적 후기낙과가 심한 품종은 아니나 재배상 관리조건이 불량한 경우에는 낙과된다.

후기낙과의 원인은 여름철 한발(旱魃)로 발육이 일시적으로 정지

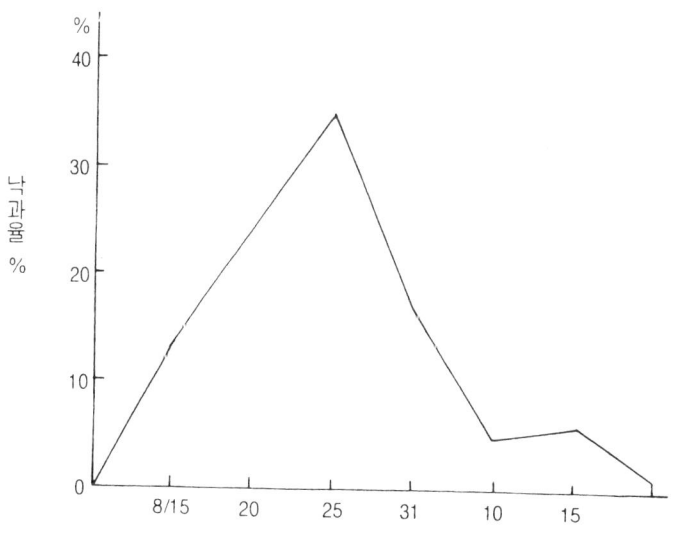

(그림 5-6) 후기낙과 파상(早生次郎) (愛知農總試 : '79)

했을 때 8월 중, 하순 강우에 의해 뿌리가 재신장하여 뿌리와 과실 간에 양분결함(養分缺陷)이 생김으로서 낙과가 발생된다. 또 강우시 광선부족과 기타조건으로도 낙과가 발생하게 된다.

## 라. 생리적 낙과방지(生理的 落果防止)

1) 동기전정시 결과모지 간격을 넓히고 광조건을 좋게 하며 결과모지가 강한 것과 약한 것은 솎아낸다.

2) 4~5월경에 눈(芽)따기를 하여 양수분의 낭비를 줄인다.

3) 착과가 많이 되었을 경우에는 적뢰, 적과를 하여 양수분의 낭비를 막고 가지당 2~3개를 남겨두는 꽃눈은 가지 중앙부의 것을 남긴다.

4) 과원내에 수분수의 혼식(混植)을 하거나 인공수분을 하는 것이 효과적이다. 또 무핵과 품종이라도 수분을 하게 되면 화분이 가지고 있는 호르몬이 암꽃 성기관(性器管)이 흡수하게 되어 낙과가 적어진다.

〈표 5-7〉 하계전정지의 익년 착과에 미치는 영향

| 구 분 | 월일 | 발생신초수 | 착뢰신초수 | 착뢰수 | 수확과수 | 수량(g) | 낙과율(%) |
|---|---|---|---|---|---|---|---|
| 위를 향한 정단지(頂端枝) | 6.26 | 3.1 | 2.6 | 5.8 | 1.9 | 432.4 | 67.7 |
| | 7. 3 | 4.3 | 1.3 | 2.6 | 0.3 | 73.8 | 87.1 |
| | 7.10 | 3.4 | 1.9 | 4.0 | 0.6 | 115.0 | 85.7 |
| 부정아(不定芽) | 6.26 | 2.0 | 1.0 | 2.3 | 0.5 | 82.5 | 77.8 |
| | 7. 3 | 3.2 | 0.8 | 1.4 | 0 | 0 | 100.0 |
| | 7.10 | 3.9 | 0.4 | 0.4 | 0 | 0 | 100.0 |

주 : 처리 가지수는 한가지

5) 5월 하순부터 6월에 걸쳐 약제살포는 특히 주의하여 약해가 발생하지 않도록 하는 것이 중요하다.

6) 항상 수관내부의 가지 배치가 복잡하게 되지 않도록 주의한다.

7) 하계전정(夏季剪定)으로 수관내에 통광, 통풍(通光, 通風)이 잘 되도록 하여 꽃눈 분화 후 충실한 꽃눈이 되도록 한다.

8) 나무의 영양상태를 주의 깊게 관찰하고 수세(樹勢)가 약하지 않도록 시비(施肥)하며 강우시의 배수와 토양관리를 철저히 한다.

9) 수세가 너무 강한 나무는 환상박피(環狀薄皮)를 함으로써 생리적 낙과를 방지하게 되는 유효한 수단이다. 그러나 지나치면 악영향(惡影響)이 온다.

## 제 5 절  격년결과(隔年結果)

과수는 격년결과의 현상이 나타난다. 이 현상은 소위 결실이 되는 나무에 양분으로 인한 전년에는 결실이 잘되고 다음해 개화. 결실이 안 되는 현상을 말한다.

감은 격년결과가 심한 과종으로 꽃눈이 분화된 후 장기간을 지난 후 과실의 발육과 과실 수확이 끝나고 낙엽기가 닥치므로 양분부족에서 다음해 결실이 잘되지 않는다.

또 많은 시험결과에서도 비료요소와 전분이 가지내에 부족할 때 결실에 지장을 준다고 했다. 그러므로 격년 결과를 방지하기 위해서는 충분한 적과를 하고 전정으로 결실수를 조절하면 가능하다.

전정에 의해 결실수를 조절하는 것이 감에 있어서는 다른 과수와 같이 쉽지는 않으나 혼합복아(混合複芽)로 결과모지에 3~4개의 신초가 생기고 그 신초상에 꽃봉오리(花蕾)가 생기고 결실하기 때문에 쉽게 생각할 수 있으나 실제로는 어렵다. 그러므로 그 신초상에 어느 정도의 꽃봉오리가 있게 하는 전정기술은 필요한 것이다.

기시모도(岸本)에 의하면 7월 상순에 1결과지에 1과를 두고 적과를 했을 때 격년결과는 충분히 막을 수 있다는 보고가 있고, 이도우(伊東)와 기시모토(岸本)의 조사에 의하면 격년결과의 직접적인 원인은 그 해의 꽃눈 있는 가지의 유무에 좌우된다고 했다. 결국 격년결과의 원인은 화아분화시 꽃봉오리(花蕾)가 발육하는 데 있어 여러가지 저해요인 때문이라고 본다. 그래서 감은 적과보다는 적뢰가 격년결과 방지에 효과가 높으며 과실 비대 효과도 높다.

표 5-8에서 보면 결과지에 꽃 하나 남기고 적뢰했을 때 100%이

(표 5-8) 적뢰가 이듬해의 착수에 미치는 영향

| 처 리 | 전정후의 묵은 가지수(A) | 신초수 (B) | 꽃봉오리수 (C) | B/C | C/A | 착뢰수×100 전년착뢰수 |
|---|---|---|---|---|---|---|
| 결과지에 1화 남기고 모두 적뢰 | 506.0 | 1,339.5 | 1,568.0 | 2.7 | 3.1 | 100 |
| 결과지에 2화 남기고 모두 적뢰 | 381.5 | 812.0 | 1,345.5 | 2.1 | 3.6 | 73 |
| 무 처 리 | 173.5 | 429.5 | 245.5 | 2.5 | 1.4 | 19 |

(표 5-9) 적뢰가 생리적 낙과와 수량에 미치는 영향

| 처 리 | 꽃봉오리수 | 적화뢰율 | 잔화뢰수 | 조기낙과율 (7.10전) | 후기낙과율 (7.10후) | 수확과수 | 1과평균무게 |
|---|---|---|---|---|---|---|---|
| 결과지에 1화 남기고 모두 적뢰 | 1,474.5 | 61.5% | 568.5개 | 54.0% | 10.1% | 232.5 | 250g |
| 결과지에 2화 남기고 모두 적뢰 | 1,850.5 | 29.5% | 1,279.5개 | 68.5% | 9.8% | 250.5 | 195g |
| 무 처 리 | 1,309.5 | 0 | 1,309.5개 | 69.5% | 7.2% | 273.0 | 131g |

며 무처리에서는 19%로 격년결과가 오고 있다.

표 5-9는 표 5-8과 같은 처리로서 시험한 결과 결과지에 1화 남기고 모두 적뢰한 구가 과실 무게도 250g으로 무처리에 비하여 119g이 더 무거웠고 2화 남기고 모두 적뢰한 구보나는 55g이 더 무거웠다.

# 제6장  과실 비대 생리

## 제1절  과실(果實)의 구조(構造)

### 가. 모양(形)

감의 과실은 자방(子房)이 비대한 것으로 진과(眞果)에 속한다.

〈표 6-1〉 품종과 과형지수의 비교

| 과 형 | 형 태 | 대 조 품 종 |
|---|---|---|
| 전체모양 | 매우 긴형(과형지수 65이상) | 필시(筆枾) |
| | 장형(長形)(65~84) | 애보(愛寶), 서조(西條) |
| | 약간 장형(85~105) | 갑주백목 |
| | 원형(圓形)(105~124) | 정월, 횡야(橫野) |
| | 의보주(擬寶珠)(105~144) | 등원어소, 화어소 |
| | 약간 편형(125~144) | 부유, 선사환 |
| | 편형(145~154) | 서촌조생, 차랑, 평핵무 |
| | 매우 편형(155~) | 이두 |
| 종단면의 모양 | 삼각형 | 애보 |
| | 도란형 | 갑주백목 |
| | 타원형 | 서조(西條), 구보(久保) |
| | 난 형 | 홍엽은(紅葉隱) |
| | 방형(方形) | 평핵무 |
| | 원보주형(圓寶珠形) | 화어소, 준하 |
| | 편원형 | 부유, 차랑, 이두 |

제 1 절 과실의 구조   117

과실의 모양은 세장(細長)인 것으로부터 편평(扁平)한 것까지 모양이 여러가지가 있다.

또, 과실이 비대한 것을 횡단으로 절단해서 보면 외측(外側)부터 외과피(外果皮), 과육부분(果肉部分), 종자 주위의 투명한 내과피(內果皮) 부분으로 되어 있다.

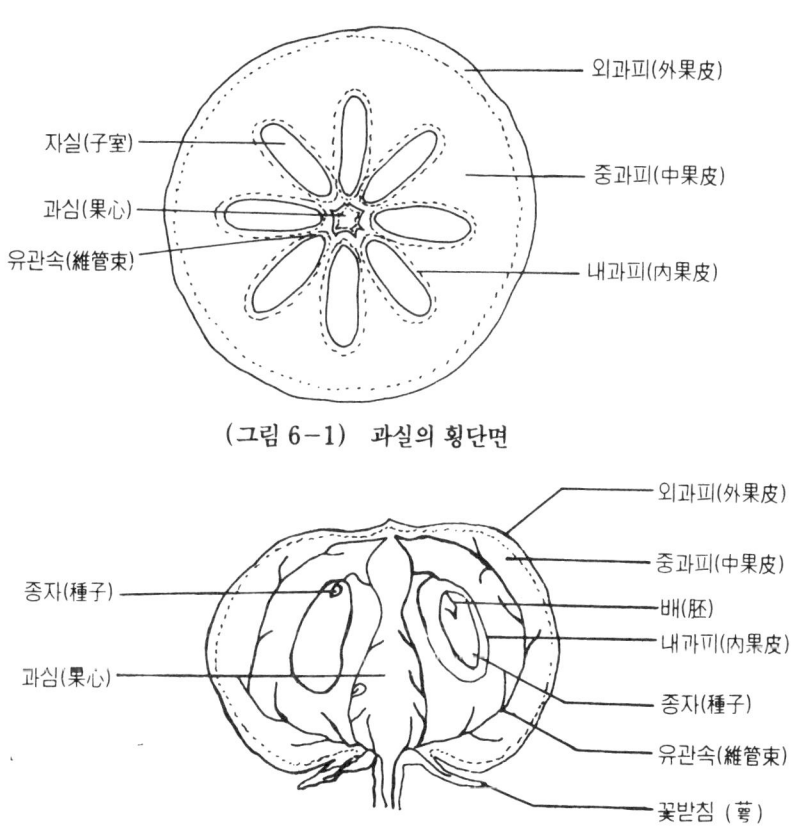

(그림 6-1)  과실의 횡단면

(그림 6-2) 과실의 총단면

## 나. 외과피(外果皮)

외과피는 과실의 제일 바깥쪽으로 큐티큘라(Cuticlar)층으로 덮여 있는 것으로 한 겹으로 표피세포층이 되어 있다.

큐티큘라는 지방(脂肪)과 유사물질로 섬유질과 펙틴(pectin)질로 결합된 구조로 복잡한 물질이고 이것이 표피를 보호한다.

큐티큘라층이 터지기 쉽고 균열(龜裂)되면 과피가 더럽혀지는 과피검은 얼룩과가 생기기 쉽다.

유과(幼果)는 큐티큘라층이 발달되어 있지 않아 나무에서 따면 표면증산으로 시들기 쉽다. 그러나 성과(成果)가 되면 큐티큘라층이 발달되어 증산을 되도록 억제하는 힘이 생겨서 시들지 않는다.

표피세포층의 밑에는 2열(二列)의 하피세포층(下皮細胞層)이 있고 이 세포는 크고 세포막은 아주 두텁다. 그리고 그 밑은 수개의 석세포층(石細胞層)으로 되어 있다. 석세포의 세포막은 비상하게 두텁고 보통 이곳까지를 과피(果皮)로 취급한다.

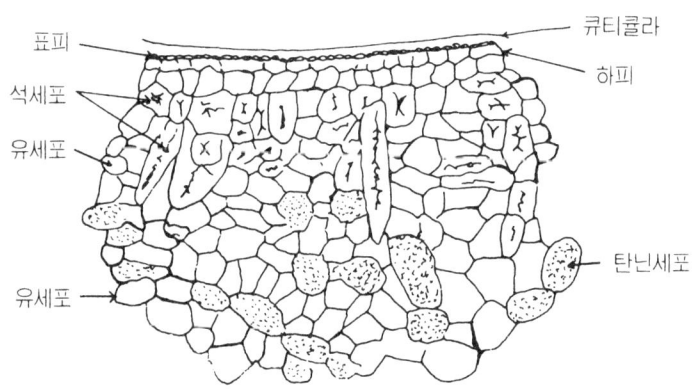

(그림 6-3)  과실의 외과피(外果皮) 횡단면(井田)

## 다. 중과피(中果皮)

중과피는 대부분 먹을 수 있는 부분으로 부드러운 유조직세포(柔組織細胞)로 되어 있다. 이 유조직 속에는 대형의 탄닌세포가 있다. 탄닌세포의 크기, 모양 분포와 밀도는 품종에 따라 다르다. 성숙과에서 볼 수 있는 호마반(胡麻班)은 탄닌세포(tannin)의 갈변된 것이다.

## 라. 내과피(內果皮)

내과피는 종자가 들어가 있는 자실(子室)을 둘러싼 여러 개의 유조직 세포층으로 되어 있다. 그러나 내과피에는 거의 탄닌세포가 없다. 반투명(半透明)하기 때문에 내과피는 쉽게 알 수 있다.

## 마. 과심(果心)과 유관속(維管束)

과실 중앙부의 과심부는 수(髓)라고 하며 이 수는 무른 유조직(柔組織)세포로 되어 있다. 이 조직은 열매 꼭지(果徑)로 부터 들어온 유관속을 통해 과실 기부로 들어가고 일부는 갈라져서 꼭지(萼) 쪽으로 간다. 과육부에 들어간 유관속은 또 둘로 갈라져 하나는 자실(子室)과 표피(表皮) 사이를 통해서 중과피내에 과정부(果頂部)쪽으로 간다. 다른 한쪽은 과심부 가까이 바깥쪽으로 향하여 구부러지고 나머지 일부는 하강(下降)하여 사실 윗쪽에서 종자에 들어간다.

종자가 발달되지 않을 때는 과심내에 유관속도 발달되지 않으며 그로 인해 틈이 생길 수가 있다. 그러므로 부유나 서천조생 같은 품종은 과정부가 눌린 것 같이 약간 들어간 과실이 많이 생긴다.

## 바. 과분(果粉)

과피 큐티큘라층의 표면에 백색의 분가루 같은 것이 붙어 있는데 이것이 과분이다.

감의 과분은 개화 후 유과(幼果)에는 과분이 형성되지 않으나 6월 중순쯤 되면 과면 전체에 과분이 생기기 시작하고 7월 중, 하순이 지나면 과분이 일면서 과면을 덮는다.

## 제 2 절  과실발육(果實發育)

### 가. 과실의 발육과정(發育過程)

 과경비대(果梗肥大)와 과중(果重)의 증가를 보면 이중(二重) S자형의 생장곡선(生長曲線)을 나타낸다.
 부유품종은 5월 하순에 개화하여 결실이 되면 과실은 발육하기 시작하는데 잠시동안은 완만한 생장을 하다가 갑자기 비대하기 시작하고 7월 하순에서 8월 상순까지 계속된다. 이 시기를 우리는 감의 과실발육 제1기라고 하며 그후 9월 상, 중순까지 발육이 완만하다 비대가 일시적으로 정지한다. 이 시기를 과실발육의 제2기라고 한다. 계속해서 9월 중, 상순 이후 과실발육은 재차 활발해져 왕성

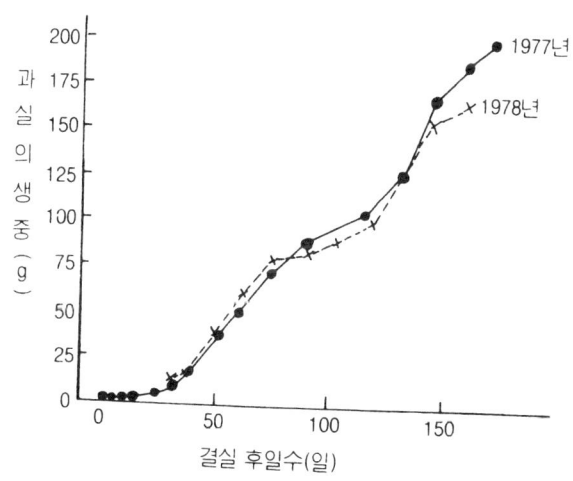

(그림 6-4)  부유의 과중증가(果重增加) (新居)

한 비대를 하는데 이 시기를 과실비대 제3기라고 하며 이 비대기를 지나면 과실은 성숙되어 수확하게 된다.

제2기의 과실비대가 일시 정지하는 이유는 여름 고온과 건조 등의 여러 조건으로 인하여 뿌리의 생장이 일시 정체(停滯)되는 영향이라고 본다. 그러나, 조생종은 과실의 발육과 성숙이 빨라진다. 그 생장과정을 보면 송본 조생부유는 발육 제2기에 들어서면 생장속도가 부유보다 빨라진다.

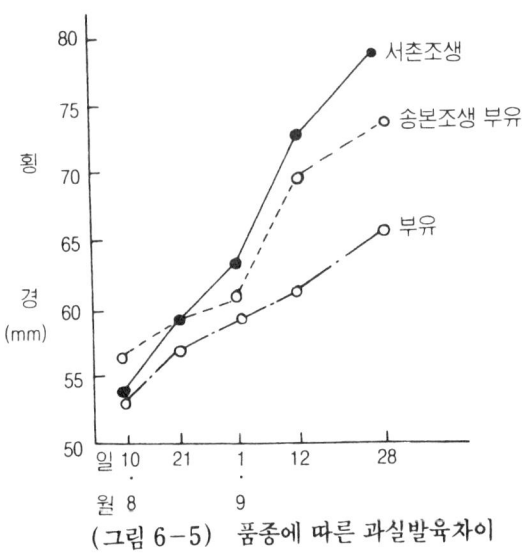

(그림 6-5) 품종에 따른 과실발육차이

## 나. 과실 기부의 활발한 발육

감의 과실비대 특징은 기부의 생장이 과실중부(中部)나 정부(頂部)에 비하여 왕성한 발육을 하며 제3기 생장도 주로 기부의 비대가 되고 있다.

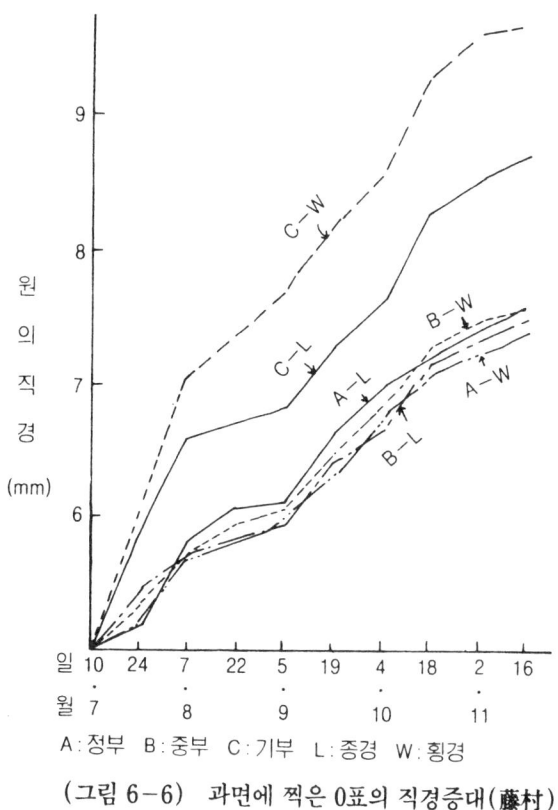

(그림 6-6) 과면에 찍은 0표의 직경증대(藤村)

후지무라(藤村)에 의하면 유과의 기부쪽에 도장으로 0표를 찍어 놓고 관찰해 보니 과실비대에 따라 표시부분이 위쪽으로 이동되었다고 했다. 그리고 과실 최후의 비대시에 보면 0표시한 것도 처음 보다 커져 있는 것으로 보아 과실 기부(果實基部)의 생장이 왕성하다는 것을 증명하였다. 정부와 중부에도 도장으로 0표를 표시하고 관찰해 보니 0표가 그대로 있는 것으로 관찰되어 생상은 왕성하지 않은 것으로 판단이 되었다.

그림 6-6에서 보면 기부의 생장이 정부나 중부에 비하여 월등한

것을 볼 수 있다. 특히 기부비대를 보면 7월 상순에 비대는 급진적인 비대를 보이고 있고 그후 10월 하순까지 계속 비대하고 있다.

가노(狩野)도 과실기부의 감꼭지(蔕)접착부는 다른 부분의 분열기능이 없어졌을 때(8월 상, 중순)도 분열기능이 남아 있어 과실기부의 비대가 다른 부분보다 왕성한 것을 인정했다.

### 다. 과육세포의 분열과 비대

과실의 크기는 과실을 형성하고 있는 과육세포의 수와 세포의 용적증대(容積增大)의 정도에 따라 차이가 있는 것이다. 대과생산을 하려면 과실의 비대생장이 순조롭고 과육세포의 분열과 비대가 왕성할 때 가능한 것으로 세포분열을 촉진시켜 1과당 많은 세포 수를 확보하는 것이 중요하다.

세포분열은 꽃눈 때부터 시작하여 결실 후 잠깐동안(1개월간) 유과일 때 일어난다. 그 후는 세포비대로 들어가는 것이다.

히로다(平田)에 의하면 과육세포의 분열정지기는 개화 후 30일 정도로 그때 과경은 25.9mm, 세포의 크기는 46.8$\mu$이고 성숙기에 도달되면 과경은 76.5mm 세포크기는 187.2$\mu$라고 했다. 또 표피조직의 세포는 늦게까지 분열하고 있으며 개화 후 73일에 세포의 크기 55.9mm 정도일 때가 세포분열 정지기(停止期)라고 했다. 그러나 꼭지(蔕)접착부의 표피조직과 과심부는 다른 부분의 분열능력이 없는데도 8월 상, 중순이 넘은 시기에도 분열능력을 가지고 있었다.

과실의 평균적인 세포의 크기는 동일 품종내에서는 거의 같으나 품종간에는 어느 정도 차이가 있다. 그러나 품종간의 세포의 무게와 세포수가 과실크기에 미치는 영향은 없다.

그림 6-7에서 보는 바와 같이 평핵무는 세포의 무게는 무겁지만 1과당 무게는 230g 정도이고 부유는 평핵무보다 세포무게는 가벼워도 1과당 무게는 평핵무와 같다. 그러나 무핵(無核)은 세포수는 적은데도 1과당 과실무게는 380g으로 대과인 것을 볼 수 있다

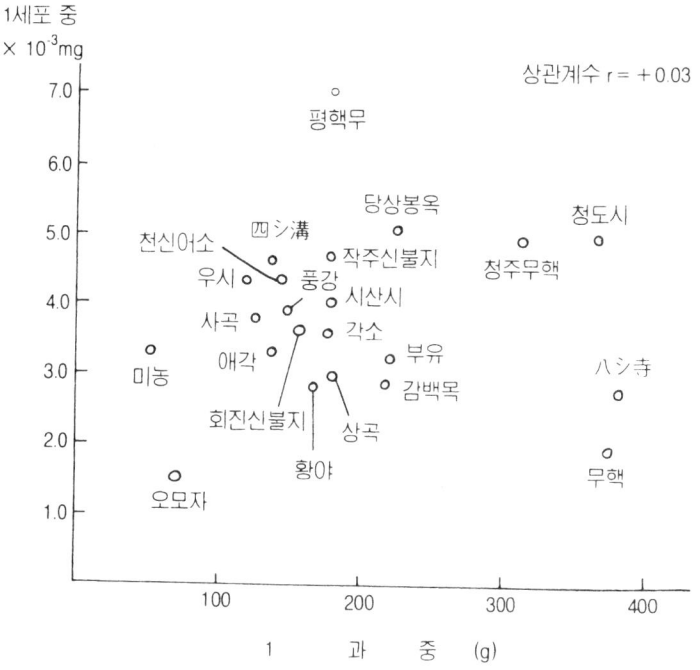

(그림 6-7) 품종간에 있어 1과중과 1세포무게와의 관계 (北川)

그림 6-8에서 보면 부유나 평핵무의 과실크기가 같은데, 부유는 세포의 무게는 가벼우나 세포수가 많고, 평핵무는 세포무게는 무거우나 세포수가 적어도 두 품종의 1과당 무게는 거의 같다.

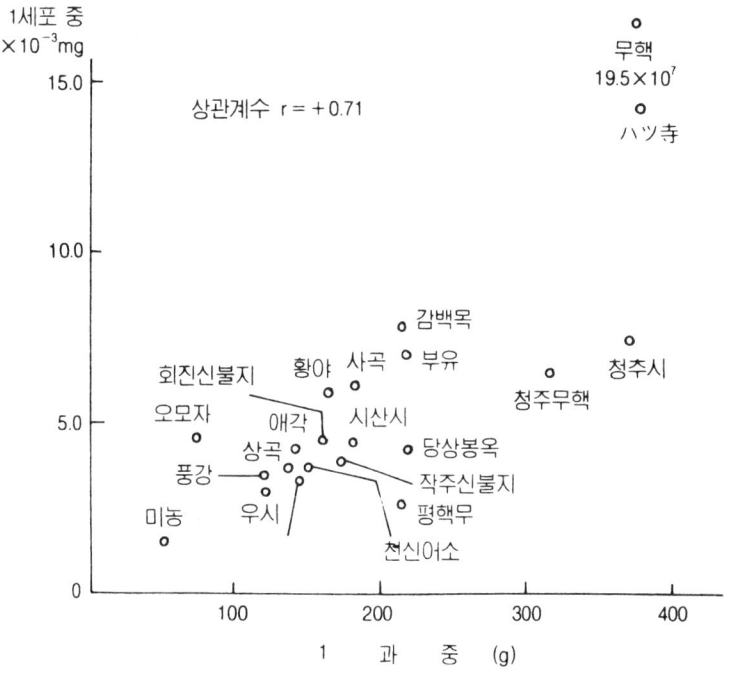

(그림 6-8) 감 품종간에 있어 1과중과 세포수와의 관계(北川)

## 라. 과실 발육조건의 주요 요인 (主要要因)

### 1) 낙엽시기와 저장양분 (貯藏養分)

세포분열에 직접적인 영향을 미치는 것을 보면 전년도 가을부터 6월 상순까지 수체내(樹體內)에 저장된 양분에 영향을 받으며 그 후, 6월 상순 이후에서 수확까지는 금년도 동화양분으로 유지가 되는 것이다.

히로다(平田)는 가을의 적엽처리(摘葉處理)의 결과 과실비대에 영향이 미친다고 했다. 가을에 형성된 광합성 산물은 그해만이 아니라 다음해의 과실발육과 품질에 현저히 영향을 준다고 보고했다. 그의 연구결과를 보면 9월 15일, 30일 잎을 전부 적엽하면 다음해 세포분열 정지기가 무적엽 나무보다 10~14일 빨랐고 과실은 과육 세포의 크기가 작아졌고 세포수도 감소하여 작아졌다고 했다. 그리고 10a당 연간 시용량의 질소 20%와 칼리 15%를 9월 상순과 하순에 나누어 시용한 결과 과실의 광합성량이 증가하여 저장양분이 증대되었고 다음해 과실의 세포수가 현저히 증가되어 과실이 커졌다고 했다.

### 2) 엽면적(엽과비 : 葉果比)

과실이 생장하는 계절에 있어서 잎은 직접 과실비대에 영향을 주는 중요한 기관으로 엽과비의 증대와 함께 과실비대가 이루어지는 것이다.

과실 한 개를 키우는 데에 필요한 잎 수는 15~20잎이다. 그러나 실제로 이 잎만으로는 절대 부족할 때가 많으나 나무 전체의 엽과비로는 그 잎 수를 넘어서 과실이 굵어지는 데에는 지장이 없는 것이다. 특히 성목에 있어서는 동화능력이 떨어지므로 25~30잎은 있어야 한다. 그리고 품종에 따라서 30잎 이상 있어야 정상적인 과실이 비대하는 것도 있다.

### 3) 결실 비대(結實肥大)의 제한(制限)

굵은 결과모지의 과실은 대과가 많이 결실되고 약간 짧은 결과모지에 결실된 과실은 대과생산이 높은 경향이다. 부유는 20~30cm 정도의 결과모지가 적당하고 이두는 그보다 긴 30~40cm 정도의 결과모지가 좋다. 또 과실의 비대를 위해서는 적뢰, 적과의 효과가 크다. 그래서 적뢰를 권장(勸奬)하고 있는데 적뢰시기의 조, 만(早,晚)에 의하여 과실 비대에 큰 차이가 생긴다.

적과는 개화 후 10일 정도까지면 적뢰 효과와 같은 효과가 있고 생리낙과가 끝난 후 7월 이후의 적과는 과실 비대의 효과에 영향이 없다. 그러므로 적뢰와 적과를 2회로 나누어 작업을 할 때 생리적 낙과 전의 조기적과를 한 것이 생리적낙과 후의 적과를 하는 것보다 과실비대의 효과가 크게 되므로 시기를 잘 나누어 관리해서 개화가 빨리 되면 대과가 생산된다.

가지우라(梶浦)는 부유에서 5월 24일 개화된 나무의 과실은 25일 개화된 나무의 과실보다 성숙시에 평균 8.5g이 더 무거운 것이 생산되었으며 차랑은 5월 21일 개화한 과실이 1일 늦은 과실보다 17.6g, 2일 늦은 과실보다는 31.4g이 더 무거워졌다고 했다.

4) 온도(溫度)

감의 비대적온(肥大適溫)은 과실 발육기를 통해서 주(晝)-야(夜)간의 온도가 25~25℃, 25~20℃, 20~20℃일 때 과실발육 적온이 되면 제2기 기간이 단축되어 빨리 과실발육 제3기에 도달하게 된다. 그러나 고온인 25~30℃, 30~25℃, 30~30℃일때는 과실발육 제2기가 길어진다.

소바시마(傍島)는 신초장기와 과실발육 제2기간 중 자연적으로 밤 온도에 3~4℃를 보온하면 과실비대가 촉진된다고 했고, 그로 인하여 수확기에는 과중이 30% 무거워졌다고 했다. 그러나 6~7℃를 보온하면 일시적으로 과실비대는 촉진되나 낙과가 심해진다고 했다.

## 제 3 절   저장양분과 과실 크기

 큰 과실을 수확하기 위해서는 과실의 세포수가 많도록 재배관리하는 것이 중요하다. 과실은 세포분열로 과실비대하는 시기는 제1기다. 그러므로 제1기의 관리가 과실비대에 중요하므로 시비량과 관수를 적절히 해야 하고 병해충으로부터 잎의 피해가 없도록 관리를 철저히 해서 조기낙엽이 되지 않도록 하는 것이다.
 과실내의 세포분열은 8월 상순까지 이루어지고 있는 것으로 그림 6-9와 같다. 즉, 개화 후 과실비대기 제1기인 6~7월 하순까지

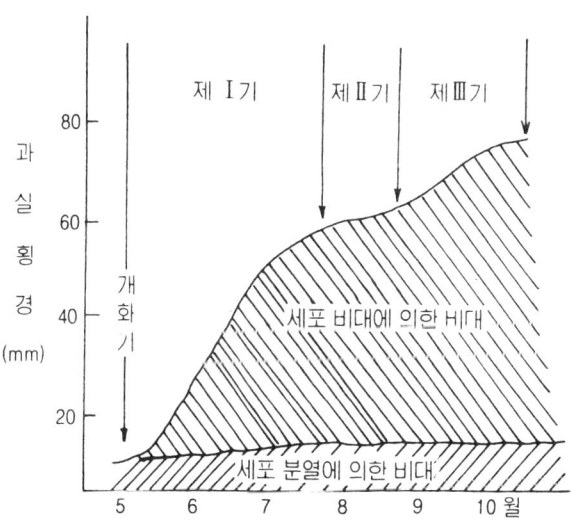

(그림 6-9)  과실비대와 세포의 분열 및 비대와의 관계

과실의 세포분열에 의하여 과실비대가 급진적으로 비대하고 있으며 그후 제2기와 제3기는 완만한 S자형의 곡선을 보이며 과실이 비대하고 있다.

과실의 세포수는 전년도의 저장양분에 의해서 당(糖)의 형태로 양분이 저장되어 있다. 전년의 과실을 수확한 후에 수체내(樹體內) 양분상태가 많아 저장양분이 많으면 다음해 개화시에 꽃이 크고 세포수도 많아진다. 그러므로 저장양분이 많고 적은 것은 전년도의 과원관리와 결실양의 대, 소 그리고 수확 후의 잎의 보존에 따라 영향을 받게 된다.

기다가와(北川)가 평핵무의 성목에 9월 15일 전적엽(全摘葉), 반적엽, 표준구를 두고 시험한 결과를 보면 전탄수화물 함량이 표준구평균 1과중 무게 206.8g을 지수(指數) 100으로 볼 때 적엽구는 65, 반적엽구는 92로 적엽시 지수함량이 떨어지고 있으며 개화기의 꽃의 무게도 표준구에 비해 적엽구가 가벼운 것을 볼 수 있다.

(표 6-2) 적엽이 저장양분에 미치는 영향 (北川 : 미발표)

| 구분 | 전탄수화물함량 | 개화시 꽃무게 | 평균 1엽중 | 평균 1과중 |
|---|---|---|---|---|
| 표 준 구 | 21.83%(100) | 1.91g(100) | 3.04g(100) | 206.8g(100) |
| 반적엽구 | 20.12 ( 92) | 1.72 ( 92) | 1.91 ( 63) | 171.0 ( 83) |
| 전적엽구 | 14.24 ( 65) | 1.43 ( 75) | 1.76 ( 58) | 149.8 ( 72) |

주 : 표준구 가중치 100인 경우

감은 과실의 성숙기부터 낙엽기까지의 기간이 매우 짧다. 내년도 저장양분 비축(備蓄)을 위하여 잎의 낙엽을 며칠간 지연시키려면 지베렐린을 수확 전 50에서 100ppm을 엽면살포하면 낙엽도 20일 이상 늦게 떨어지고 양분의 저장력이 증대된다. (표 6-3)

(표 6-3) 지베렐린 처리에 의해 낙엽지연 효과 　　　　　　(北川 : '67)

| 품　　종 | 농　　도 | 낙　엽　일 |
|---|---|---|
| 부　　　유 | 200ppm | 12.3 |
| | 100 | 12.3 |
| | 50 | 12.3 |
| | 0 | 11.18 |
| 평　핵　무 | 200 | 12.3 |
| | 100 | 12.3 |
| | 50 | 12.3 |
| | 0 | 11.10 |

# 제 7 장  과실 품질(果實品質)

생산된 과실은 상품(上品)으로 만들어 상품(商品)으로 판매가 되어야 가격이 높아지고 수익성이 증대되는 것이다. 그러기 위해서는 현재로는 과실이 대과가 되어야 하고 과피색이 아름답고 곱게 생산되어 품종 특유의 색이 나와야 하며 맛과 육질이 좋고 씹히는 감촉이 좋은 과실이 생산되어야 한다. 수용가가 과실을 고를 때는 우선 크기와 색깔을 본다.

감은 외관이 아름다워서 예부터 사람의 마음을 끈 과실로서, 노래에 많이 불려졌고 도자기에 무늬로도 많이 쓰였으며 유명한 작품도 있다. 또, 정원에 한두 그루를 심어 놓고 보고 즐기고 맛이 있는 과실을 수확하는 즐거움도 가졌다.

## 제 1 절  과실의 외관(外觀)

### 가. 크기

과실은 굵은 것이 당도도 높고 과즙(果汁)도 많아 좋다. 감은 대개가 큰 과실이 빨리 성숙하는 경향이 있다.

다까마(高馬)에 의하면 부유 품종에 있어서 과실의 크기와 숙기 조사를 한 것을 보면 수확이 늦을수록 과실크기가 작다고 했고 떫은 감에 있어서도 작은 과실은 큰 과실에 비하여 탈삽도 잘 되지 않는다고 했다.(표 7-1 참조)

(표 7-1) 부유 품종의 수확 조만과 과실크기 비교

| 수 집 기 | 조사과수 | 평 균 과 중 |
|---|---|---|
| 10.20 | 7 | 220.7g |
| 10.29 | 28 | 212.3±5.63 |
| 11. 2 | 36 | 251.6±2.72 |
| 11. 3 | 40 | 216.3±2.76 |
| 11. 6 | 30 | 198.3±2.30 |
| 11.11 | 30 | 209.4±1.34 |
| 11.12 | 30 | 212.2±2.36 |
| 11.13 | 30 | 209.1±2.79 |
| 11.20 | 40 | 177.2±2.09 |
| 11.29 | 10 | 178.0±4.68 |

그러나, 저장시에는 대과는 일반적으로 저장성이 낮고 소과가 적합하다.

## 나. 과색(果色)

감 과피의 황색은 카로티노이드(carotenoid) 색소를 많이 가지고 있기 때문이다. 이카로티노이드 색소는 식물체의 녹색부인 클로로필(葉綠素)과 함께 함유되어 있다. 그러나 이것이 분해되면 공존해 있던 카로티노이드 색소나 과실이 성숙하게 되면 나타난다.
나가쥬(中条)는 부유감을 가지고 카로티노이드를 정량 측정하여 분석한 결과 구리쁘도기산찡이 가장 많았고 쓰에가끼산찡, 가로친(carotin), 리고핑과 미동정(未同定) 성분 2가지가 있다고 했다. 이 색소 중 아주 중요한 색소는 리고핑으로 이 색소가 농주색(濃朱

色)의 색소로써 이 색소가 많으면 감은 주황색이 강하게 나타나고 적으면 등황색(橙黃色)으로 나타나는 것이다.
감의 착색은 광의 영향과 관계가 있는 것으로 보고 부유의 결과부위에 햇빛이 비칠 때 착색이 잘 되는 것이다.

## 다. 오염과(汚染果)

부유감의 과피에 흑색으로 물든 것 같이 보기에 흉하며 그로 인하여 상품성을 떨어트려 가격도 하락시키는 문제의 증상이다. 이 증상을 관찰해 보면 점상(点狀)과 선상(線狀)으로 나타나는데 점상의 것은 과정부로부터 꼭지까지 과에 골이 진 곳을 따라 발생하는데 유과(幼果) 때부터 보인다. 이 절편(切片)을 떼어 현미경으로 보면 물리적인 영향으로 내부로부터 발생되는 것으로 보고 있다.

이 증상은 과실이 급격히 비대(肥大)할 때 큐티큘라층이 엷게 갈라진 것 같이 보이는데 과실비대 제3기로 10월 중순부터 11월 상순에 걸쳐 많이 보이는 것은 이와 같은 이유에서라고 본다. 그리고 오염과가 흑색이 되는 것은 폴리페롤물질의 산화에 의한 것으로 흑변 현상은 이차적인 것이다.

최근 문제가 되고 있는 오염과의 1차적인 원인은 큐티큘라에 엷게 갈라진 무수히 많은 흠으로 생기고 폴리페롤 물질이 산화되기 때문이다.

그러므로 오염과의 발생을 보면 물과 습도에 관계가 있다고 본다.

## 제 2 절  맛(味)

### 가. 과실에 함유된 화학적 물질

과실에 함유되어 있는 화학적 물질의 주가 되는 것은 그림 7-1과 같다. 이 그림에 있는 모든 물질이 직접, 간접으로 맛을 만드는 것이지만 그 중에서 중요한 감미와 관계가 되는 당류(糖類), 육질(肉質)과 미각에 관계되는 펙틴물질, 탄닌물질, 그리고 향(香)에 관계되는 휘발성(揮發性) 물질 등이다.

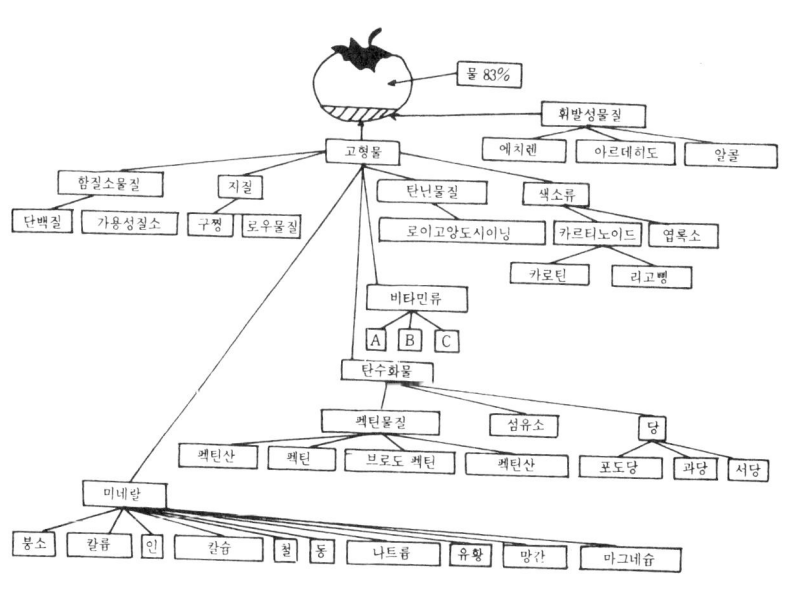

(그림 7-1)  감과실의 함유되어 있는 화학물질

## 나. 맛(味)

당(糖)이 과실의 단맛을 좌우하는 것은 잘 알려진 사실이다. 과실은 보통 포도당, 과당,(果糖), 서당(蔗糖)이 함유되어 있다. 감은 다른 과실에 비하여 서당이 적다.

과실에 있는 단맛을 비교하면 서당을 100이라 할 때 포도당은 49~74 정도이고 과당은 103~173 정도로 같은 당이지만 포도당은 단맛이 적은 것이고 과당과 서당은 단맛이 높은 것이다.

이또(伊東)에 의하면 떫은 감은 포도당, 과당, 서당이 있지만 단감에는 서당을 확인 못했다고 했고 있어도 아주 미량(微量)이 존재할 것이라고 했다. 그래서 떫은 감이 단감보다 단맛이 높은 이유가 여기에 있다.

단감재배시 당도를 높이는 조건은 토양의 유기물 석회, 적정시비량의 사용과 그보다 중요한 것은 건전잎이 많고 충분한 광선을 받을 수 있도록 재식하는 것이다. 그리고 조기 낙엽을 시키면 안 된다.

(표 7-2) 각 과실별의 당류함량 비교

| 과 실 별 | 서 당(%) | 포 노 당(%) | 과 당(%) |
|---|---|---|---|
| 부 유 | 0.76 | 6.12 | 5.41 |
| 사 과 (홍 옥) | 1.21 | 2.32 | 6.05 |
| 배 (이 십 세 기) | 0.59 | 2.27 | 5.10 |
| 복숭아(조생수밀) | 5.14 | 0.76 | 0.93 |
| 온 주 밀 감 | 6.04 | 1.68 | 0.76 |
| 포 도 (갑 주) | 0.0 | 8.09 | 6.92 |

## 제 3 절  육질(肉質)

　과실의 육질비교는 입에서 씹는 맛, 입에 넣었을 때 감촉(感觸), 혀의 느낌과 같은 것이 과실품질을 평가하는 기준이 된다.
　과실의 육질을 비교함에 있어  그 요인으로는
　첫째는 과육을 구성하는 세포 상호의 결합력
　둘째는 세포막의 두께
　셋째는 세포의 크기
　넷째는 세포가 함유한 수분 및 침투압(浸透壓)이 관계하는 긴장도(緊張度)
　다섯째는 탄닌세포의 탈삽형(脫澁型) 같은 것이 관계된다고 본다.
　과육은 많은 수의 세포가 모여 이루어진 것으로 이들의 상호 결합은 펙틴 물질에 의한 것으로 알려져 있다.
　과실의 추숙(追熟)시 이른바 과실이 익게 되면 아주 부드러운 육질이 되게 하는 것인데 이것은 펙틴물질이 수용성(水溶性) 때문이며 이 하나하나의 세포가 떨어져 있게 되는 경우가 된다. 그러나 이때의 개개의 세포는 파괴되어 있지 않다.
　떫은 감을 수확하여 탈삽하면 익어간다. 이것을 먹이보면 떫은감과 단감의 육질이 차이가 나는데 일반적으로 잘 익은 떫은 감이 맛이 좋고 단감이 맛이 떨어진다. 그리고 감은 진귀한 과실이지만 향기가 없는 것이 결점이다. 그러나 확실하지는 않아도 보통을 넘는 특이한 향은 가지고 있다.

# 제 8 장  묘목양성(苗木養成)

## 제 1 절  대목(台木)

### 가. 대목(台木)의 종류(種類)

 감나무는 삽목(插木)으로 발근이 되지 않으므로 재배용 묘목을 육성하는 것은 종자를 파종해서 접목을 하지 않으면 안 된다.
 감의 대목은 공대(共台)와 고욤(君遷子)을 이용한다. 공대는 같은 품종에서 얻은 씨앗을 파종해서 얻어진 실생묘에 같은 품종을 접목하는 것을 말한다. 즉, 부유에서 얻은 종자를 파종해서 실생묘가 자라면 그 실생묘(대목)에 부유품종을 접목시키는 것을 말한다.

(표 8-1)  공대와 두시대(豆枾台)와의 비교  (田中)

| 비 교 사 항 | 두 시 대 | 공 대 |
|---|---|---|
| 발 아 력 | 양 호 | 약간 불량 |
| 실 생 의 생 육 | 초기 양호 | 초기 불량 |
| 접 목 활 착 률 | 100% | 80~90% |
| 접 목 후 생 육 | 왕 성 | 비교적 완만 |
| 근 군(根 群) | 천 근 성 | 심 근 성 |
| 세 근 의 분 지 | 많 다 | 적 다 |
| 내 한 성 | 강 | 약 |
| 내수성, 내건성 | 비교적 약 | 강 |
| 내 병 성 | 약 | 강 |

공대는 직근성(直根性)이고 세근(細根)이 적어도 토양수분 변화에 견디는 힘이 강하나 내한성(耐寒性)은 약하다. 고욤은 천근성이며 세근은 많아도 가뭄에 약하나 내한성은 강하다.

공대중 자가수분에 의한 종자를 대목으로 사용하면 묘의 발육이 불량하고 왜화(矮化)가 되며 생산성이 떨어진다. 이에 속하는 품종은 선사환, 정월, 산시(山柿) 등이 있다. 그러나 부유나 四ツ溝 같은 종자를 이용해서 대목으로 사용하면 좋은 묘목을 얻는다.

고욤은 우리나라 전국에 분포되어 있다. 고욤은 떫은 감 대목으로 많이 이용되는 것으로 종자가 작고 결실수(結實數)가 많아 종자 수집이 쉽다. (그림 8-1)

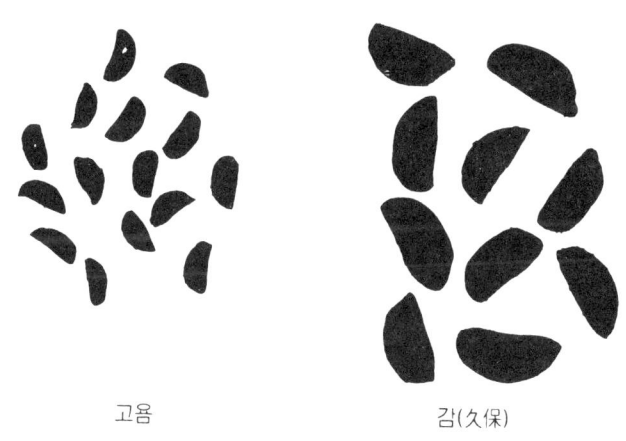

고욤 　　　　　감(久保)

(그림 8-1) 감의 종사(木村)

## 나. 대목의 친화력(親和力)

공대는 어느 품종과도 친화력이 있으며 고욤으로 이용한 대목은 품종에 따라 접목의 불친화성(不親和性)의 강, 약이 있다.

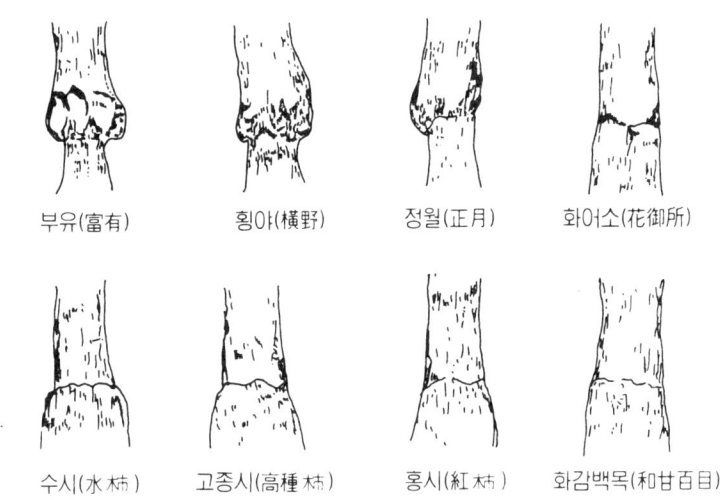

(그림 8-2)  고욤대에 각 품종간의 접착관계(田中)

  고욤 대목에 친화성인 품종은 차랑, 화어소, 선사환, 감백목, 평핵무, 회진신불지(會津身不知), 서조이며 불친화성인 품종은 부유, 정월, 횡야, 전창(田倉) 등이다.

  불친화성이거나 친화성이 약한 품종은 접목 후 수년간 생육을 하다가 쇠약해지고 불친화가 심한 품종은 고사한다. 그림 8-2에서와 같이 불친화성인 것은 접착부위가 대승현상(台勝現狀)이 나타나고 친화성인 경우는 접착부위(대목과 접수)의 굵기가 같거나 대부현상(台負現狀)이 나타난다.

## 제 2 절  대목 양성(台木養成)

### 가. 종자 저장(種子貯藏)

단감 대목용의 종자는 단감의 실생이 좋다. 채종시(採種時) 자가수분이 되는 종자는 발육상태가 불량하므로 암꽃만 맺히는 품종에서 채종하는 것이 안전하다.

종자는 성숙한 과실에서 충실한 종자를 채집하여 맑은 물로 깨끗이 씻은 후 그늘에서 2~3일 정도 물기를 말린 후 종자소독을 하여 저장한다.

종자 저장 방법은 습식 저장과 약간 건조 상태의 냉암소(冷暗所)에 저장하는 두 가지 방법이 있으나 일반적으로 습식 저장으로 종자를 저장한다. 저장하는 종자가 너무 건조하게 되면 발아력을 잃는 경우가 많이 생긴다. 보통 습식 저장은 사과 상자나 폿트 같은 용기에 가는 모래와 종자를 겹겹이 섞어 넣어 자연온도의 냉암소에 저장하거나 물이 잘 빠지는 곳 땅속 깊이 30~40cm 정도의 깊이에 묻는다. 이때 가는 모래에 약간의 물기가 있게 하는 것을 잊어서는 안 된다.

### 나. 파종(播種)

저장했던 종자를 3월 상순에 꺼내어 파종한다. 묘포장은 배수(排水)가 잘 되고 유기물이 많은 땅이 적지이며 파종 후 종자 발아시(發芽時) 다량의 산소가 필요하므로 종자 주위에 통기성(通氣性)

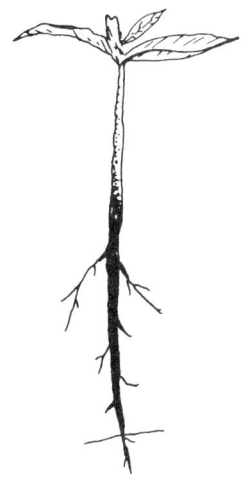

(그림 8-3) 실생대목

을 좋게 하기 위하여 덮은 흙 위에 약간의 모래로 덮어 주는 것이 바람직하다. 또, 감은 파종 후 오랜 기간이 경과해야 발아하므로 저장한 종자를 파종 2~3주 전 3월 상순경 묻었던 것을 꺼내어 습기가 있는 모래와 혼합하여 음지(陰地)에서 엷은 거적으로 덮어 최아(催芽)시켜 파종한다.

종자 소요량은 종자의 크기에 따라 다르나 공대용은 종자가 커서 12~20ℓ/10a가 소요되고 고욤은 종자가 작아서 5~6ℓ/10a가 소요된다.

이랑 넓이는 90cm로 두둑을 만들고 60cm의 간격을 두고 2줄로 골을 파고 5~7cm 간격으로 종자를 옆으로 눕혀서 파종한다.

파종이 끝나면 2~2.5cm로 복토하고 짚을 엷게 깔아 주어 표토가 마르지 않도록 한다. 위에서 말한 바와 같이 통기성을 좋게 하기 위하여 모래로 첨가하는 것이 발아율을 높이는 방법이다. 파종 후 20~30일이 지나면 뿌리가 발생하고 5월 중순경이 되면 본엽이 나온다. 이때 가물지 않도록 관수(灌水)를 해야 한다.

## 다. 파종 후 관리(播種後管理)

　묘포장에 잡초가 우거지면 묘목의 생육이 떨어지므로 제초를 철저히 하고 병해충의 피해를 받지 않도록 농약 살포도 게을리하지 말아야 한다.
　대목의 굵기는 접목부위 즉, 지상에서 4~6cm 높이에 주간 굵기는 직경이 1cm 이상 정도는 되어야 하므로 생육시 추비를 2~3회 시용하며 가뭄을 받지 않도록 관수를 해서 묘목이 잘 자라도록 한다. 또, 배수가 불량한 곳에서는 배수에 신경을 쓰고 장마기에 침수가 되지 않도록 관리를 잘 해야 한다.

## 제3절 접목(接木)

감나무는 접목으로 번식을 하고 있다. 접목 방법으로 봄철에 하는 깍기접(切接)과 초가을에 하는 눈접(芽接)이 있으며 경제성이 높은 우량신품종으로 갱신하여 조기에 다수확을 하기 위하여 높이접(高接)을 한다.

높이접은 구품종 중 품질이 좋지 않은 나무 5~10년생에 접을 하면 2~3년 후에는 본래의 수령의 나무 크기가 되고 많은 양의 수확을 볼 수 있게 된다. 높이접은 유목에 하면 수확이 늦어진다.

### 가. 접수준비(接穗準備)

접수는 품종이 확실해야 한다. 접수로써 적합한 가지는 1년생 발육지로써 30~40cm 자란 가지를 채취하여 사용한다. 접수로써 부적한 가지는 웃자란 가지, 이차 생장지와 결과모지는 충실하지 못하여 접목 후 생육이 불충실하여 좋은 묘목이 생산되지 않는다.

2월 중순경 아니면 겨울 전정시에 접수를 채취하는데 전정시 접수채취시에는 품종이 섞이지 않도록 각별한 주의가 필요하다. 그리고 접수보관은 과실 저장고 아니면 햇빛이 들지 않고 물이 잘 빠지는 건물 북쪽에 묻어 두었다가 사용한다. 이때, 온도가 높으면 싹이 트므로 보관에 신경을 써야 한다.

높이접에 사용할 접수는 실생대목에 접목할 접수보다는 굵은 가지를 쓰는 것이 좋다. 접수로 사용할 발육지 4kg이면 700~800개의 접수가 나온다.

## 나. 접목 시기와 방법

1) 시기(時期)

남부지방에서는 4월 상순부터 중순에 접목을 하고 중북부 지방은 4월 중, 하순경에 하는 것이 좋다. 접목이 늦었을 때는 대목의 새싹이 나오기 시작하는 시기까지 접목을 하는데 이때 절단면에서 물기가 나오지 않을 때까지는 접목을 하면 된다.
눈접시기는 8월 하순부터 9월 상순에 하고 녹지접(綠枝接)은 8월 중순경에 실시한다. 그러나 감나무에서는 녹지접을 하면 가지생육이 충실치 못하여 월동중 동해를 받아 고사될 염려가 있으므로 피하는 것이 좋다.

2) 깎기접 하는 방법(切接方法)

감나무는 깎기접을 했을 때 득묘율(得苗率)도 높고 우량묘의 생산이 가능하여 묘목생산업자는 깎기접으로 묘목을 생산한다. 깎기접은 그림 8-4에서와 같이 접수와 대목의 굵기가 같거나 대목이 다소 굵은 것이 좋다.
가) 접수 다듬기
5~7cm로 접수를 자르면 눈이 2개 붙어 있는데 이때 윗눈에서 5mm 정도 여유를 두고 자르는데 그 이유는 바짝 자르면 윗눈이 말라죽기 쉽기 때문이다.
그림 중 ①표와 같이 접수의 윗쪽에 있는 눈과 나란히 접수의 하단 측면을 접도로 2~2.5cm를 면이 직선이 되게 깎아내고 그 뒷면은 경사지게 0.5cm를 쐐기같이 깎아낸다.

### 나) 대목 다듬기

대목의 지상부 5~6cm 되는 곳을 전정가위로 절단하고 구부러지지 않고 똑바른 곳에 살짝 빗면으로 떼어내고 그림 중 ②와 같이 접도를 수직으로 칼을 두손가락에 힘을 고르게 주어 2~2.5cm 정도를 내려 쨴다.

### 다) 접붙이기

이와 같이 접수를 다듬고 대목을 내려 째고 난 후 그림 중 ③과 같이 이것을 합하면 접이 되는 것이다. 이때 중요한 것은 접수와 대목의 깎은 면에 형성층(껍질과 목질부 사이의 분열 조직)이 합치되게 하는 것이다. 이때 양쪽이 다맞으면 최적이지만 한쪽이라도 맞추어야 접이 된다. 이같이 형성층이 합치되게 한 다음 움직이지 않게 하고 그림 중 ④와 같이 비닐끈으로 단단히 묶어 주면 된다.

접수의 절단 상단면(上端面)이 건조되지 않도록 발코트나 접납을 발라준다.

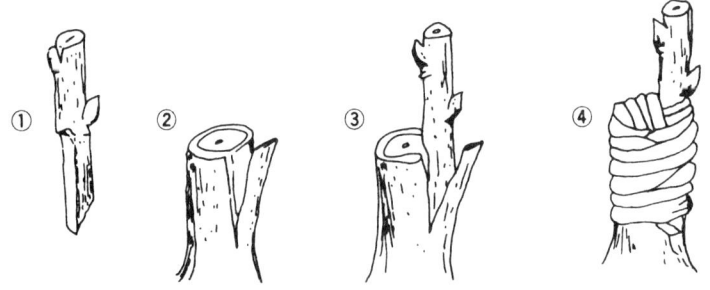

(그림 8-4) 깎기접의 방법

접착제(接着劑)를 만드는 방법은 송진 800g, 돼지기름 100g, 파라핀 50g을 준비하여 냄비에 파라핀을 녹인 다음 송진과 돼지기름을 넣고 잘 섞어 완전히 녹인 다음 냉각시켜 굳어지면 접착제가 된다.

3) 눈접하는 방법(芽接方法)

가) 접수떼기

눈접용 접수는 반드시 그해 잘 자란 1년생 가지의 중간 부위에 있는 충실한 눈을 떼어 접을 하는 것이다.

접수는 마르지 않도록 하기 위하여 물통에 약간의 물을 넣고 접수를 담가놓고 사용한다. 접하기 전 접수는 엽병만 남기고 잎은 모두 제거하는데 접후 5~7일 후에 눈접이 되었는지 여부를 보기 위하여 잎을 1/4~1/5 정도를 엽병에 붙여둔다. 접이 되면 엽과 엽병이 황색으로 변하고 손으로 건드리면 똑 떨어진다.

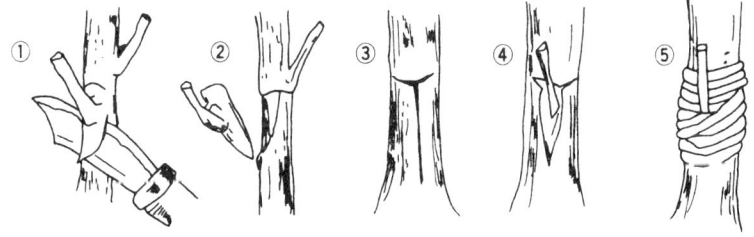

① 접눈따기 ② 접눈을 따낸 모습 ③ 대목에 칼집을 낸 모습
④ 접눈을 대목에 꽂은 모습 ⑤ 끈으로 매어 눈접을 마친 모습

(그림 8-5) 눈접의 방법

그림 8-5 ①은 눈따기로 먼저 눈 위쪽 5~7mm 부분에 횡으로 표피만 끊어 주고 난 후 눈아래쪽 엽병밑 10mm 쯤에서 윗쪽을 향해 칼질을 하면 그림 ②와 같이 접눈이 떨어진다. 이때 조각에 목질부가 붙는 것이 있고 똑 떨어지는 것이 있다. 목질부가 붙은 것은 목질을 제거하고 접을 붙이는 것이 활착률이 높다.

나) 접붙이기

그림 중 ③은 대목에 T자를 그어서 표피가 벌어지게 하는 작업이다. T자의 위치는 지면에서 5~6cm 지점에 칼끝으로 그어 찢고 벌려서 그림 중 ②의 떼어낸 접아를 끼워주면 그림 중 ④와 같이 접이 된 것이다. 이때 주의할 것은 접수절편이 T자에 꼭 맞아 떨어져야 한다. 만일 접수절편이 윗쪽으로 솟아나오면 안 되므로 윗쪽에 나온 것을 절단해낸다. 이렇게 하고 나면 접수절편이 움직이지 않도록 비닐끈으로 꼭 매주면 접이 끝난 것이다.

4) 고접하는 방법(高接方法)

단감은 우리나라 특수지역에서만 재배가 가능하다.

고접이란 5년생 이상 성목 높은 곳의 우량품종에 접수를 이용해서 전체 아니면 품종확인을 위하여 일부의 가지에 접하는 것을 말한다.

단감도 현재 재배품종보다 품질이 우수하고 숙기가 원하는 시기에 생산되는 품종으로 경제성이 높은 신품종이 육성되었거나 새로운 품종이 도입되었을 때 고접을 하게 된다. 고접은 5년생 미만의 유목에 하면 묘목 심는 것과 같으므로 적어도 5년생 이상에 하는 것이 좋으며 5~10년생 나무에 고접을 하는 것이 좋다. 왜냐하면 2~3년 후면 접목한 나무가 정상적으로 생장이 되므로 5년생에 고접을 하면 3년 후에는 8년생이 되는데 이때 나무는 정상적인 8년생으로 되어 나무의 크기나 수량이 8년생과 같아진다.
고접방법에는 점진갱신(漸進更新)과 일시갱신(一時更新)이 있다. 여기서는 일시 갱신만을 설명하고자 한다.

가) 접수준비
접수는 품종이 확실해야 하므로 채취시에는 확인을 하고 접수를 모은다. 역시 접수는 1년생 발육지 30~40cm 자란가지를 이용하면 된다.
접수 준비를 위해서 2~3월에 채취하면 50개 정도 내외를 다발로 묶어 그늘진 곳에 세워서 묻거나 저장고에 보관한다. 혹 중요한 품종으로 접수량이 적을 때에는 비닐에 쌓아 냉장고에 보관해도 된다. 보관 중에는 접수가 마르지 않도록 조치한다.

나) 접붙이기
한나무당 접한 수는 나무의 크기에 따라 다르나 같은 크기의 나무라도 접한 수가 많으면 초기 수량이 많아진다. 그러나 너무 많이 붙여 놓으면 수관 내부가 복잡해지고 가지가 겹치며 그늘지기 때문에 2-3년 후면 접한 가지를 많이 절단하게 된다. 표 8-2는 사과의 고접시 접목 개수가 많으면 초기 수량이 높은 것을 참고하기 바란다.
고접은 수령이 적고 나무가 크지 않은 경우는 10~15개 정도 접을 하고 수령도 많고 큰 나무는 30~40개 정도 접을 하게 된다.
접하는 간격은 30~50cm를 두고 접하는데 방법은 깎기접과 같

(표 8-2) 접한 가지수와 착과량에 미치는 영향 (秋田果試 : '70)

| 처리구 | 갱신 개시 후의 연차 | | | | | |
|---|---|---|---|---|---|---|
| | 2 년 | 3 년 | 4 년 | 5 년 | 6 년 | 7 년 |
| 10가지 | 1.0kg | 54.3kg | 132 | 276 | 512 | 630 |
| 20 | 3.0 | 85.0 | 335 | 483 | 758 | 992 |
| 30 | 3.3 | 114.0 | 416 | 898 | 1,011 | 1,547 |
| 40 | 4.3 | 173.0 | 758 | 903 | 1,138 | 1,292 |

주 : ① 국광 30년생에 골든 델리셔스를 고접
② 1주당 수량

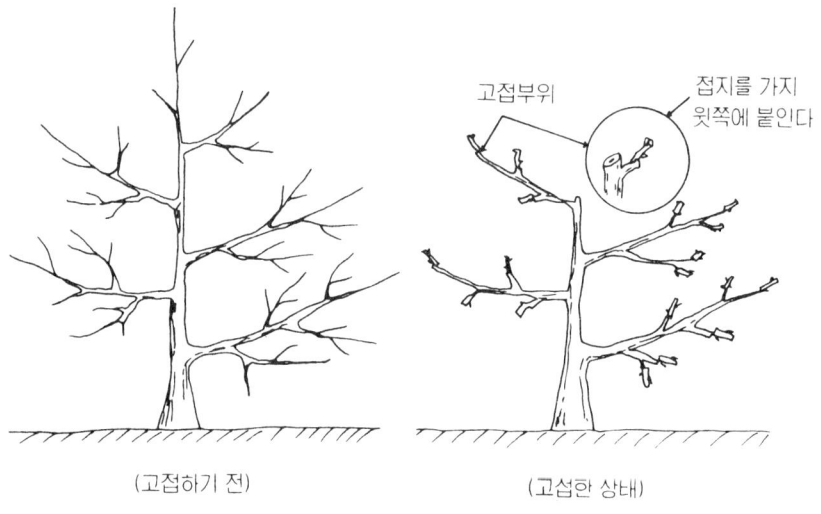

(그림 8-6) 감나무 고접 전과 후의 상태

은 방법으로 한다. 이때 접수는 가지 윗쪽 (그림 8-6 우편 참조) 에 접을 한다. 그리고, 나무 수고가 높을 때는 적당한 높이에서 변측을 시킨다.

# 제 9 장   개원재식(開園栽植)

 과수원의 개원 조건은 첫째가 지하수위(地下水位)가 1m 이하인 토양이어야 한다. 감나무는 심근성이기 때문에 뿌리가 1m(제4장 그림 참조)까지 뻗어 들어간다. 그러므로 배수가 안 되고 지하수위가 높으면 뿌리의 기능약화와 날개 무늬병(紋羽病)으로 고사하게 된다.
 둘째는 배수가 잘 되는 토양이고 세째는 유기물이 충분한 토양, 네째는 경사도가 15° 미만인 땅이다. 그러나 농촌에 노동력이 부족하여 품줄이기(省力化) 작업이 되어야 하므로 평지 아니면 10° 미만 경사지 토양이 적합하다.

## 제 1 절   개원할 포장 조건(圃場條件)

 과수원을 할 포장은 전에 과수원을 하지 않은 땅이 좋다. 과수원을 했던 땅에는 전작(前作)의 뿌리가 남아서 이것에 의하여 독작용(毒作用)으로 새로 심은 과수의 발육이 불량해지는 경우가 많고 미량원소(微量元素) 결핍으로 인하여 여러가지 생리장해기 발생될 수 있다.
 유기물이 충분해야 하고 토양 pH는 5.5~6.5가 되는 조건을 만들어 주고 배수가 불량한 땅에서는 암거배수도 고려해야 하며 생육의 근간(根幹)이 되는 물은 가물 때 관수할 수 있는 여건 조성은 되어 있어야 한다.

## 제 2 절  재식시기(栽植時期) 및 재식거리(距離)

### 가. 재식 시기(栽植時期)

　재식시기는 가을심기와 봄심기가 있는데 각각의 장・단점이 있다. 가을심기는 낙엽 후 땅이 얼기 시작하므로 재식할 수 있는 기간이 짧다. 그러나 가을심기를 하면 긴 겨울을 지나고 또, 겨울에 눈(雪)과 비로 땅이 다 젖어서 심은 나무의 뿌리 활착이 잘 되어 봄이 되면서 가뭄도 덜 받게 되고 바로 뿌리가 뻗어 나와 생육도 빠르고 고사율(枯死率)도 적다. 단, 가을심기를 할 때는 동해를 의식하고 주간에 흙을 30~40cm 더 복토를 해주고 해빙(解冰)과 동시에 복토분을 정상상태로 헤쳐 준다.

　봄심기는 대개가 가뭄이 와서 가뭄 피해로 인하여 심은 나무의 고사율이 높다. 봄에 심는 것은 늦어도 4월 상순을 넘지 말 것이며 반드시 관수시설을 하고 적기에 관수를 해야 고사 방지와 충실한 나무 관리가 된다.

### 나. 재식거리(栽植距離)

　감나무는 교목성(喬木性)이기 때문에 재배해 보면 수고(樹高)도 높고 수관(樹冠)도 수령이 많아지면서 넓게 확대(擴大)가 된다.

　현재까지 권장하여 온 재식거리는 10a당 비옥지(肥沃地)에서는 28~33주(6×6m~5×6m)로 하고 척박지(瘠薄地)에서는 33~40

제 2 절 재식시기 및 재식거리 153

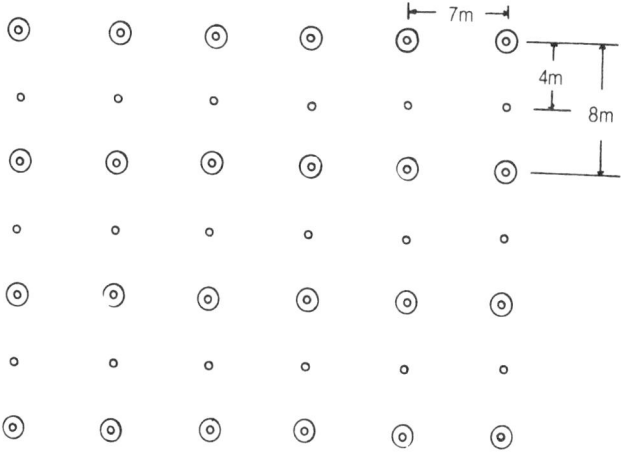

◎······영구수

●······간벌수(6~8년)

(그림 9-1)  감나무의 간벌수와 영구수 재식도

주(5×6m~5×5m)로 심는 것을 표준으로 해왔다.
 나무가 10~15년이 되어 성목이 되어 가면 28~40주/10a로 재식을 하면 수관이 겹치고 수관 내부의 가지로 복잡해져서 통광 통풍(通光通風)이 불충분해지므로 신초는 도장으로 위쪽으로만 자라고 야물지 못하여 고사지(枯死枝) 발생이 많아진다. 그리고 착화수(着花數)도 적고 생리적인 낙과도 많으며 과실 품질도 떨어진다.
 필자가 전남 무안(務安)과 승주(昇州)의 단감지대를 엽분석시료 채집차 가보니 (1991년 8월) 10a당 33~40주(5×6m~5×5m)로 심어져 있는데 8~10년생으로 벌써 밀식의 피해를 받고 있었다.

그러나 농민들은 간벌을 해야 하는데 재식거리가 문제가 되어 간벌을 못하고 있고 그로 인한 피해가 막심한 것을 보았다. 재식거리가 문제가 되는 것은 5×6m인 경우 1주 간벌을 하면 10×6m 아니면 10×5m가 되기 때문이다.

그래서 필자는 10a당 35주(7×4m)를 심어 6~8년 후 간벌을 하여 17주(7×8m)가 되게 재식하는 거리를 권장하고 싶다.

# 제 3 절  정식(定植)

## 가. 구덩이 파기(深耕)

토양에 따라 구덩이 파기가 다르다. 배수가 잘 되는 땅에는 구덩이식으로 파고 배수가 불량한 땅은 구덩이식으로 파면 배수가 불량해지므로 도랑식으로 판다. 도랑식으로 팔 때에는 높은 데서 낮은 쪽으로 파는 것이 좋다.

근년에는 과수원 재식 구덩이 파기는 인력으로 파면 농촌의 인력 부족과 고임금으로 제대로 파지 못하는 반면 포크레인으로 하면 일정한 넓이와 깊이를 고정적으로 파서 심경효과도 좋고 인력보다 값이 싸게 들어 경제적이므로 1석 2조의 효과를 보게 된다. 또, 포크레인으로 재식구덩이를 팔 때에는 토양의 구분없이 도랑식으로 판다. 심경은 깊이 팔수록 좋은데 1년차에는 깊이 60~100cm, 넓이는 100cm로 판다.

2년차에는 1년 판 우측을 깊이와 넓이를 1년차와 같게 파고 3년차는 2년 판 반대편을 깊이와 넓이를 같게 판다. 6~8년 후 간벌시 3년차 판 곳에 이어서 양쪽을 같은 깊이와 넓이로 파준다. 이때 5m 넓이에 깊이는 60~100cm가 심경이 된다.

## 나. 나무심기

묘목 구입시 심는 주수보다 10~20% 더 구입한다. 그 이유는 재식 후 나무가 고사하면 대체용(代替用)으로 사용하게 되는 것이고

3~5년생까지는 보식용(補植用)으로 대체하는 데 같은 밭에서 이식하므로 작업상의 불편이 없고 옮겨 심고 관수만 적절히 하면 활착에는 지장이 없다. 그러면 재식 후 공간이 없어진다.

묘목 구입시 주의할 사항은 다음과 같다.

첫째, 품종이 정확한지 확인한다.

둘째, 단감은 공대라야 하며 특히 부유는 공대가 아니면 재식 후 4~5년이면 고사한다.

셋째, 묘목의 길이가 100cm 이상이고 직경 굵기는 1cm 이상 자란 것이 좋다.

넷째, 가는 뿌리가 많고 원뿌리(主根)는 곧은 것

다섯째, 병해충이 붙어 있지 않은 묘목을 구입한다.

묘목은 건전하지 않으면 후에 그 영향이 크다. 그러므로 정식 당시에 미진한 것을 심지 말고 아주 좋은 묘목만 골라서 심어야 한다.

나무를 심을 때에는 구덩이를 파고 맨 밑에 거친 퇴비(생짚 가능)를 넣을 때 구덩이 속에 들어가서 짚을 밟으며 고르게 펴준다. 그리고 한층의 흙을 넣어 주는데 이 흙에는 석회가 고루 섞어진 것을 넣고 역시 밟아 주고 다음 또, 한 켜의 거친 퇴비를 넣고 흙과 석회가 섞인 흙을 넣어 준다. 역시 밟아준다. 그 위층에 고운 퇴비를 넣고 흙을 덮어 주는데 묘목 뿌리 주변에는 마른 계분을 주며 뿌리에 닿지 않도록 준다.

그림 9-2와 같이 심은 묘목은 접목 부위가 지상으로 5~8cm가 높이 올라오도록 심는다. 나무를 너무 깊게 심으면 생육이 떨어진다.

(표 9-1)  1년생 감나무 정식 때 1주당 시용하는 비료와 퇴비량

| 거친 퇴비 | 고운 퇴비 | 마른 계분 | 소 석 회 | 용성인비 | 붕 소 |
|---|---|---|---|---|---|
| 20~25kg | 10kg | 1~2kg | 5~8kg | 1~1.5kg | 20~50g |

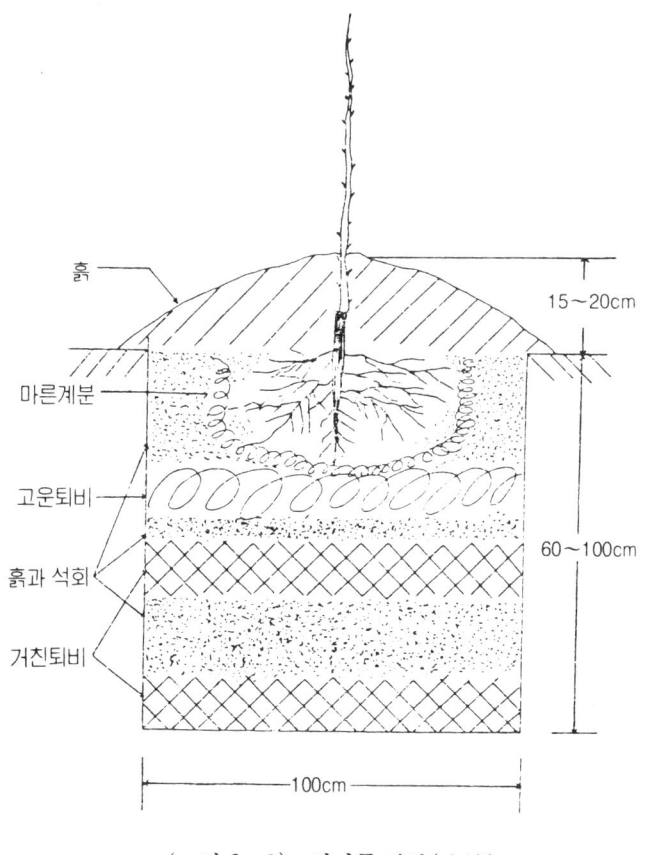

(그림 9-2) 감나무 정식(定植)

## 다. 수분수(授粉樹)의 혼식(混植)

1) 수분수의 조건(條件)

감의 수분수용 품종으로는 선사환, 적시, 정월, 서촌 조생, 어소 류가 있다. 감은 품종간의 교배 불화합성이 문제가 되지 않는다. (표 9-2 참조)

(표 9-2) 부유, 이두 품종에 대한 수분수의 효과

| 수 분 수 | 부 유 ※ | 이 두 ※※ | |
|---|---|---|---|
| | 함핵수(含核數) | 함 핵 수 | 착 과 율 |
| 선 사 환 | 4.30 | 3.9 | 97.7 |
| 정 월 | 3.90 | 3.8 | 88.5 |
| 적 시 | 4.45 | 3.7 | 84.5 |
| 어 소 | 3.55 | - | - |
| 화 어 소 | 3.40 | - | - |
| 서 촌 조 생 | - | 3.3 | 84.9 |

※ : 岡山農試(1952)　　※※ : 福岡園試(1974)

따라서 감은 개화시기 그리고 다음과 같은 특수성에 의하여 수정이 되므로 품종 선택에 유의를 해야 한다.

㉮ 개화시기(開花時期)

개화시기가 빠른 것이 과실비대가 좋고 그렇기 때문에 수분수용 품종은 재배품종보다 개화시기가 되도록 빠르고 개화기간이 긴 것이 좋다. 그림 9-3에서 보는 바와 같이 수분수로는 선사환이 적당하다.

㉯ 착화수(着花數)

수꽃 수가 매년 많이 개화하여 안정되지 않으면 안 된다. 암꽃이 많이 피고 결실이 많이 되면 다음해에는 암꽃만 피고 수꽃은 적게 피는 경우가 많다. 매년 수꽃을 많이 피게 하려면 착과가 많은 해에는 적과를 많이 해야 한다.

2) 수분수의 배치(配置)

수분수에서 거리가 멀어지면 착과율이 떨어진다.

제 3 절 정식 159

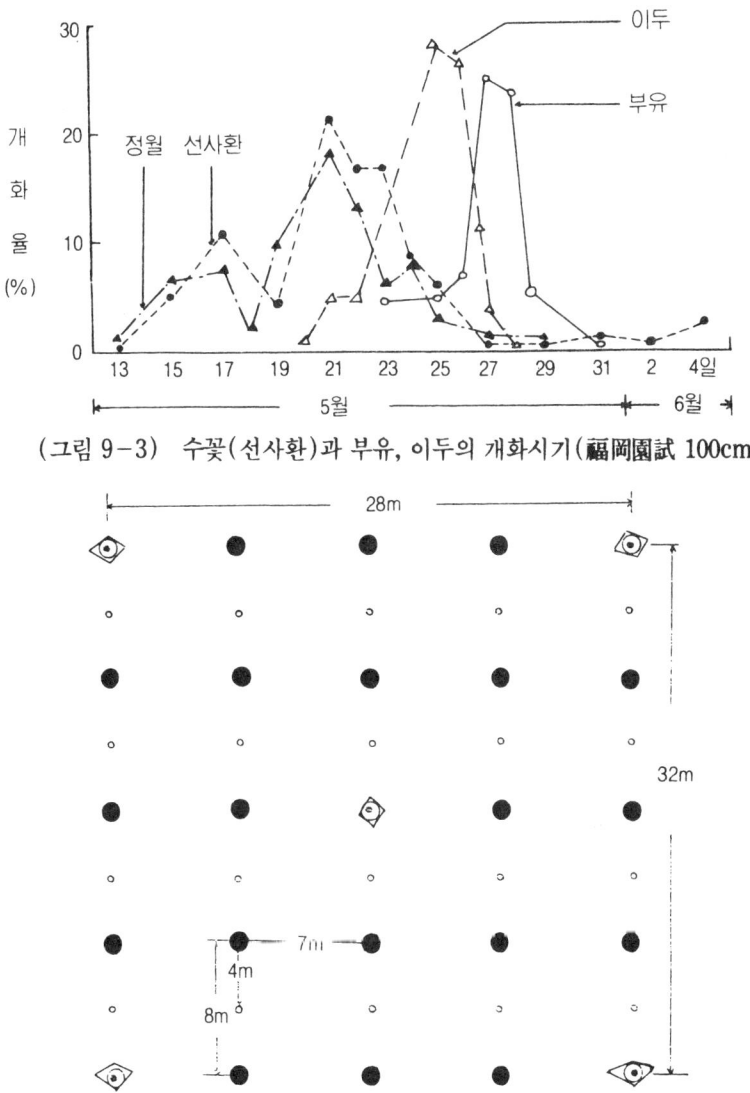

(그림 9-3) 수꽃(선사환)과 부유, 이두의 개화시기(福岡園試 100cm)

(그림 9-4) 수분수 혼식 양상

요코사와(橫澤)에 의하면 부유과원에서 조사한 결과 그림 9-4와 같이 1주 수분수의 가능 거리는 최대 반경(半徑)이 30m라고 했다. 그러나 수꽃의 많고 적음과 지형 그리고 기상 조건에 따라 매개 곤충(媒介昆蟲)의 활동을 고려해야 된다고 본다.

# 제 10 장 정지전정(整枝剪定)

햇빛을 받아 잎에서 이루어진 양분은 나무의 생명을 유지하고 지상부와 지하부를 발육시키며 결과모지에 충분한 양분이 이동되어 결과지에 충실한 과실이 결실되어 정상적으로 비대(肥大)가 되게 하여야 된다.

전정은 지상부에 있는 모든 잎이 광보상점(光補償點) 이상이 되도록 나무가지를 적절하게 배치하는 데 그 목적이 있다.

전정의 목적은

첫째, 수관내부에 햇빛이 골고루 비치도록 한다.

둘째, 최대한 결실면적은 나무의 상하와 수관 속에서 가지끝까지 결실되도록 한다.

셋째, 해거리를 방제한다.

넷째, 통광통풍을 좋게 하여 병해충 방제가 잘 되도록 한다.

다섯째, 나무의 균형 유지와 품질 향상을 하는 데 있다.

## 제 1 절 전정의 기초 이론(基礎理論)

### 가. 씨엔율(C/ N 率)

씨엔율이란 잎에서 동화작용에 의해 만들어진 탄수화물(C)과 뿌리에서 흡수한 질소 성분(N)의 비율에 의하여 가지의 생장, 꽃눈 형성 및 결실에 영향을 준다는 설(說)이다. 그러므로 나무가지

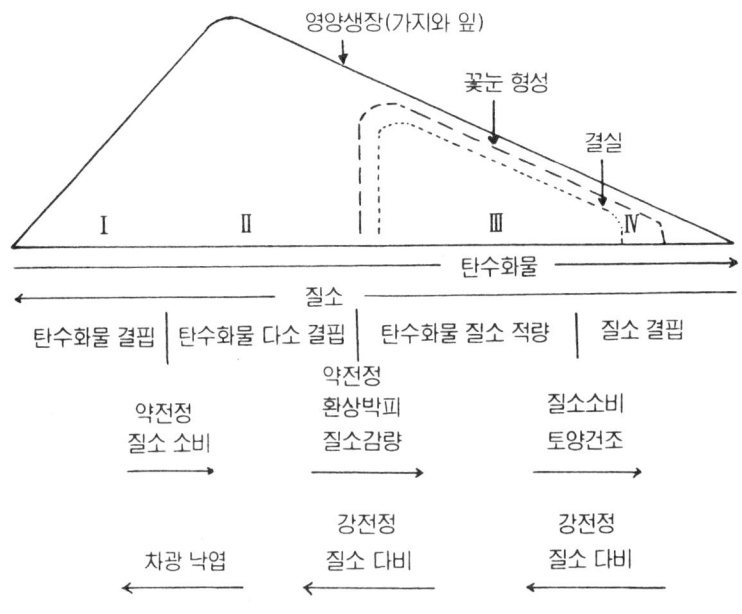

(그림 10-1)  C-N 관계와 생육 및 결실

를 잘라내는 정도에 따라 수체 내 탄수화물과 질소의 비율이 달라지므로 수령과 수세에 따라 전정의 정도를 조절해야 한다.

그림 10-1은 C/N 관계가 꽃눈형성 및 생장에 미치는 영향을 나타낸 것으로

㉮ "Ⅰ"의 경우는 뿌리에서 흡수된 질소 성분에 비하여 잎에서 생성된 탄수화물이 극히 적은 경우로서 차광(遮光)에 의한 극단적인 일조 부족, 병해에 의한 조기낙엽, 응애 피해 등에 의해 엽이 제 기능을 못하는 상태의 나무로 생장이 약하고 꽃눈형성이 되지 않으므로 이러한 경우에 나무는 일조 상태를 개선(改善)해 주고 병해충을 방제를 잘하여 엽을 보호해 주어야 한다.

㉯ "Ⅱ"의 경우는 "Ⅰ"의 경우에 비하여 탄수화물이 다소 많은 상태이나 대부분 나무의 발육에만 이용되고 나무 내부에 축적되지 않아 꽃눈이 형성되지 않고 나무가 왕성하게 자라기만 한다.

결실 직전의 유목, 강전정(強剪定) 또는 질소 과다한 상태의 나무로서 이러한 나무는 약전정을 하여 엽면적을 많게 하는 동시에 질소 비료를 줄이고 환상박피(環狀薄皮)를 하면 탄수화물의 비율이 높아져 생식생장(生殖生長)의 나무로 전환시킬 수 있게 된다.

㉰ "Ⅲ"의 경우는 탄수화물이 질소에 비해 다소 많은 상태의 나무로서 생육, 꽃눈형성 및 결실이 가장 이상적인 상태로 이러한 나무는 결실 관리를 잘 하여 수세(樹勢)를 유지하는 데 힘쓰는 반면 수세에 따라 전정 정도와 방법을 조절하여 이러한 상태를 오랫동안 지속시키는 것이 전정의 최대의 목표이다. 예를 들면 "Ⅲ"의 상태에 있는 나무를 절단, 전정 위주의 강전정을 하게 되면 "Ⅱ"의 상태로 전환(轉換)되고 솎음전정 위주(爲主)의 약전정을 하게 되면 "Ⅳ"의 상태로 쉽게 전환된다.

㉱ "Ⅳ"의 경우는 탄수화물이 질소 성분에 비해 아주 많은 상태의 나무로 노목기(老木期)가 이 상태에 해당된다. 노목이 되면 수관(樹冠)이 커져 엽수는 많은 반면 뿌리는 노쇠(老衰)해져 탄수화물에 비해 질소 성분은 적어 생육과 꽃눈 형성이 나쁜 상태가 된다. 이러한 나무는 강전정에 의하여 엽면적을 줄여 주는 동시에 뿌리의 활력을 좋게 해주기 위하여 토양 개량과 질소 시비량을 늘려 주어야 한다.

## 나. 리콤의 법칙(法則)

　일반적으로 과수는 신초생장이 강하면 꽃눈 형성이 나빠지게 된다. 신초생장은 가지의 각도와 밀접한 관계를 가지는데 이를 리콤의 법칙이라 한다.
　그림10-2와 같이 가지가 수직으로 일어설수록 생육이 강해지는 반면 꽃눈 형성이 나빠지고 반대로 수평에 가까워질수록 가지 생육은 약해지나 꽃눈 형성은 많아지게 된다. 따라서 각도가 좁은 가지를 유인하면 생장이 억제되고 꽃눈 형성은 촉진된다. 또한 감나무 수형 구성시 주간과 주지, 주지와 측지 사이의 세력관계는 리콤의 법칙에 의해 크게 좌우된다.

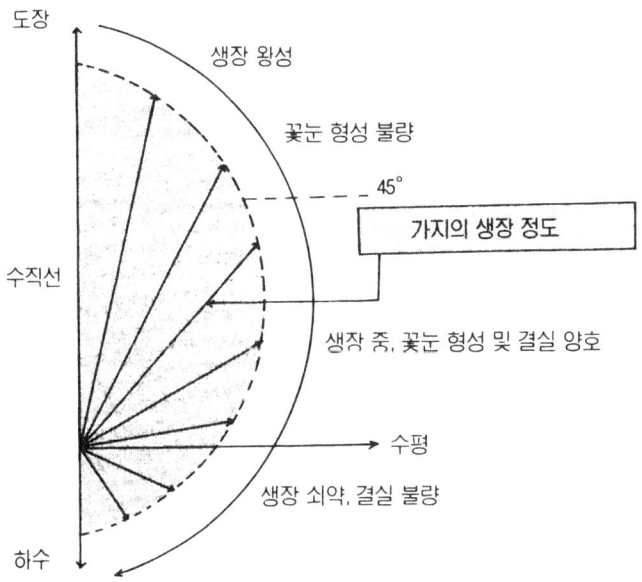

(그림 10-2)　가지의 발생 각도와 생장, 꽃눈 형성 및 결실 상태

## 다. 정부우세성(頂部優勢性)의 법칙

 가지 중에서 가장 높은 곳에 위치한 잎눈에서 세력이 가장 강한 새가지로 자라고 그 영향에 의해 아래쪽 가지의 생장이 억제되거나 숨은 눈(潛芽)이 되는 현상을 정부우세성이라고 한다. 이러한 현상은 한 가지에서 뿐만 아니라 나무전체에서도 주종관계(主從關係)를 가지고 이루어지고 있다.
 과수는 이와 같은 성질에 의해 결과 부위가 상승되고 나무가 위로 자라려는 성질을 갖게 되므로 가지의 갱신 전정이 이루어지고 주간과 그 연장지(주간연장지 또는 주지연장지)의 세력에 의해 측지의 생장과 관계되므로 수형을 성립시키는 중요한 요소가 된다. 또한 똑바로 선 가지는 정부우세성이 강하여 그 아랫부분의 측아발생을 억제시켜 꽃눈형성이 어려우므로 유인 등에 의해 정부우세성을 약화시키면 꽃눈형성이 촉진된다.

## 라. 티알(T/R)율

 나무의 지상부(Top)와 지하부(Root) 생장의 중량 비율을 티알율이라 한다.
 그림 10-3에서 보는 바와 같이 토양내에 수분이 많거나 질소 과다시용, 일조부족, 석회 부족 등의 경우에는 지상부에 비하여 지하부의 생육이 나빠져 티알율이 높아지게 되는데 대부분 식물의 티알율은 1인 경우가 보통이며 과수에서는 1보다 다소 낮은 것이 바람직하다.
 나무를 옮겨 심거나 뿌리가 많이 잘려 나간 경우에는 지상부의

가지도 적당히 잘라 주어 티알율을 조절해 주어야 신초생장이 약해지지 않으며 반대로 지나치게 강전정을 하였을 경우에는 뿌리의 양수분 흡수에 비하여 지상부의 눈수가 적어 도장지의 발생이 많아지고 신초 생장도 강해지는 동시에 꽃눈 형성이 저해되는데 이는 지상부와 지하부의 불균형에 의해 일어나는 일종의 생장반응(生長反應)을 보게 된다.

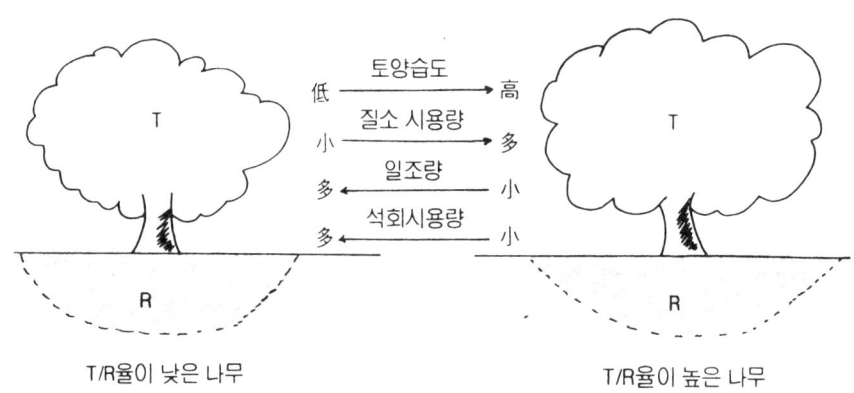

(그림 10-3) 재배환경 및 관리에 따른 지상부(T)와 지하부(R)의 양적 비율의 변화

## 제 2 절  생육 특성(生育特性)과 정지 전정(整枝剪定)

### 가. 가지의 생장 특성(生長特性)

#### 1) 나무 나이가 많아지면 수고(樹高)가 높아진다

감은 복숭아, 포도와 비교할 때 성과기(盛果期)에 도달은 늦은 반면에 성과기가 되면 오래가고 그로 인하여 나무는 수고(樹高)가 점점 높아지는 특성이 있다.

유목기 또, 성목 전에는 도장은 되지 않으나 수세가 일단 강해지면 나무의 골격 형성이 촉진되고 수관 완성이 빨리 된다. 또, 나무가 고목성(高木性)이기 때문에 수관을 억제하여 나무수관을 적게 만들면 반발하여 강한 가지가 발생하고 낙과와 병해충 발생이 많아지는 원인이 된다.

#### 2) 정부우세성(頂部優勢性)이 강하다

결과모지로부터 발생하는 신초(新梢)는 선난의 것은 강하고 발생각도가 좁다. 그러나, 기부의 눈은 음아(陰芽)로 되어 잎이 나오지 않고 눈으로 남아 있어 특히 감나무는 정부우세성이 강하므로 수고가 높아지고 결과부위가 높이 올라간다. 음아는 발아능력이 있으므로 필요시에 가벼운 자극(刺戟)을 주면 쉽게 발아가 되어 도장지나 발육지가 된다.

### 3) 충분한 일조(日照)가 필요하다

 일조량이 부족하면 잎은 작아지고 동화능력이 떨어져서 수량 및 품질에 많은 영향을 미치게 되며 죽은 가지가 발생되고 결과부위는 상승하며 수고는 높아져서 재배상의 문제점이 된다. 나무의 수령이 오래된 것을 계획밀식(計劃密植)으로 재배할 때에는 축벌(縮伐), 간벌(間伐)을 철저히 하여 수관 내부까지 햇빛이 잘 들어가는 나무 골격형과 가지의 상승방지, 여름가지의 관리를 잘 해서 주어진 재식거리 내에서 충분히 재배할 수 있게 관리하는 것이 중요하다.

### 4) 가지는 찢어지기 쉽다

 감나무는 나이가 많아지면 수관이 커지는 관계로 주지(主枝), 아주지(亞主枝)는 길게 뻗게 되고 가지는 과실 중량에 대하여 큰 부담을 갖는다.
 가지의 발생 각도가 좁으면 나무 나이가 먹어가면서 양쪽의 가지가 굵어지고 굵어지면서 과실의 중량이 무겁게 되면 찢어지기 쉽다. 그러므로 주지나 아주지의 골격지 형성시에는 분지각도(分枝角度)가 넓은 것을 둔다.

### 5) 하수(下垂), 굴곡(屈曲), 만곡(湾曲)되기 쉽다

 감나무는 정부우세성이 강하여 꼭대기 부분의 가지가 강하게 뻗기 때문에 주지, 아주지의 선단은 비교적 길다. 또, 잎은 크고 두터우며 과중은 무거워서 가지는 늘어지고 굴곡 또는 만곡되기 쉽다. 이런 가지에서 도장지 발생이 많으며 수형이 복잡해지기 쉽다. 정지 전정시에는 주지, 아주지는 곧은 가지를 선정한다.

## 나. 결실 특성(結實特性)

### 1) 격년결과(隔年結果)가 되기 쉽다

 가지와 잎의 밀도가 떨어지고 수확기가 늦어지면 격년결과가 되기 쉽다.
 적뢰, 적과를 철저히 하고, 화아분화형성을 촉진되게 하며, 축벌(縮伐)과 간벌(間伐)을 빨리하여 적정의 주간을 확보한다.
 전정 및 시비(施肥)는 적정화 되게 하며 착과 상태에 있어서는 결과모지 선단에는 거의 착과시키지 말고 도장지나, 밀생지 같은 가지의 눈 따기, 그리고 유인과 하지(夏枝) 관리를 잘 해야 한다.

### 2) 생리적 낙과(生理的落果)가 많다

 낙과(落果)의 주원인은
첫째 수정이 되지 않아서 떨어지는 것으로 수분혼식으로 결실안정
　　 화를 가져오게 한다.
둘째 강전정으로 수세의 혼잡을 야기시킨 경우
셋째 배수불량과 붕소 부족시에도 낙과가 온다.

## 제 3 절  수형(樹形)

### 가. 수형 형성(樹形形成)에 대한 구상

감나무의 특성은 정단우세성이 강하며 광선요구도가 높다. 수관 내부에 광선부족으로 말라죽는 가지의 발생이 많으므로 자연상태에서의 수형은 주간이 직립되는 주간형(主幹形)이 된다. 그러므로 재배상 나무의 특성을 살려 수량, 품질, 작업 등을 고려할 때 수형을 어떻게 만들 것인가 하는 것을 생각하지 않으면 안 된다.

감나무 수형은 대개 다음 두 가지로 생각할 수가 있다.

첫째 수형은, 변측주간형(變側主幹形)으로 이 수형은 주간이 똑바로 직립되어 높이 올라가 자라면 작업상 관리가 어려워지므로 주간 높이를 수령에 따라서 적당히 낮추어 만드는 수형이다.

본수형은 주간에 수년간 연장시킬 여러 가지를 주지(主枝) 후보로 붙여 발생각도, 발생위치의 방향 또 가지의 충실도 등을 고려하여 4~5본을 주지로 하고 그 상단부의 가지는 주관과 동시에 절단되어 수고를 맞추어 만들어지는 수형이다.

둘째 수형은, 개심자연형(開心自然形)으로 주지를 3가지 둔다.

본수형은 주지, 아주지(亞主枝)의 만들어짐이 빠르고 정지(整枝)하기가 쉽고 수고도 비교적 높지 않아 재배관리면에서 수월하다. 그러나 주지 발생 간격이 가까워서 정지 때 주의가 필요하다.

제 3 절 수형  171

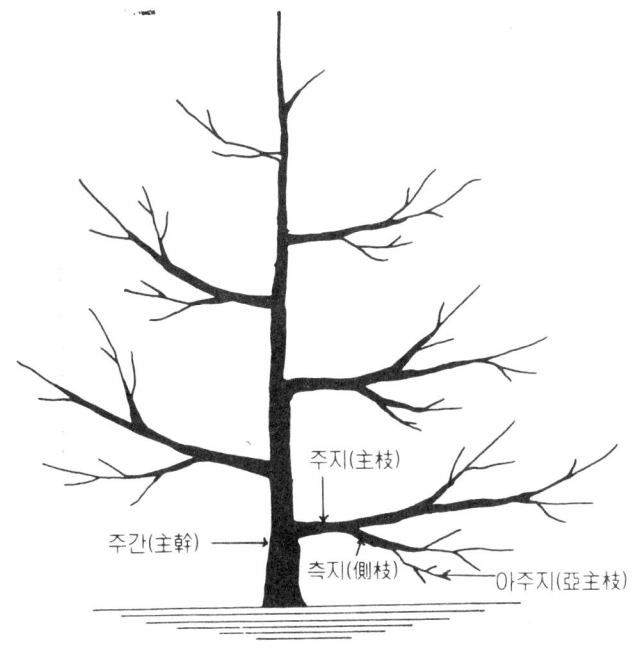

(그림 10-4)  나무모양과 가지의 명칭

## 나. 개심자연형(開心自然形)

1) 주지 형성(主枝形成)

가) 주지의 본수(本數)

개심자연형의 주지의 본수는 완성시 3본이 적당하다. 이보다 주지수가 많은 것은 나무가 어릴 때는 가능하지만 수령이 많아지면 혼잡해서 관리가 어렵다. 또, 수세가 강한 품종이나 비옥지에서도 주지수를 2본 두는 것보다 3본으로 재배하는 것이 수세 안정에도 좋다.

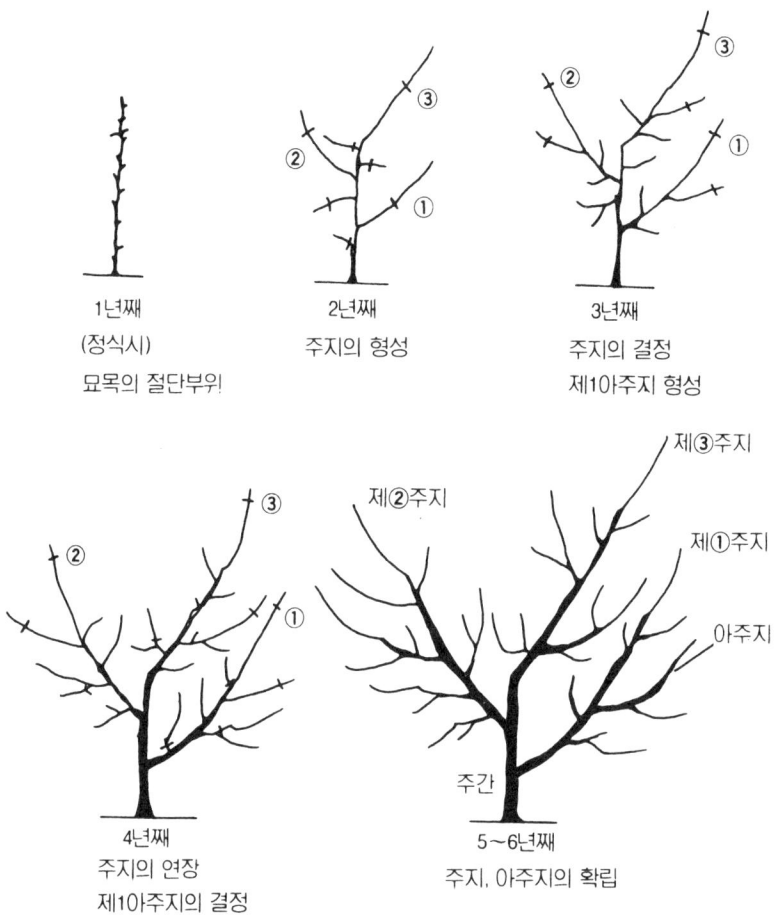

(그림 10-5) 개심자연형의 수령별 주지, 아주지의 형성

나) 주지의 발생 위치와 방향

　개심자연형에서는 주지수는 3본으로 하기 때문에 제1단 주지는 지면으로부터 40cm 높이에 두고 분지각도는 50도 이상 되게 하면 과원관리에 편하고 여러 종류의 기계를 사용하는 데도 지장이 없기

때문에 적당한 높이로 되어 있다. 그리고, 제1단 주지는 동남간이나 서남간 방향으로 두는 것이 햇빛도 많이 받을 수 있어 좋다. 또, 경사지 과원인 경우에는 제1단주지는 경사면 하향(下向)을 따라 두는 것이 원칙이다.

제2단 주지는 제1단 주지 위쪽으로 30cm 전후에 두고 120도 방향에 두며 가지의 분지각도는 45도 이상 되게 둔다.

제3단 주지는 제2단 주지 위쪽으로 20cm 이상 높이에 두고 방향은 제1단주지와 제2단주지와 각각 120도 방향에 두면 된다.

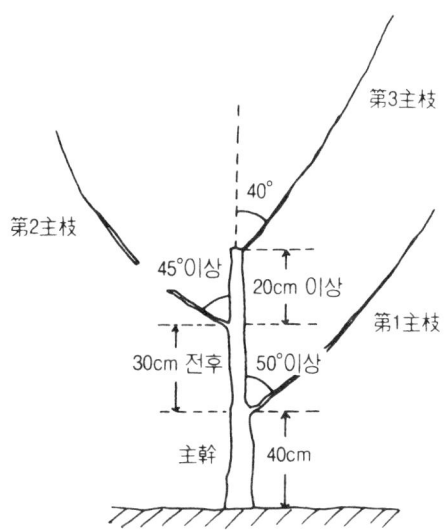

(그림 10-6)  자연개심형 수령의 주지 발생간격과 분지각도

다) 주지의 발생각도(發生角度)

감나무는 가지가 찢어지기 쉽다. 수령이 오래된 나무도 그림 10-6보다 분지각도가 좁으면 가지가 굵어져도 과중이 무거울 때는 그 힘을 못이겨 쉽게 찢어진다.

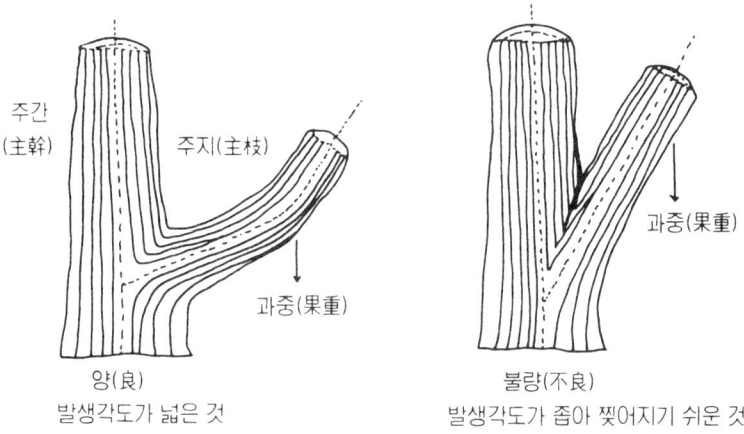

(그림 10-7) 주지의 발생 각도의 양부(良否)

주간과 주지, 주지와 아주지 사이도 분지 각도가 좁으면 언젠가는 찢어지므로 분지각도가 넓은 가지를 골라서 두어야 안전하다.

주지의 발생각도는 제1단 주지는 50도 이상, 제2단 주지는 45도 이상, 제3단 주지는 40도 이상 각도의 가지를 두는 것이 좋다.

라) 주지의 연장방법(延長方法)

주지는 나무 골격에서 주요한 부분이므로 똑바로 그리고, 굵게 키우는데 주어진 공간까지는 뻗어나가게 키워야 하므로 전정, 유인, 적과자업을 적기에 해야 한다.

절단 전정에는 주지 연장지가 형성되므로 연장 방향을 따라 끝눈의 위치를 상아(上芽), 하아(下芽), 측아(側芽) 어느 눈으로 둘 것인가를 고려해야 한다.

유목시에 돌발지(突發枝), 경쟁지(競爭枝), 밀생지(密生枝)가 나올 때에는 모두 눈을 따버려 주지 형성이 촉진되도록 관리를 해야 한다.

본 수형에서는 주지수가 3본인데 그 중에서 제3단 주지의 세력이 강한 상태인 것이 좋고 그렇지 않으면 전반적으로 세력이 같은 상태인 것이 좋다.

2) 아주지 형성(亞主枝形成)

가) 아주지의 본수

아주 지수가 많으면 가지가 무거워져서 평행지(平行枝)가 되어 측지의 취급이 곤란해지고 주지 선단이 약해지므로 1주지에 아주지수는 2가지를 두고  한 나무에는 수관이 큰 나무일 때는 1주지에 3가지의 아주지를 형성할 수 있다.

나) 아지주의 발생 위치와 방향

아주지의 세력이 강해서 주지의 세력을 약화시켜서는 안 된다. 제1아주지의 발생 위치는 특별히 주지를 약하지 않도록 그리고 수관내부의 햇빛받는 데 지장이 없도록 주지 분지부에서 50cm 이상 되는 곳의 가지를 이용한다. 제2아주지는 제1아주지로부터 30cm

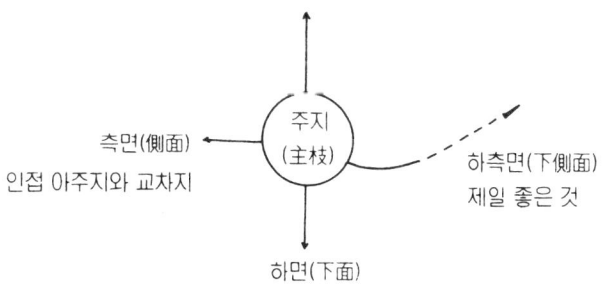

(그림 10-8)  주지의 단면에서 본 아주지의 발생위치

이상에 있는 가지로 분지 각도가 좋은 가지를 선택한다. 그리고 흔히 볼 수 있는 것으로 주지의 뒤쪽(背面) 가까이에 있는 가지는 세력이 강하나 하측면과 측면에서 나온 가지는 세력이 약하여 아주지로 이용한다.

아지주의 방향은 인접 주지나 아주지와 중첩되지 않는 공간을 잘 이용하고 주간을 향하여 제1아지주(下段)는 주지 좌측으로, 제2아지주(上段)는 우측으로 배치하는 모양으로 가지를 두면 입체적으로 가지 배치를 둘 수 있다.

다) 아주지의 연장방법

아주지도 주지와 같은 모양의 골격으로 형성이 된다. 세력이 강한 주지를 약해지지 않도록 발생 부위를 고려해야 하고 아주지는 주지보다 1~2년 늦게 만든다. 가지의 연장은 충실도에 따라 다르지만 대개 1년지의 20% 정도를 절단한다. 절단한 끝눈은 주지 때

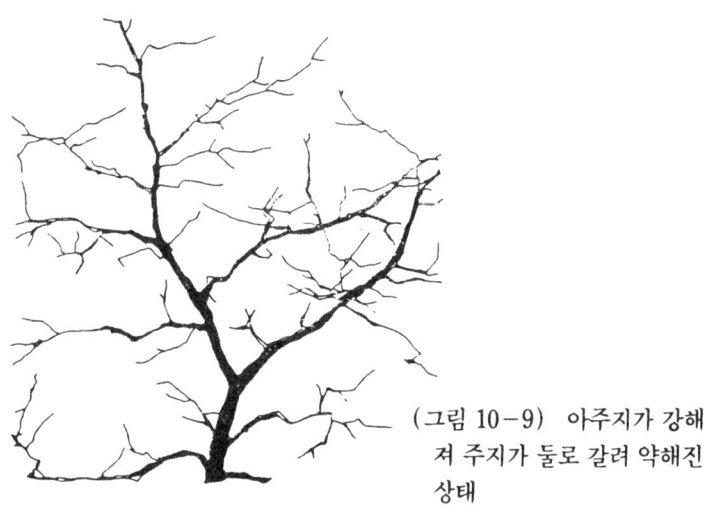

(그림 10-9) 아주지가 강해져 주지가 둘로 갈려 약해진 상태

와 같다. 이때 특히 주의가 필요한 것은 아주지는 가지가 늘어지기 쉽고 구부러지기 쉬운 특성을 가지고 있으므로 각별히 신경을 써야 한다. 아주지는 5~6년 정도 걸려서 완성이 된다.

### 다. 변측주간형(變側主幹形)

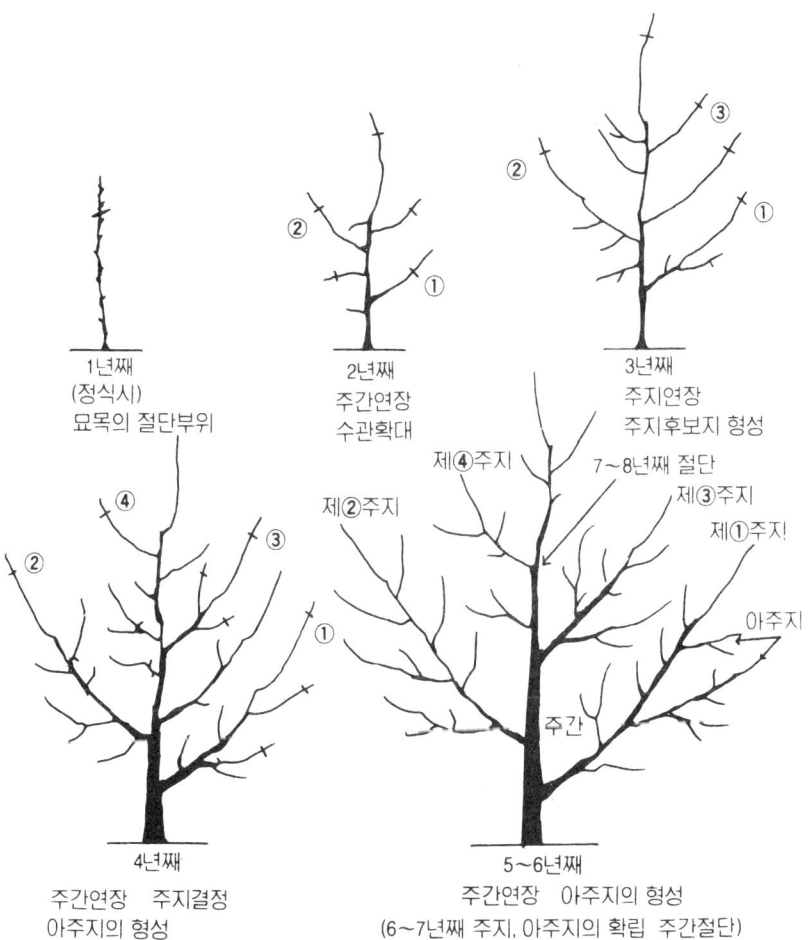

(그림 10-10) 변측주간형의 수령별 주지, 아주지의 형성

변측주간형 수형도 주지, 아주지, 측지의 형성은 개심자연형과 기본적인 것은 같다. 그러므로 여기서는 특별히 차이가 나는 점만을 기술한다.

1) 주지(主枝), 아주지의 형성

가) 주지의 가지수

변측주간형의 주지수는 보통 4~5가지를 둔다. 그러나 재배관리의 능률화와 저수고(低樹高) 쪽으로 가는 경향이므로 완성시의 주지수는 4가지로 한다.

나) 주지의 발생 위치와 방향

자연개심형보다 주간이 높고 발생간격이 넓다. 당초는 개심자연

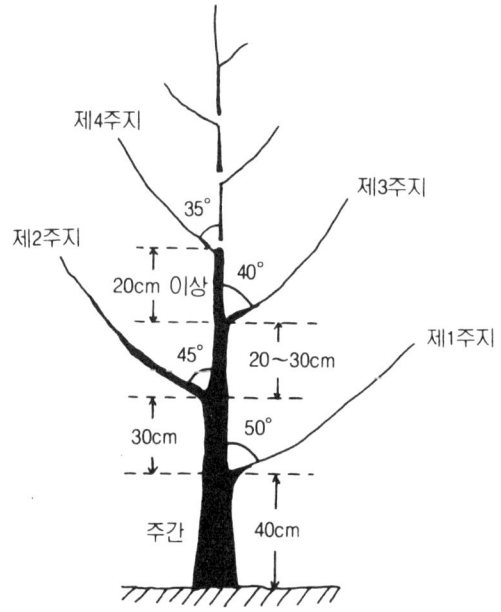

(그림 10-11) 변측주간형 수형 주지의 발생간격과 분지각도

형과 같이 주지의 선정을 확실하게 결정하지 않아도 된다. 주지, 후보지로 여러 가지를 두고 기르다가 상단의 주지, 후보지의 발생을 보면서 순차적으로 후보지를 절단하여 가면 자연개심형과 같이 수형이 되어가며 재식한지 5~7년이 되면 변측주간형 수형이 만들어진다.

변측주간형 수형도 중복되는 가지, 평행지가 되지 않도록 하고 제1주지와 제2주지, 제3주지와 제4주지는 각각 가지의 발생 위치는 그림 10-11 과 같이 40cm, 30cm, 20~30cm, 20cm가 되게 하되 방향은 180도 방향으로 가지를 배치한다.

다) 주지의 발생각도(發生角度)

자연개심형과 같이 찢어지기 쉬우므로 이를 방지하도록 해야 한다. 그 방법은 분지각도가 넓은 가지를 두면 가능하다. 변측주간형 수형은 주지 발생 간격이 넓어서 개심자연형보다는 이상적인 각도의 가지를 선택할 수 있는 이점이 있다.

라) 아주지의 형성

아주지는 1주지에 1~2가지를 둔다. 그러므로 한 나무에는 7가지 정도 두면 된다.

2) 주간 상단부 절단(主幹上端部切斷)

심은지 5~8년쯤 되면 수고가 높아져서 작업도 어렵고 수간내에 광문제도 세기되며 결실량도 성과기 쪽으로 수량이 접근되므로 변측시킬 때가 된다. 변측시키려면 최상단 주지, 후보지를 결정하고 절단한다. (그림 10-11)

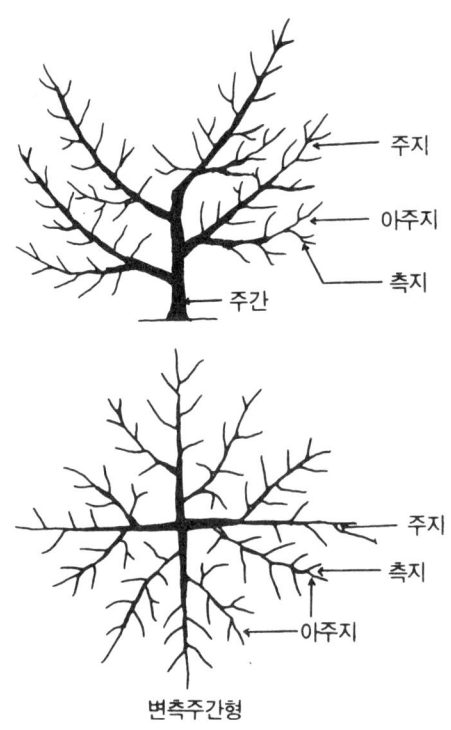

(그림 10-12) 변측주간형의 굵은가지 배치

  변측주간형 수형은 주지수를 4~5본으로 하는데 주간 높이는 4본일 경우에는 115cm가 되고 5본일 경우에는 135cm 정도가 된다. 그리고 비옥하고 수세가 강한 나무의 주지수는 4본이 적합하고 척박지에 수세가 약한 나무는 주지수가 5본이 되어도 관리에 지장이 없다고 본다. (그림 10-12)

# 제 11 장  과수원 토양관리(土壤管理)

## 제 1 절  표토관리(表土管理)

 과수는 보통작물에 비하여 심근성(深根性)이지만 상당량의 뿌리가 표토에도 분포되어 그 속에서 물과 영양분을 흡수한다. 그러나 많은 과수원은 경사지에 위치하여 토양이 침식되기 쉬우므로 표토관리는 매우 중요한 작업이라 할 수 있다. 과수원의 표토관리 방법을 들면 다음과 같다.

### 가. 표토관리 방법

1) 청경재배(淸耕栽培)

 나무 주위에서 과수 이외의 식물을 모두 제거하여 과수원을 잡초 없이 깨끗하게 관리하는 방법을 청경재배라 한다. 청경하는 방법에는 김을 매거나 제초제(除草劑)를 사용하여 잡초가 자라지 못하게 하는 두 가지 방법이 있다.
 과수원에 사용하는 제초제는 크게 발아 억제제와 경엽처리제로 나눈다. 토양처리제는 표면(地表面)에 피막을 형성하여 잡초의 발아를 억제하는 약제로서 옥시프로르펜(oxyfluorfen), 우스티넥스, 시마진(simazine) 등이 있다. 이러한 약제들은 잡초가 발아하기 전에 살포해야 효과적이며 다년생 잡초에서는 효과를 기대하기 어렵다.

경엽처리제는 초종(草種)에 따라 잘 들고 안 들는 비선택성(非選擇性)과 선택성(選擇性) 제초제가 있다. 비선택성 제초제의 대표적인 것은 파라콰트(paraquat)와 글리포세이트(glyphosate)를 들 수 있다.

전자는 흐린 날이나 오후에 살포하는 것이 효과적이고, 후자는 이행성(移行性) 제초제로 살초폭이 넓어 화본과 잡초, 광엽잡초(廣葉雜草), 숙근성잡초(宿根性雜草), 잡목(雜木) 등에도 효과적이다. 선택성인 2.4-D는 광엽숙근성 잡초인 쑥, 메꽃, 쇠뜨기 등에는 매우 유효하나 화본과에는 효과가 없으며 포도원에 살포하면 뿌리로 흡수된 후 잎으로 전이(轉移)되어 심한 바이러스 현상같은 증상을 일으키므로 포도원에는 이 약제의 사용을 금해야 한다.

2) 초생재배(草生栽培)

과수원에 일년생이나 다년생 풀 또는 작물을 재배하거나 자연적으로 발생한 잡초를 키우는 것이 초생재배(草生栽培)이다. 초생재배는 나무 밑에서 재배하기 때문에 일조(日照)가 부족하여도 잘 자랄 수 있는 풀, 근군(根群)이 깊지 않아서 과수의 양분이나 수분의 경합(競合)을 일으키지 않는 풀, 과수에 병충해를 옮기지 않는 풀을 골라 선택해야 한다. 적당한 목초(牧草)로는 오오쳐드글라스(orchard grass), 퍼렌니얼라이글라스(perenial ryegrass), 티머시(timothy), 추우윙페스큐우(chewing fescue), 브롬그래스(brome grass), 알사이크클로우버(alsike clover) 등이 있으며, 오오쳐드글라스와 래디이노클로우버(ladino clover)를 혼파(混播)하는 경우도 있다. 잡초인 경우 억새, 쑥, 메꽃과 같은 심근성이

(표 11-1) 초생에 의한 지표면 유기물의 증가 (愛知園試 : '62)

| 구 분 | N함량 (%) | C함량 (%) | C/N (율) | N량 (kg/10a) | C량 (kg/10a) |
|---|---|---|---|---|---|
| 청 경 구 | 0.810 | 0.068 | 11.9 | 12.97 | 152.1 |
| 붉은 크로바구 | 2.464 | 0.251 | 9.8 | 16.70 | 262.2 |
| 티 모 시 구 | 2.695 | 0.198 | 13.6 | 23.54 | 318.0 |

※ 주 : 지표로부터 깊이 1cm 까지의 토양 채취 분석

며 다년생인 초종과 덩굴성인 실새삼, 칡 한삼덩굴 등은 피해야 한다.

그리고 초생재배(草生栽培)를 함으로써 표토의 침식이 방지되고 유기물의 증가로 지력이 증진된다. 초생재배시 수관밑은 풀을 없게 한다.

3) 멀칭재배

볏짚, 보릿짚, 풀, 등을 지표면에 덮어 주는 방법을 멀칭재배라 한다.

토양에 멀칭을 하면 토양수분의 증발억제(蒸發抑制)와 표토의 유실 방지에 효과가 높고 짚이나, 풀의 분해로 토양중에 무기태질소(無機態窒素), 치환성 칼리가 증가되는 경우가 많다. 특히 후자의 영향이 현저하므로 멀칭과원에서는 칼리 시용량을 줄여 줄 필요가 있다. 풀로 피복하면 부초(敷草)가 되고, 짚으로 피복하면 부고(敷稿)가 된다. 이 방법은 구하기 쉽고 값싼 재료를 이용하면 된다.

### 4) 절충재배(折衷栽培)

앞에서 말한 방법 중 둘 또는 세가지 방법을 절충 혼용하는 방법을 절충식재배(折衷式栽培)라 부른다. 예를 들면 나무와 나무 사이는 초생재배를 하고 나무밑은 청경재배를 하는 부분 초생재배(sod with strip cultivation)법과 나무가 어릴 때는 잡초와의 양수분 경합을 피하기 위하여 나무 주위만 멀칭하는 부분 멀칭법이 있다. 그림 11-1은 절충법을 예시한 것으로 평지 과수원에서는 나무 밑은 청경하고 열간은 초생재배하는 부분초생재배(部分草生栽培)를 하는 것이 좋으며 경사지 과수원에서는 나무 사이를 초생재배하고 나무밑은 멀칭하여 토양 유실을 막는 절충식을 하는 것이 좋다.

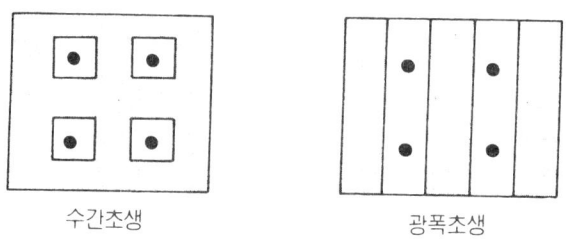

(그림 11-1) 초성재배 방법(빗금 부분은 초생, 흰 부분은 멀칭 또는 청경)

## 나. 표토관리 방법의 장단점(長短點)

앞에서 검토한 몇가지 표토관리법을 종합하여 그 장단점을 보면 표 11-2와 같다.

이상에서 언급한 표토관리 방법은 과수원의 위치, 수령(樹齡) 등에 따라 다르지만 여러 방법을 절충하여 과수원의 표토를 관리하는 것이 효과적일 경우가 많다.

(표 11-2) 표토관리 방법의 장단점 비교

| 관리방법 | 장 점 | 단 점 |
|---|---|---|
| 청경법 | ① 초생과의 양수분 경합이 없다.<br>② 병해충의 잠복 장소가 없어진다. | ① 토양이 유실되고 영양분의 소실이 쉽다.<br>② 토양 유기물이 소모된다.<br>③ 토양의 물리성이 나빠진다.<br>④ 주야간 지온 교차가 심하다.<br>⑤ 수분 증발이 심하다.<br>⑥ 제초제를 사용하여 청경재배를 할 때 약해의 우려가 있다. |
| 초생법 | ① 유기물의 적당한 환원으로 지력이 증진된다.<br>② 침식이 억제되어 영양분의 세탈이 억제된다.<br>③ 과실의 당도가 높아지고 착색이 좋아진다.<br>④ 지온의 조절 효과가 있다. | ① 과수와 초생식물과에 양수분 경합이 있다.<br>② 유목기에 양분 부족이 되기 쉽다.<br>③ 병해충의 잠복 장소를 제공하기 쉽다.<br>④ 저온기의 지온 상승이 어렵다. |
| 부초법 | ① 토양 침식을 방지한다.<br>② 멀칭 재료에서 양분이 공급된다.<br>③ 토양 수분의 증발이 억제된다.<br>④ 지온이 조절된다.<br>⑤ 토양 유기물이 증가되고 토양의 물리성이 개선된다.<br>⑥ 잡초 발생이 억제된다.<br>⑦ 낙과시 압상이 경감된다. | ① 이른봄에 지온 상승이 늦어진다.<br>② 과실 착색이 지연된다.<br>③ 건조기에 화재 우려가 있다.<br>④ 만상의 피해를 입기 쉽다.<br>⑤ 겨울 동안 쥐 피해가 많다.<br>⑥ 근군이 표층으로 발달한다. |

예를 들면 평지에 위치한 성목원(成木園)에서는 열간을 초생재배하고 나무밑을 청경하는 부분 초생재배가 적합하고 경사지에 위치한 성목원에서는 토양유실을 막기 위하여 나무밑은 초생예초와 부초를 해서 관리한다. 그러나 평지 유목원에서는 부초(敷草)하다가 나무가 어느 정도 자라면 평지 성목원에 준하여 관리하고 경사지 유목원(幼木園)은 경사지 성목원과 동일하게 관리하면 효과적이다.

## 제 2 절  과수원의 토양보존(土壤保存)

과수원 토양의 침식(浸蝕)은 홍수로 토층 전체가 파괴되는 토지의 황폐화(荒廢化)와 표토가 유실되고 지력이 쇠퇴되는 비옥도 침식으로 나눌 수 있다.

(표 11-3)  경사도별 우리나라 과수 및 상전토양의 분포 면적

| 경 사 도 (%) | 면 적 (ha) | 비 율 (%) |
|---|---|---|
| 0~2* | 18,000.7 | 15.6 |
| 2~7 | 28,482.3 | 24.7 |
| 7~15 | 42,189.0 | 36.6 |
| 15~30 | 25,314.8 | 22.0 |
| 30< | 1,297.2 | 1.1 |
| 계 | 115,284.0 | 100.0 |

* 밑변 100m에 대한 직각 3각형의 수직고.
과수동우회보, 1983. vol(17), p.14

우리나라의 과수원과 상전(桑田)은 경사지에 분포되어 이 두 가지 방식의 침식을 다 받는 경우가 많다. 표 11-3에서 보는 바와 같이 우리나라 과수원과 상전의 23.1%는 경사도가 15% 이상의 경사지에 분포하고 36.6%는 완경사지(경사도 7~15%)에 분포되어 있다. 더욱이 우리나라 토양은 점토함량(粘土含量)이 낮고 잘 뭉쳐 있지도 않아서 침식성이 크다.

## 가. 침식(浸蝕)의 형태(形態)

토양 침식에서 실제 문제가 되는 것은 가속침식(加速浸蝕)이다. 가속침식은 산림의 벌채(伐採), 개간(開墾), 방목(放牧), 화재(火災) 등에 의하여 지표면의 식물 피복이 파괴되었을 때 일어난다. 이때 땅표면의 비옥한 토양이 씻겨 내릴 뿐만 아니라 골이 패이고 계곡(溪谷)이 만들어져서 지형이 바뀌는 일도 있다.

바람도 토양을 침식하지만 우리나라 과수원에서는 물에 의한 침식이 크다.

물에 의한 침식을 세분하면 표면침식(表面浸蝕), 세류침식(細流浸蝕), 협곡침식(峽谷浸蝕)으로 나눌 수 있다. 표면침식은 경사면 전체에 걸쳐서 토양의 평면이 유실되는 것으로 비교적 오랜 세월을 두고 천천히 진행되어 비옥한 가는 토양입자가 유실되고 식물 영양분이 세탈(洗脫)되므로 이 침식을 비옥도침식(肥沃度浸蝕)이라 부르기도 한다. 세류침식은 강수(降水)에 의하여 지표면에 작은 고랑이 생기면서 유실되는 형태이고 협곡침식은 경사면을 흐르는 물이 한 곳으로 집중되어 마침내는 협곡(峽谷)으로 변하는 침식이다.

## 나. 토양 침식의 피해(被害)

경사지의 과수원은 원래 표토가 엷어 유효 토심(有效土深)이 얕은 곳이 많다. 표토가 유거수(流去水)에 의해 유실되어 유효 토심이 점차 얕아지게 되고 토양 유실과 더불어 양분이 함께 유실되어 척박한 토양이 된다. 심한 경우에는 뿌리가 드러날 정도로 유실이 되어 나무가 도복하기까지 한다. 침식 정도에 따른 사과나무의 생

(표 11-4) 토양 침식과 사과나무 생육

| 침식정도 | 간 주(cm) | 수 폭(m) | 수 고(m) | 수관용적(m²) |
|---|---|---|---|---|
| 약 | 112.2 | 8.60 | 3.81 | 139.6 |
| 중 | 102.9 | 7.58 | 3.07 | 84.4 |
| 강(1) | 93.8 | 7.38 | 2.59 | 64.5 |
| 강(2) | 95.5 | 7.46 | 2.58 | 65.4 |

※ 津川力, 1984, 新編 사과 栽培技術, p.122

장 정도를 조사한 것을 보면 표 11-4에서와 같이 침식 정도가 강할수록 사과나무의 생육은 현저히 감소되고 있다.

## 다. 토양의 수침식(水浸蝕) 요인(要因)

1) 강우의 성질(性質)

　토양 침식은 강우의 강도, 양, 지속시간 빈도(頻度) 등의 영향을 받는다.
　우리나라 중부지방의 강우량(降雨量)은 연평균 1,100～1,300mm이며 그 60%가 6～8월 3개월 동안에 내린다. 특히 이 기간에 집중 강우가 많아서 경사지의 토양 유실량의 95%는 이때 일어난다.
　빗물이 흙덩어리를 두들겨 부수는 데서부터 토양 침식은 시작되는데 빗방울이 두들기는 힘이 클수록, 빗방울이 굵을수록, 낙하 속도가 빠를수록 커진다. 부서진 흙알맹이는 물에 분산되어 땅 속의 공극을 메우거나 낮은 곳으로 흘러 내려간다. 흘러내리는 물의 양이 늘어나면 굵은 흙알과 모래알 즉, 흙의 뼈대가 되는 성분까지도

깎여 내려간다. 이 뼈대의 성분입자가 굴러내리기 시작하면 이 입자의 힘까지 더해져서 경사면을 깎는 힘은 더 커져 침식은 심해진다.

2) 경사각도(傾斜角度)와 경사면의 길이

경사각도가 급할수록 경사면을 흘러내리는 물의 유거속도(流去速度)는 빠르고 물의 유출량과 토양의 유실량이 많아진다(표 11-5). 또한 경사면이 길수록 흘러내리는 물의 양이 늘고 땅을 파괴하는 물의 힘도 증가하게 된다(그림 11-2).

경사면의 길이는 경사도만큼 큰 영향을 갖지 못하는 것으로 생각하기 쉽지만 강우량이 많을 때는 그 파괴력이 무서울 정도로 커서 경사면의 하부로 갈수록 흙탕물의 양이 많아지는데 이 많은 흙탕

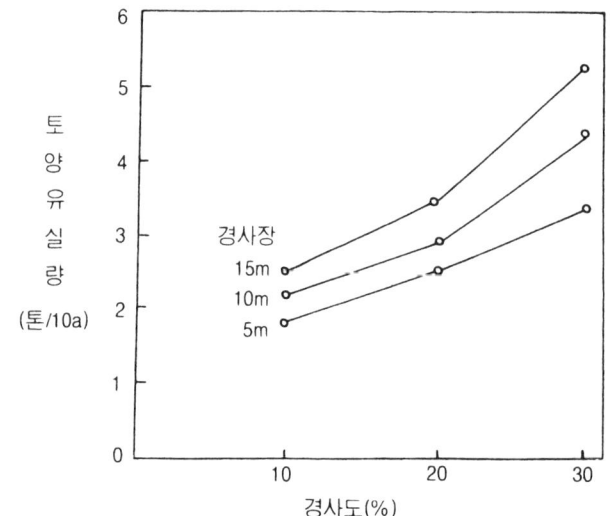

(그림 11-2) 경사도, 경사장과 토양 유실량(농진청 1985, 농사시험 연보, p.9)

물이 어느 한쪽으로 몰리면 나무가 뽑히고 계곡이 만들어져서 지형까지도 바뀌어진다.

(표 11-5) 사과원의 경사도별 토양 유실량과 물 유출량

| 경 사 도 (°) | 토양 유실량 (kg/10a) | 물 유출률 (%) |
|---|---|---|
| 5 | 65.9 | 12.7 |
| 10 | 124.0 | 14.0 |
| 15 | 205.4 | 15.0 |
| 20 | 441.0 | 17.0 |

※ 1979, 원시연보(과수편), p.18

3) 토양의 물리화학성(物理化學性)

흙의 물리화학성도 침식과 밀접한 관계가 있다. 흙알이 가늘고 응집성(凝集性)이 적을수록 또 분산성이 클수록 침식되기 쉽다. 즉, 내수성 입단(耐水性粒團)의 형성도가 낮은 흙, Ca-포화도가 낮은 흙, Na-콜로이드 등은 분산되기 쉽고 침식성도 크다. 입자가 가는 몬모릴로나이트계 토양이 입단화(粒團化)되지 못했을 경우에 분산되기 쉬워서 카오린계 점토보다 더 잘 침식된다. 카오린계 점토라도 모래가 많이 섞여서 그 함량이 낮을 때는 서로 응집(凝集)되는 대상이 적어지고 입단을 형성하지 못하여 역시 잘 침식된다. 유기물의 함량이 적은 흙이 침식되기 쉬운 것은 입단 형성이 불량하기 때문인 것이다. 토양의 투수성(透水性)도 침식에 영향을 주는 인자가 된다.

## 라. 토양의 침식 대책(浸蝕對策)

토양의 침식량(A)은 다음과 같이 여러 인자의 함수(函數)로 표시할 수 있다. A=R.K·L·S·C·P(R : 강우, K : 토양의 침식성, L : 경사면의 길이, S : 경사도, C : 식생과 관리법, P : 계단을 만드는 등의 침식 방지법)

침식에 관한 일반식에서 강한 비가 내려도 A=0이 된다면 이 토양의 내침식성은 대단히 큰 것으로 이것을 최대내침식성(T)이라 하고 강우와 토양의 성질 등을 고정인자로 보면 T=A에서 $\frac{T}{R·K}$ =L·S·C·P와 같은 수식이 된다. 이 식에서 보는 바와 같이 어떤 밭에서 토양의 침식을 줄이는 방법은 L·S·C·P 값을 조절 또는 경감하는 것이다. L·S 값은 계단식재배(階段式栽培), 등고선재배(等高線栽培) 등의 방법으로 줄일 수 있고, C와 P 값은 토양관리법 및 재배법 개선 등의 방법으로 줄일 수 있다. 그러나 실제에 있어서는 이들 방법을 종합적으로 실시한다.

### 1) 심경 및 유기물 시용(有機物 施用)

심경을 하고 유기물을 투입하면 가비중(假比重)이 커지고 토양 경도가 낮아져서 침투 속도가 빨라지며 투수량(透水量)이 증가하여 표면수의 유출이 적어지고 침식량도 적어진다(그림 11-3). 그러나 이 방법이 경사지 토양의 침식을 크게 줄이는 방법은 될 수 없다.

2) 초생 및 부초(敷草)

초생재배나 부초재배는 빗방울의 타격을 차단(遮斷)하는 외에 입단구조(粒團構造)를 발달시키고 침투 수량을 증가시켜서 우선 소류침식(疎流浸蝕)을 방지한다. 지표면의 피복인자, C값을 크게 감소시키는 것이다(그림 11-3).

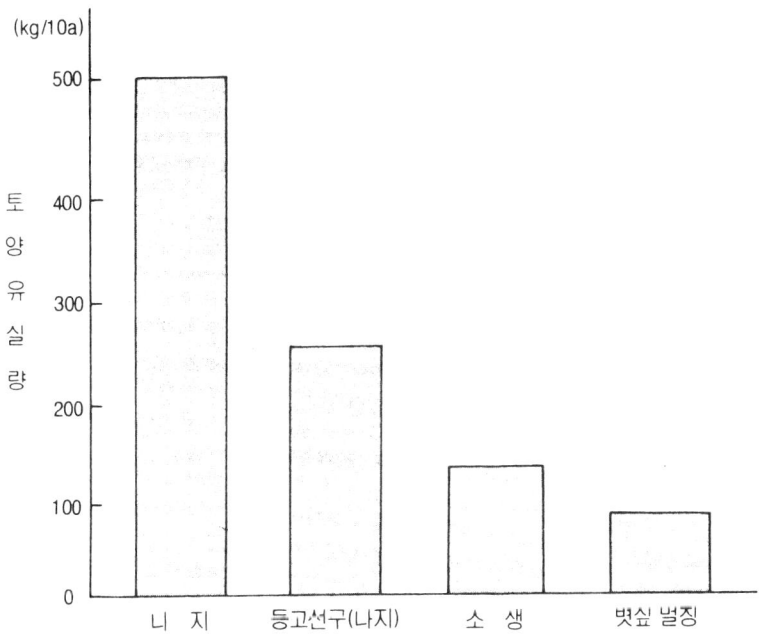

(그림 11-3) 토양 침식 방지법의 비교

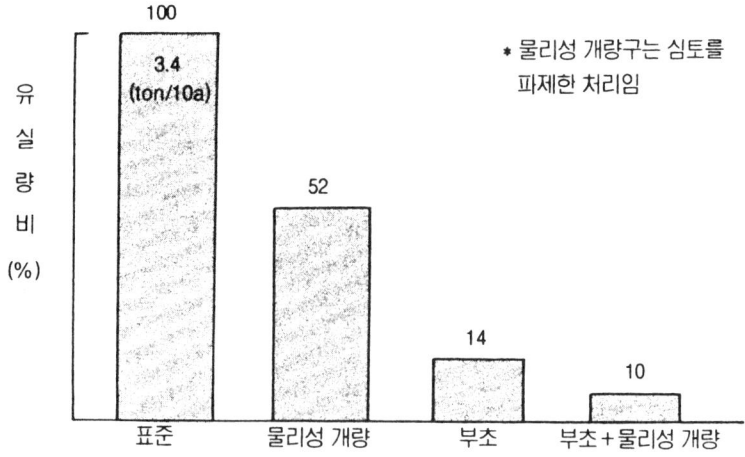

(그림 11-4) 경사 15°의 삼각사양토에서의 토양 유실량

3) 등고선(等高線) 또는 계단식 재배(階段式栽培)

    경사지의 LS 값을 줄이기 위해서는 경사면에 대하여 직각이 되는 이랑을 만들어 과수를 재식해야 한다. 이 재배에서는 고인물이 이랑을 따라 흐르기 때문에 LS값과 동시에 P값이 적어진다. 경사도가 15°를 넘을 때는 유거수의 유속(流速)을 완만하게 하기 위해서 뿐만 아니라 작업의 편의상 계단을 만들어야 하나 계단식재배(階段式栽培)를 하지만 현재로는 국제 경쟁력 재고를 해보면 계단식 개간은 할 수가 없는 형편에 도달되었다.

4) 집수구(集水口)와 배수로 설치(排水路設置)

    경사가 심하고 경사면이 깊은 곳에서는 비가 많이 내릴 때 유거수(流去水)의 완만한 처리가 필요하다. 유거수의 유속을 줄이는 합리적인 방법은 등고선과 평행하게 집수구(集水口)를 만들고 이들과 수직으로 배수로를 만드는 것이다. 수로는 잔디, 돌, 시멘트로 만들어 토양의 유실을 막아야 하며 곳곳에 넓은 표면적을 가질 수 있는 저수 웅덩이를 만들어서 물의 흐름을 약화시키고 흘러내린 흙을 모아서 후에 다시 과수원으로 환원하는 방법을 강구해야 한다.

## 제 3 절  토양 개량(土壤改良)

과수는 영년성(永年性), 심근성(深根性) 작물로 근군(根群)의 깊이가 과수 생육에 큰 영향을 주므로 재식 후 해가 갈수록 토양의 영향을 더 많이 받게 된다. 과수원 토양은 표토뿐만 아니라 심토의 물리성과 화학성이 다같이 과수재배에 적합해야 한다.

### 가. 토양 개량 목표(土壤改良目標)

과원의 토양 개량(土壤改良)은 심경하고 유기물을 시용하여 물리성을 개선하고, 석회시용(산성 교정), 관배수 대책(灌排水對策) 등을 하기 위한 구체적인 토양 개량 목표를 설정하면 표 11-6과 같다.

(표 11-6)  과수원 토양 개량 목표

| 항 | 목 | 목 표 치 |
|---|---|---|
| 물 리 성 | 유효토심(有效土深) | 60cm 이상 |
| | 근군이 분포된 토층의 굳기(硬度) | 22mm 이하 |
| | 투수계수(透水係數) | 4mm/시간 이상 |
| | pH 1.5일 때의 기상률(氣相率) | 15% 정도 |
| | 지하수위(地下水位) | 지표하 1m 이하 |
| 관구개시기 | 지하 30cm 부위의 수분 함량 | pH 2.7 |
| | pH(H$_2$O) | 6.0~6.5 |
| | 염기치환 용량(CEC) | 20me/100gr 이상 |
| | 염기포화도 | 60~80% |

| 화 학 성 | 석회(칼슘) 함량 | 8~10me/100gr |
|---|---|---|
| | 칼리 함량 | 0.5me/100gr |
| | 고토(마그네슘) 함량 | 2me/100gr |
| | 마그네슘/칼리 비율 | 당량비로서 2이상 |
| | 인산 함량 | 150ppm 정도 |
| | 붕소 함량 | 0.5ppm 정도 |
| 유 기 물 함 량 | | 3% 이상 |

## 나. 심경에 의한 토양의 물리성 개량

### 1) 심경 효과(深耕效果)

과원을 심경(深耕)하고 유기물을 시용하였을 때 나타난 토양의 물리적 성질의 변화량을 표 11-7에서 보면 관행구(慣行區)는 경도와 가비중이 매우 크고 공극률(孔隙率)이 낮으며 조공극이 없어서 투수 속도가 느리고 유효 수분 함량이 낮은 반면 심경구+유기

(표 11-7) 심경+유기물의 시용이 사과원 심토의 물리적 성질에 미치는 영향

| 처 리 | 경도 | 투 수 속 도 | 가비중 | 공극 | 조공극 | 보 수 력 | | |
|---|---|---|---|---|---|---|---|---|
| | | | | | | 1/3기압 | 15기압 | 유효수분 |
| | (mm) | (mm/hr) | (g/cc) | ···············(%)··············· | | | | |
| 관     행 | 26 | 26.4 | 1.52 | 42.4 | 0 | 28.0 | 19.0 | 9.0 |
| 심경+짚 | 19 | 51.7 | 1.21 | 54.3 | 15.8 | 31.5 | 17.0 | 14.5 |
| 심성+왕겨 | 20 | 52.0 | 1.24 | 53.2 | 12.2 | 31.7 | 16.5 | 15.2 |

※ 개량 처리 5년 후 조사, 조사부위(40~60cm).
   임정남 등, 1975, 농시연보,

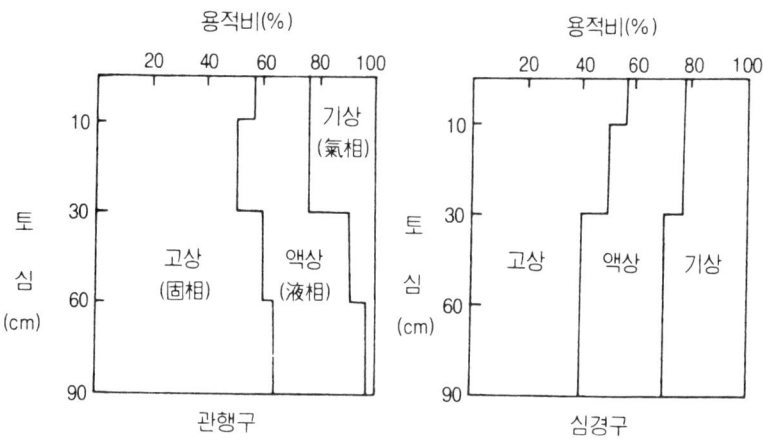

(그림 11-5) 관행구와 심경구의 심도별 삼상분포

물은 토양의 경도(硬度), 가비중이 낮고 조공극이 생겨서 유효 수분 함량이 증가하였다. 따라서 심경＋유기물 시용의 효과는 토양의 보수력을 증가하고 투수성을 높여서 빗물의 침투를 용이하게 하는 것이다.

그림 11-5는 관행구와 심경구에서 삼상비(三相比)를 본 것으로 표토에서는 별차이가 없으나 깊이 30cm 이하에서는 관행구에 비하여 심경구의 고상비(高相比)가 크게 낮아진 반면 기상비(氣相比)가 크게 증가하였다. 뿐만 아니라 심경구는 90cm 깊이까지 기상비가 과수 생육에 적당한 10% 이상으로 유지됨으로써 토양 물리성이 크게 개선되었다.

2) 심경과 나무의 생장

심경에 의한 근군의 분포 표11-8을 보면 심경 2년 후나 5년 후

〈표 11-8〉 심경+유기물 시용이 심도별 뿌리 분포에 미치는 영향

| 심 도 (cm) | 개량 후 2년차 ||| 개량 후 5년차 |||
|---|---|---|---|---|---|---|
| | 관 행 | 심경+짚 | 심경+왕겨 | 관 행 | 심경+짚 | 심경+왕겨 |
| | ·················(뿌리 g/100㎖ 토양)················· ||||||
| 10~30 | 45.8 | 39.0 | 35.5 | 202.2 | 93.6 | 86.8 |
| 40~60 | 4.8 | 41.3 | 40.9 | 25.8 | 109.7 | 120.5 |
| 70~90 | 0 | 36.3 | 35.3 | 0 | 97.0 | 102.3 |

※ 임정남 등, 1975, 농시연보(토비편) vol.(17), p.58

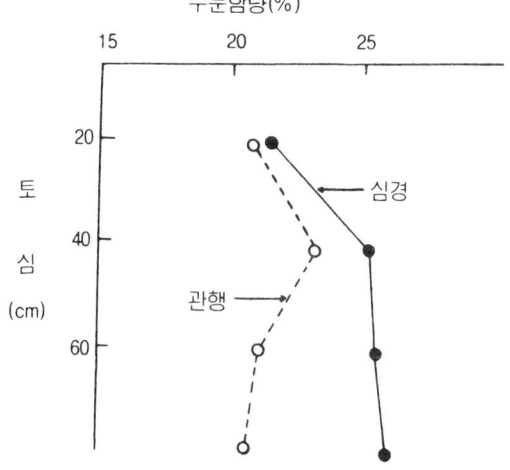

〈그림 11-6〉 심경 사과과원의 심도별 토양 수분 함량

에 다같이 관행구에서는 뿌리의 대부분이 10~30cm 깊이의 표토에 분포되어 있는데 심경구에서는 90cm 깊이까지 거의 균등하게 분포되어 있고 동시에 뿌리의 총량도 관행구보다 심경구에서 훨씬 많았다. 이는 그림 11-6 및 그림 11-7에서와 같이 심토의 기상비가 크고 토층 전체에 저장된 풍부한 수분 때문이라 할 수 있다.

200  제11장  과수원 토양관리

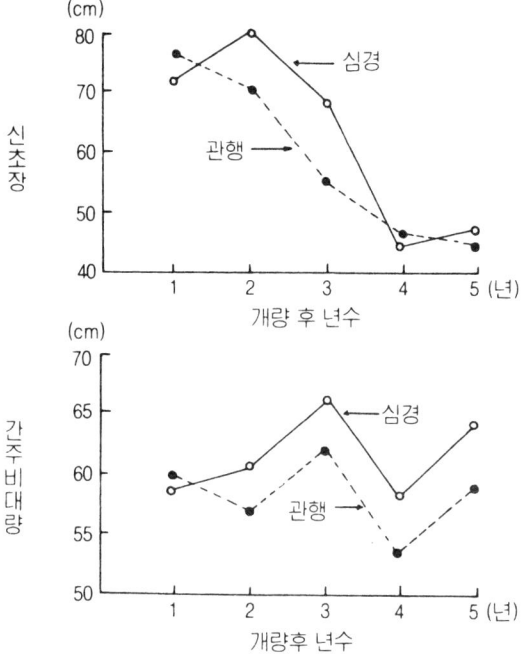

(그림 11-7) 관행구와 심경구에 자라는 과수의 연차별 생육량

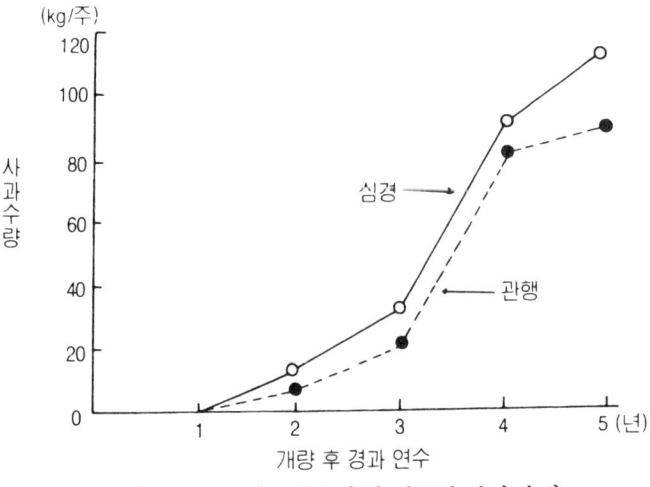

(그림 11-8) 심경 후의 연도별 사과 수량

심경에 따른 연도별 지상부의 생육을 그림 11-8로 보면 개량 직후는 심경할 때 뿌리가 많이 절단되었기 때문에 심경구의 신초와 간주비대량이 모두 관행구를 따르지 못했으나 개량 후 2년째부터는 신초장(新稍長)과 간주비대량(幹周肥大量)이 모두 심경구에서 컸다. 또한 개량 4~5년 후에는 심경구의 신초장은 관행구와 비슷하였는데 이는 과실의 수량 증가로 수세가 안정되어 신초 신장이 정상화되었다고 생각된다. 심경에 따른 연도별 수량을 나타낸 것으로 심경에 의해 수량이 증대되었음을 알 수 있다.

3) 심경 효과의 지속성(持續性)

심경 효과의 지속은 토양조건에 따라 다르다. 특히 배수가 좋지 못하여 심경부위에 물이 고이는 경우에는 토양의 입단 구조가 파괴되기 쉽고 점토 함량(粘土含量)이 많은 토양에서는 점토입자(粘土粒子)가 심경부의 공극을 메워서 심경효과의 지속성이 떨어진다. 따라서 심경부위에 물이 고이지 않도록 심경할 때 주의해야 하고 지표면의 토양 입단이 파괴 분산되지 않도록 잘 보호하는 수단을 강구해야 한다.

가) 심경 방법 및 주의점(注意点)

기존 과수원의 심경은 근군이 확대됨에 따라 점차 외곽(外殼)으로 넓혀 나가야 한다.

이미 심경한 부분과 새로 심경할 자리는 반드시 연속되어야 한다. 중간에 단단한 층이 남아서 뿌리의 발달을 막는 일이 없게 하기 위해서이다. 근군이 전 과원에 고루 분포되기 전에 심경이 이루어져야 한다.

나) 심경방법(深耕方法)

심경하는 방식은 나무 수령, 토질 등에 따라 달라야 하지만 보통 그림 11-9와 같은 방식이 쓰인다.

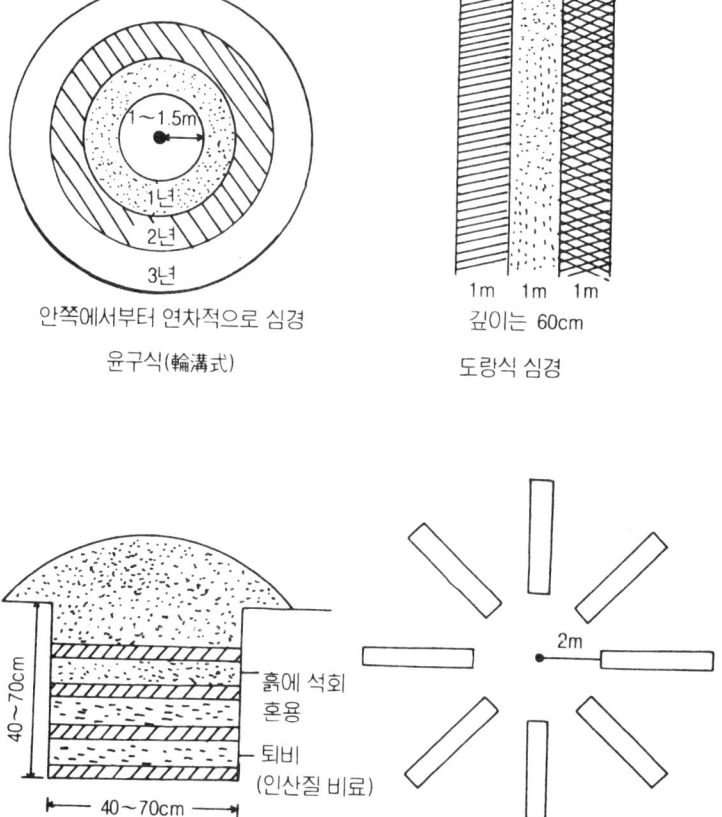

(그림 11-9) 심경 방법

① 윤구식(輪溝式)

나무 둘레를 나이테(나무의 年輪) 모양으로 연차적으로 둥글게 심경하는 것을 윤구식(輪溝式)이라 하며 나무가 어릴 때에 하는 방식이다. 윤구식 방법은 심경하는 바닥의 배수가 불량한 토양에서는 장마철에 물이 고이지 않도록 특별한 조치를 해야 한다.

② 도랑식(條溝式)

도랑식(條溝式)은 나무 사이를 도랑과 같이 깊게 파주는 방식으로 성목이나 어린나무에 모두 적합하다. 특히 배수가 좋지 못한 토질에서 배수를 겸해 실시하면 좋으나 노력이 많이 드는 결점이 있다. 그러나 요즈음은 포크레인으로 하면 간편하고 작업비도 임금보다 적게 든다.

③ 방사상 도랑식

구덩이식 심경은 나무 주위 몇 곳에 넓이와 깊이가 각각 1m 정도 되는 구덩이를 파고 유기물을 넣는 방식으로 성목원에서 많이 실시한다. 연차적으로 실시할 수 있으나 배수가 좋지 못한 점토질 토양에는 부적당하다.

다) 심경의 시기와 깊이

재식 후에 하는 심경은 나무뿌리가 끊기는 피해를 최소한으로 줄여야 하므로 나무의 생육 활동이 정지되었을 때, 즉 낙엽지면서부터 흙이 얼기 전까지와 이른 봄 싹이 트기 전인 나무가 휴면하는 동안에 실시하는 것이 가장 좋다.

심경의 깊이는 과수의 종류에 따라 다르지만 되도록이면 깊이 하는 것이 좋고 최소한 깊이와 폭이 각각 60cm는 되어야 한다.

라) 유기물의 투입(投入)

심경의 효과를 오래 지속시키기 위해서는 구덩이에 짚이나, 건초(乾草), 퇴비(堆肥) 등의 거친 유기물을 흙과 층층으로 넣고 묻어준다. 그러나 분해가 늦은 거친유기물만을 넣으면 토양이 입단화형성이 어려우며 짚이나 녹비와 같이 분해가 용이한 재료만을 넣어주면 입단화는 용이하지만 지속성이 오래가지 않는다. 또 분해가 느린 전정목을 다량으로 투입하면 날개무늬병(紋羽病)의 발생을 조장시킬 우려가 있으므로 날개무늬병이 발생되고 있는 과수원에서는 전정목을 넣지 말아야 한다. 결국 심경할 때 투입하는 유기물은 분해가 빠른 것과 느린 것을 적당히 섞는 것이 좋다. 그리고 하층에는 분해가 느린 것을 많이 넣고 상층에는 분해가 빠른 것이나 완숙퇴비를 넣는 것이 좋다.

생우분(生牛糞)이나 돈분은 짚과 약 6개월간 썩여서 사용해야 하고 생계분(生鷄糞)은 토양내에서 발효하여 가스가 발생하고 질소질이 많으므로 사용시에는 조심해야 한다.

퇴비는 2,000~3,000kg/10a을 시용하고 계분은 과수원에서 시용하지 않는 편이 좋으나 시용할 경우는 완전히 부숙시키고, 시용량도 500kg/10a 정도로 하는 것이 좋다.

탄질율이 높은 짚이나 산야초, 건초 같은 것을 근권(根圈)에 시용할 경우는 질소기아 현상(窒素饑餓現象)을 막기 위하여 질소실비료를 섞어 주어야 한다. 이 시용은 가을에 하여 뿌리가 활동을 시작하는 봄이 되면 부숙도(腐熟度)가 상당히 진전되어 있도록 해야 한다.

마) 심경상의 주의점

배수가 좋지 못한 토양에서는 심경한 구덩이나 고랑에 물이 고이기 쉽다. 유기물의 분해(分解)는 다량의 산소를 소모하므로 배수가 불량한 토양에서 구덩이에 유기물을 넣어 썩이면 토양이 환원되고 유해물질이 생성되어 나무 뿌리가 호흡 장애(呼吸障害)를 받게 된다. 따라서 지하수위(地下水位)가 높은 곳에서는 먼저 배수 시설을 하여 지하수위를 낮춘 다음 심경하여야 한다. 하층에 점토층 등의 불투수층(不透水層)이 있을 때도 구덩이식 심경보다 도랑식의 심경을 하여 낮은 쪽으로 물이 빠지도록 장치를 하는 것이 안전하다. 또 포크레인으로 작업하면 간편하게 끝낸다.

## 다. 토양 산도(pH) 교정

우리나라 토양은 산성 토양이 많고 개간지(開墾地)는 산성이 강하여 석회를 시용하여 pH 5.5~6.5가 되어야 단감재배시 생리장해 발생이 저지되고 품질이 향상된다.

1) 석회 시용 효과(石灰施用效果)
토양산도(土壤酸度)와 사과 유목의 생육과의 관계에 대하여 시험한 결과를 그림 11-10에서 보면 강산성에서 중성까지 사이에는 pH 6.0에 가까울수록 뿌리의 발육이 좋고 지상부의 생육도 양호하였다.

또한 석회를 시용하면 토양 pH가 높아져 $Mn^{2+}$의 유효도(有效度)를 저하시켜 적진병의 발생이 방지되며, 단감에서는 녹반증이 저지되고 인산의 불용화를 방지하며 토양의 입단을 촉진하고, Ca 결핍으로 오는 생리장해 발생을 억제시킬 수 있다.

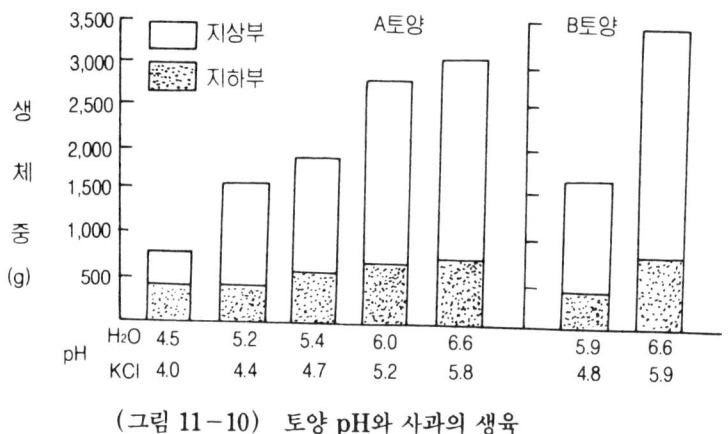

(그림 11-10)  토양 pH와 사과의 생육

2) 시용방법(施用方法)

그림 11-11에서 보는 바와 같이 석회표면 시용구에 비해서 깊이 파고 전층(全層) 시용할수록 칼슘의 흡수가 많아짐을 볼 수 있다. 또한 석회 표면 시용 후 시기별 토양 교정 효과를 그림 11-12

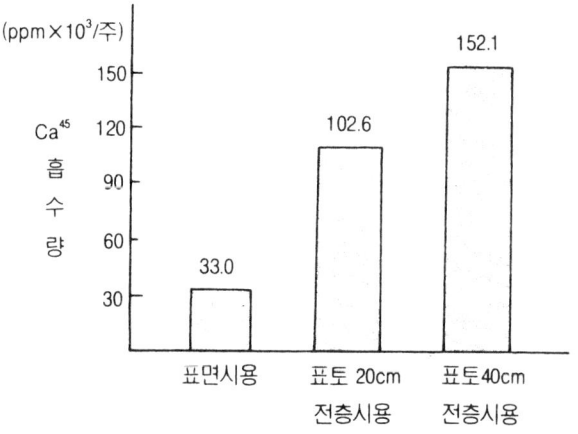

(그림 11-11)  석회비료의 시용 방법과 과수의 $Ca^{45}$ 흡수

에서 보면 3년 7개월 후에는 20cm 정도까지 pH가 교정(矯正)되었고, 13년 후에야 50cm까지 교정되었다.

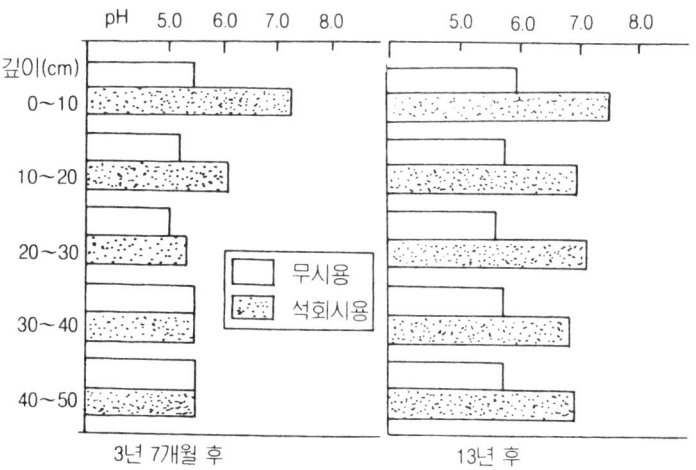

(그림 11-12) 석회 표면 시용 후 토양 깊이별 pH($H_2O$) 변화

이는 토양내에서 석회 이동이 잘 안 되고 있음을 보여주는 것으로 석회 시용은 개원 후 8~10년 동안 심경, 전층시비함이 흡수 이용 효과가 높고 그 이후에는 표토(表土)에 시비하여도 가능할 것이다.

석회의 소요량을 결정하는 요인 중 하나는 토양의 종류이다. 활산(活酸)과 잠산(潛酸)을 합한 전산도(全酸度)는 일반적으로 점토 함량이 많을수록 큰데 점토중에서도 치환용량(置換容量)이 큰 몬모릴로나이트계 점토일 때 더 크다.

다음에는 부식(腐植)의 함량이 많은 토양에 더 많은 석회가 요구된다. 표 11-9는 점토 또는 부식 함량에 따라 토양의 pH를 1.0 높이는 데 소요되는 석회량을 토양별로 표시한 것으로 우리나라의

(표 11-9) 토양의 pH를 1.0 높이는데 소요되는 소석회량

| 토 성 | 토 양 pH | | |
|---|---|---|---|
| | 3.5~4.5 | 4.5~5.5 | 5.5~6.5 |
| | (kg/10a, 10cm) | | |
| 사 토 | 73 | 124 | 110 |
| 사 양 토 | - | 198 | 238 |
| 양 토 | - | 297 | 312 |
| 식 양 토 | - | 348 | 421 |
| 부 식 토 | 531 | 696 | 787 |

※ 오왕근, 1975, 석회 심포지움, 한국토비학회지 별권

과수원 토양은 사질(砂質) 토양이 많고 부식(腐蝕)이 적은 것이 일반적이다. 따라서 30cm를 작토로 볼 경우 300~500kg/10a의 석회가 필요하나 일시에 많이 주면 토양이 굳어지므로 사질토양은 200~300kg/10a, 부식이 있는 식양질토는 400kg/10a 정도 시용하는 것이 좋다.

과수원 토양에서의 석회 시용은 개원할 때 재식 구덩이에 충분히 석회를 시용하고 점차로 윤구식 또는 도랑식에 따라 차근차근 심경하면서 유기물과 병행하여야 한다.

석회 살포시 과용하거나 골고루 섞이지 않을 때에는 부분적으로 토양 pH가 높아져 미량 원소(微量元素)의 부족을 가져오는 경우가 있는데 이때는 유기물과 석회를 병용함으로써 완화할 수 있다 (표 11-10). 유기물은 토양의 흡수력을 증가할 뿐만 아니라 탄산가스를 발산하여 알칼리성의 소석회를 $CaCO_3$으로 침전(沈澱)시켜서 알칼리도를 크게 낮추는 동시에 유기물의 분해로 생기는 산이나 $CO$를 $Ca^{2+}$가 흡수하여 그 피해가 감소한다. 그러나 퇴비와 같

(표 11-10) 석회와 유기물의 병용 효과

| 처    리* | 대 두 수 량 | 증 수 율 |
|---|---|---|
|  | (kg/10a) | (%) |
| 무  처  리 | 128 | 100 |
| 석 회 단 용 | 162 | 127 |
| 퇴 비 단 용 | 138 | 108 |
| 석회 퇴비 병용 | 180 | 141 |

※ 화학비료는 별도로 각구에 같은 양을 사용하였다.

은 암모니아성 유기물과 석회의 직접 접촉은 피해야 한다. 따라서 심경하고 석회 시용시는 가능한 석회가 퇴비에 접촉하지 않도록 그림 11-10과 같이 사용하는 것이 좋다.

  석회 시용 후 토양 pH가 일시적으로 높아져 작물의 생육에 장해를 주고 토양성분의 유효도에 변화를 줄 염려가 크기 때문에 11월 중·하순에 사용하면 3월 중·하순에 뿌리가 활동을 시작할 때까지 충분한 시간 간격을 가짐으로써 이런 피해를 방지할 수 있다.

(표 11-11) 석회암 분말의 중화력 계산 예

| 입    도<br>(매시) | 함   량<br>(%) | 표면적비<br>(%) | 유효표면적비<br>(%) | 중화력(유효 CaO)<br>(%) |
|---|---|---|---|---|
| 10 | 2 | 10 | 0.2 | 0.11 |
| 20 | 3 | 20 | 0.6 | 0.33 |
| 40 | 5 | 40 | 2.0 | 1.10 |
| 60 | 10 | 60 | 6.0 | 3.30 |
| 80 | 20 | 80 | 16.0 | 8.80 |
| 100 | 60 | 100 | 60.0 | 33.00 |

석회 비료를 시용할 때 석회분말 입자에 따라서 중화력이 달라지는데 (표 11-11) 가능한 분말의 입자가 고운 것을 선택하는 것이 유리하다.

또한 과수 재배를 하는 경우에는 품질의 향상을 위하여 마그네슘 성분이 필요하므로 2~3년마다 석회 대신 고토 석회를 시용하면 영양면에서 유리하다.

## 라. 토양 검정의 필요성과 토양 시료의 채취

기존 과수원에서도 2~3년에 한번씩은 표토와 심토를 채취하여 토양 검정을 해야 한다. 특히 재식 구덩이의 심토는 근군(根群)을 형성하는 주요 부위가 되기 때문에 검정해야 한다. 토양 검정시 필히 조사해야 하는 성분은 pH, 유기물, 인산, 칼리, 칼슘, 마그네슘, 망간, 붕소 등이고 가능하면 치환용량(C·E·C)도 조사해 둔다. 우리나라 과수 원의 토양 분석 결과를 표 11-12와 같이 유기물이 1.04%로 매우 부족하고 유효인산(有效燐酸) 150ppm 수준에 2배가 되고, 칼슘(석회) 및 마그네슘이 부족하고 붕소, 칼리는 적당한 수준이다.

(표 11-12)  사과원내 유기물 함량 및 화학성

| 구 분 | 유기물 (%) | pH (1:2.5) | 유효인산 (ppm) | Ex(me/100gr) | | | 망간 (ppm) | 붕소 (ppm) |
|---|---|---|---|---|---|---|---|---|
| | | | | 칼리 | 칼슘 | 마그네슘 | | |
| 함량 | 1.58 | 5.34 | 436 | 0.68 | 3.50 | 1.21 | 111 | 0.36 |

※ 과수연구소 보고서, '91

토양시료의 채취 방법은 지형이나 시비 내력(施肥來歷), 그동안의 토양 관리 방법, 기타 재배 내력이 동일하다고 인정되는 구역내에서 약 20개 지점(地点)을 골라 지피물(地被物)을 걷어내고 삽 또는 시료채취기 오거(auger)로 시료를 채취한다. 이렇게 채취한 약 20 군데의 시료를 한데 합쳐서 잘 섞은 다음, 5등분하여 약 500g정도를 시료 봉지에 담고 원하는 조사 성분과 기타 필요한 사항을 기록하여 검정실로 보낸다. 우리나라에서는 아직 공식적인 토양검정사업이 실시되고 있지 않으나 농업기술연구소나 농촌진흥원에서 원하는 시료는 수수료를 내면 검정해 주고 있다.

과수원 토양 검정에서는 ㉠ 표층(表層)(지표밑 약 20cm까지), ㉡ 심토층(深土層)(표토밑 약 40cm까지), ㉢ 그 밑층(표토밑 60cm까지) 등 셋으로 구분하여 시료를 뜨는 것이 좋다.

심토 시료는 표토시료를 뜬 그 밑에서 뜨지만 표토 시료를 채취한 모든 위치에서 뜰 필요는 없다. 표토시료를 뜬 약 반수의 위치에서 하나 걸러 하나씩 떠서 모으는데 그밖의 방법은 표토 시료에서와 같이 하면 된다. 심토 밑층의 토성인 토색 등의 심토와 차이가 없으면 ㉡과 ㉢을 하나로 모아서 뜨거나, 밑층은 뜨지 않고 표토와 심토 시료만으로도 족할 것이다.

토양시료 채취시 삽은 채취가 어려울 뿐만 아니라 나무 뿌리가 상하는 일도 있기 때문에 오거(auger)를 쓰는 것이 좋다. 채취한 토양시료를 검사실로 바로 보내지 못할 경우는 그늘에서 바람에 말린 다음 잘 섞어 앞에서 말한 바와 같이 4등분하여 봉투에 담는다. 과습한 시료를 채취했을 때는 흙덩어리를 부셔가면서 말려야 하는데 가능하면 이런 곳을 피하여 시료를 채취해야 한다.

## 제 4 절  수분관리(水分管理)

삼상(三相)의 하나인 토양수분, 즉 액상(液相)은 토양의 주요한 물리화학적 성질을 지배할 뿐 아니라 식물에 흡수되어 그 구성 성분의 일부가 되고 또 식물체내에서 일어나는 모든 생리작용을 원활(円滑)하게 해준다.

이렇듯 중요한 수분도 너무 많으면 토양 공기가 감소되어 뿌리의 기능을 원활하지 못하게 하므로써 식물은 정상 생육을 하지 못하게 된다. 한편 수분이 적으면 너무 건조해서 토양은 단단해지거나 먼지가 되고 식물은 물 부족으로 심한 경우에는 고사 하게 된다.

### 가. 관수(灌水)

우리나라의 연간 강수량은 900~1,300mm로 온대과수 재배에 충분한 양이지만 그 대부분이 6월 하순에서 8월 중순으로 편중(偏重)되어 있어서 봄, 가을에는 건조해를 받기 쉬우며, 특히 하천부지, 경사지, 사질토양에 재식된 과수가 가뭄에 피해를 보는 일이 많다.

표 11-13은 우리나라의 관수시설 현황을 나타낸 것으로 미설치된 농가가 전체 농가의 82.5%로 매우 부진한 실정이다. 그리고 설치된 농가도 관수물량이 많이 소비되는 표면관수(양수기, 정치식 배관)가 위주로 되어 있다. 물의 소비량이 적고 단감 생육에 가장 적합한 관수 방법은 점적관수(点滴灌水)로 이 방법으로 대체하는 것이 좋다.

(표 11-13) 과수농가의 관수시설 보유 현황

| 구 분 | 스프링쿨러 | 정치식배관 | 양수기 | 기 타 | 미설치 |
|---|---|---|---|---|---|
| 호 수 | 974 | 718 | 26,179 | 3,332 | 146,976 |
| 비율(%) | 0.5 | 0.4 | 14.7 | 1.9 | 82.5 |

※ '87 과수실태조사, 농림수산부

1) 관수 효과(灌水效果)

토양의 수분이 부족하면 잎의 동화기능이 저하되고 증산량(蒸散量)이 감소하여, 엽형질(엽면적, 엽중), 신초 생장, 간주비대 과실의 발육이 지연 또는 정지된다.

(표 11-14) 관수가 후지사과나무 엽형질에 미치는 영향

| 처 리 | 엽면적 (cm²/장) | 생체중 (g/dm) | 건물중 (g/장) | 엽록소 (mg/dm) |
|---|---|---|---|---|
| 자연강우 | 29.9 | 33.4 | 0.216 | 6.29 |
| 관 수* | 32.0 | 34.0 | 0.252 | 6.95 |

* 4.8부터 관수, 6.27 조사, 1988. 원시연보

(표 11-15) 관수기 후지/M26 사과 나무 생육에 미치는 영향

| 처 리 | 과 실 크 기(mm) | | 간주비대량 (cm) | 신 초 장 (cm) |
|---|---|---|---|---|
| | 횡 경 | 종 경 | | |
| 자연강우 | 67.03 | 56.28 | 1.73 | 25.7 |
| 관 수* | 68.86 | 56.92 | 2.02 | 36.6 |

* 4.8부터 관수, 8.12 조사, 1988. 원시연보

표 11-14는 엽면적, 엽중(생체중, 건물중)이 한발기(旱魃期)에 관수한 것이 생육도 월등히 좋았고 엽록소 함량도 높았다. 또한 관수를 하면 과실 크기, 간주비대량, 신초장이 월등히 좋아지며 표 11-15를 보면 엽내 무기성분 함량도 높을 뿐만 아니라 특히 물관(導管)을 통해 흡수되는 칼슘의 흡수가 높아진다(표 11-16).

표 11-17은 사과, 배의 생육기간중에 관수의 효과가 누적되어 평균 과중 수량이 증가됨을 볼 수 있다.

(표 11-16) 관수가 후지 / M26 사과나무 엽내 무기성분에 미치는 영향

| 처 리 | N | P | K | Ca | Mg |
|---|---|---|---|---|---|
| | | | (%) | | |
| 자연강우 | 2.87 | 0.193 | 1.43 | 0.67 | 0.25 |
| 관 수* | 2.95 | 0.191 | 1.51 | 0.84 | 0.24 |

* 4.8부터 관수, 6.27 조사

신건철, 1988. 미발표

(표 11-17) 관수가 사과, 배나무의 과실수량에 미치는 영향

| 과 중 | 과 중 | | 수 량 | |
|---|---|---|---|---|
| | 관 수* | 자연강우 | 관 수* | 자연강우 |
| | (g/개) | | (kg/10a) | |
| 사과(골 든) | 263 | 204 | 1,680 | 1,233 |
| 배 (장십랑) | 403 | 323 | 2,812 | 2,615 |

* 관수는 pF 1.5~2.5로 유지.

한국원예학회지, 1981, vol.22(3), pp.187~193

## 2) 관수시기(灌水時期)

우리나라 과수 재배에서는 5월 중·하순부터 6월 중순까지가 1차 한발기이고 9월 한달이 2차 한발기이다. 낙엽과수에서는 1차 한발기는 생육이 왕성한 시기이고, 2차 한발기는 성숙(成熟)이 되는 시기이다. 일반적으로는 1차 한발기의 한발 피해가 2차 한발의 피해보다 크다. 이는 1차 한발기중에는 세포가 분열(分裂)하는 시기이기 때문에 수체 및 과실이 자라는 데 매우 큰 영향을 준다.

사과나무 재배에서 시기별 한발 처리를 한 시험 결과를 표 11-18에서 보면 6월 한달 동안의 한발이 나무에 가장 큰 피해를 주고 다음으로 5월과 9월의 한발 처리가 피해가 많았다.

(표 11-18) 시기별 한발 처리가 사과나무 생육에 미치는 영향*

| 한발처리기간 | 총신초장[1] | 간 주 비 대 량 |
|---|---|---|
| (월/일) | (m/주) | (cm) |
| 5.1~5.31 | 12.5bc | 2.93ab |
| 6.1~6.30 | 10.4c | 2.30b |
| 7.1~7.31 | 16.1a-c | 3.60a |
| 8.1~8.31 | 16.5a-c | 3.10ab |
| 9.1~9.30 | 13.2bc | 3.47a |
| 10.1~10.31 | 19.9ab | 3.53a |
| 무 처 리 | 20.1a | 3.50a |

※ 포트시험으로 한발 시기를 조절했음.[1] 일년간 생장한 신초의 총량.

원시연보, 1985, pp.109~110

한발기는 약 10~15일간 20~30mm 강우가 없으면 관수를 시작하는 것이 일반적이나 사질토, 경사지 하천 부지, 청경재배지에서는 7~10일 정도 비가 내리지 않으면 관수를 해 주어야 한다. 더 정확히는 수분측정장치(tensiometer) 몇 개를 과수원에 설치하여 (근군까지) 두고 토양 수분이 pH2.7이 되면 관수를 해야 한다.

3) 관수량(灌水量) 및 관수 방법(灌水方法)

유효토층의 수분 함량이 포장용수량 이하로 될 때까지는 과잉의 수분이 토양을 세탈하기 때문에 관수할 필요가 없다. 최대관수량($l$ max)은 다음 식에 의하여 계산된다.

$$l\max(mm) = \sum_{n=1}^{i} < \frac{1}{10}(Fc-Fm)D$$

Fm : 수분 함량(v/v)
Fc : 포장용수량(v/v)
D : 토층의 두께

즉, 뿌리가 물을 흡수할 수 있는 유효토심내 각 토층의 현재 수분량을 포장용수량으로 높이는 데 소요되는 물의 총량이 관수량이 된다. 유효토심내에 두께가 15, 20, 25cm 되는 3개의 토층이 있고 각 토층의 포장 용수량이 각각 25%(v/v), 20%(v/v), 18%(v/v), 현재의 수분 함량이 각각 20, 17, 14%(v/v)라면 소요 관수량 $l$max는 다음 계산에 의하여 23.5mm가 된다.

$$l\max \times (mm) = [(25-20)15 + (20-17)20 + (18-14)25] \times \frac{1}{10}$$
$$= 23.5mm$$

위 식을 설명하면 일반적으로 비가 내린 다음의 토양 수분의 상태(포장용수량)에서 점점 수분이 줄어감에 따라 식물은 물을 흡수하기 어렵게 되는데 수분이 포장용수량의 60% 이하로 내려가면 식물은 순조로운 생육에 지장을 가져오게 되므로 그때에 관수를 시작하게 되는 것이다.

물이 스며드는 토양의 깊이는 어느 정도 깊을수록 좋으나 나무 뿌리가 50cm 정도의 깊이 이내에 80% 내외가 분포되어 있으므로 그 정도의 깊이까지 스며들면 족하며, 물이 귀한 곳에서는 20~30cm 정도까지 도달되도록 관수하는 것이 경제적이다. 이상의 식에서 계산하면 20cm 깊이까지의 토양 수분을 포장용수량까지로 높여 주는데 필요한 최소의 관수량은 10a당 약 30~40톤(30,000~40,000$l$)이 되며, 일본에서의 관수량의 한 예를 들면 표 11-19와 같다.

(표 11-19)  사과원의 관수량과 관수 간격의 기준

| 토 성 | 1회 관수량 | 관수간격일수 | 비 고 |
|---|---|---|---|
| 사 질 | 20mm | 4일 | ○ 깊이 30cm를 목표로 함. |
| 양 토 | 30 | 7 | ○ 토양관리는 나무 밑은 짚을 깔고 |
| 점 질 | 35 | 9 | 나무 사이는 초생을 한 경우 |

※ 長野縣, 果樹指導指針, 1987, p.138

관수량은 과수의 생육 시기에 따라 다르게 조절되는 것이 보통이다. 과수의 생육기에는 충분히 즉, 포장용수량까지 관수하지만 결실기 등은 그 이하, 보통 포장용수량의 약 80%로 한다. 또 후기에는 다소 건조한 상태에서 당 함량이 높아지므로 토양 수분 함량이 높아져서 토양 수분 함량이 pF3.0 보다도 낮은 pF3.5 부근까지 기다렸다가 관수하는 것이 일반적이다.

과수원의 관수 방법은 물의 양, 시설비, 사람의 노력 등을 감안하여 가장 경제적인 방법으로 관수를 해야 한다.

관수 방법으로는 표면관수(表面灌水), 살수관수(撒水灌水), 점적관수(點滴灌水) 등이 있다(표 11-20).

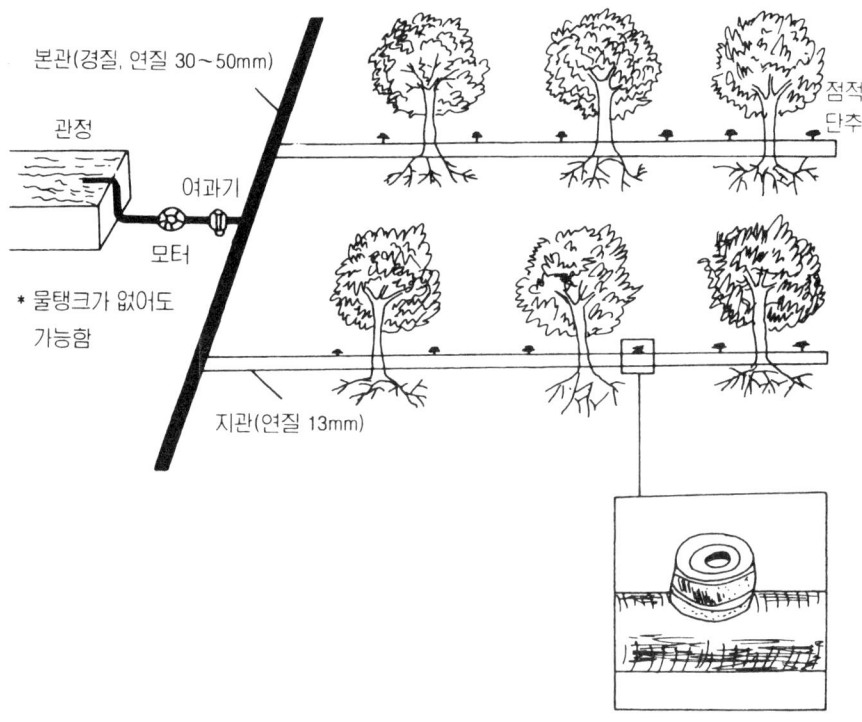

(그림 11-13)  점적관수 설치 모형도

  과수의 관수방법 중 물량이 적게 들면서 관수 효과가 높은 것은 점적관수이다(그림 11-13). 점적관수 중 간이식 점적관수(나무 밑에 비닐주머니에 물을 채워 구멍을 작게 뚫어 조금씩 흐르게 하는 방법)도 효과적이나 노력이 많이 소요되는 단점이 있다.
  1987년에는 점적관수 설치비가 저렴해지고(130만원/ha) 물을 주면서 동시에 비료 성분을 공급하는 관비농법(灌肥農法)이 시도되고 있다.

(표 11-20)  관수 방법의 장단점

| 구분 | 표면관수 | 살수법 | 점적관수 |
|---|---|---|---|
| 장점 | · 시설비 저렴 | · 관수량이 많이 든다 (15,000$l$/시간 10a)<br>· 경사지에 설치불가능<br>· 점질토양의 관수 곤란<br>· 관수노력 불필요 구분 | · 관수량이 매우 적다 (900$l$/시간 10a)<br>· 토양물리성 악변 방지<br>· 관수 노력 불필요<br>· 관비장치 설치 가능<br>· 경사지에 설치 가능 |
| 단점 | · 관수량 매우 많이 필요<br>· 노력이 많이 듬<br>· 토양 유실이 많음<br>· 경사지에는 설치 불가<br>· 습해의 우려가 있다 | · 시설비가 매우 비싸다<br>· 토양 표면이 굳는다<br>· 병해 발생 조장<br>· 토양 유실이 있다<br>· 피스톤 펌프의 고장이 잦다 | · 시설비가 비싸다<br>· 여과장치를 해야 한다 |

## 나. 습해(濕害)와 배수(排水)

### 1) 습해(濕害)

과수는 뿌리가 토양속으로 깊이 들어가기 때문에 지하수위가 최소한 1m 이하에 있지 않으면 습해를 입을 염려가 크다. 땅이 습해지면 토양 공기가 적어질 뿐만 아니라 산소가 부족해져서 환원물질이 생성 집적된다. 이를테면 $Fe^{3+}$는 $Fe^{2+}$로 환원되고 $SO_4$는 $H_2S$로 환원되어 독성에 의해 새뿌리가 침해를 받기가 쉽다. 특히 토양의 환원은 K, Mg의 흡수를 장해한다.

우리나라는 장마철이 길어서 지하수위가 높아지는 경우가 많으므로 장마기는 미리 배수구를 파거나 배수 불량지는 1m 이상 성토

(표 11-21) 사과 습해 피해원의 수량 및 품질

| 토양 | 처리 | 수량 (kg/주) | 과 실 등 급 (%) | | | | 평균과중 (g) |
|---|---|---|---|---|---|---|---|
| | | | 상 | 중 | 하 | 등외 | |
| 충적토 | 대조 | 331.5 | 34.8 | 34.3 | 26.9 | 4.0 | 208 |
| | 피해 | 142.4 | 0 | 4.8 | 11.2 | 64.0 | 118 |
| 화산회토 | 대조 | 241.2 | 13.4 | 21.4 | 51.6 | 13.6 | 187 |
| | 피해 | 135.2 | 0 | 13.4 | 32.0 | 54.6 | 121 |

※ 津川力, 1984. 사과 栽培技術, 養賢堂 p.126.

를 하고 과수를 재식하여야 한다. 표 11-21은 습해(濕害)를 받은 사과나무의 수량과 품질을 나타낸 것으로 습해에 의해 숙기가 지연되고 품질이 저하되었다.

2) 배수의 효과 및 방법

암거 공사를 한 결과 사과의 수량 및 품질을 보면 생육 상태가 좋아져 암거(暗渠)한 것이 수량도 증가하였고 상품(上品)도 많이 나왔다(표 11-22).

(표 11-22) 암거 처리가 사과의 수량 및 품질에 미치는 영향

| 지역 | 처리 | 수량 (kg/주) | 과 실 등 급 (%) | | | |
|---|---|---|---|---|---|---|
| | | | 상 | 중 | 하 | 등외 |
| A | 암거 | 322.4 | 45.2 | 39.6 | 12.2 | 3.0 |
| | 방임 | 255.8 | 37.7 | 44.3 | 13.4 | 4.8 |
| B | 암거 | 278.1 | 32.4 | 52.0 | 8.4 | 7.2 |
| | 방임 | 206.4 | 5.0 | 39.3 | 39.9 | 15.8 |

※ 津川力, 1984. 사과 栽培技術, 養賢堂 p.131.

배수방법에는 명거배수(明渠排水)와 암거배수(暗渠排水)가 있다. 전자는 후자에 비하여 시설이 간단하고 비용이 적게 들지만 근군이 뻗을 수 있는 범위가 좁아지는 결점이 있다.

명거배수는 배수량이 많을 때, 배수면적이 넓을 때, 지표면에 물이 고일 때 실시하는데 비교적 쉽게 배수할 수 있을 뿐만 아니라 작업이 용이한 이점(利点)이 있다.

명거배수를 하는 요령은 먼저 필요한 곳 여기저기에 작은 배수로를 만들고 이것을 간선 배수로에 연결하는데 이때 각 배수로를 넓게 하는 것보다 깊게 하는 것이 지하수위를 낮추고 수직 배수를 좋게 한다.

암거배수는 배수에 소요되는 시간이 더 걸리기 때문에 지선과 간선 시설을 명거배수보다 좁은 간격으로 더 많이 만들고 지하수위를 조절할 수 있도록 곳곳에 수문을 만드는 일도 고려해야 한다.

암거의 깊이는 토성이나 지하 수위에 따라 다르지만 일반적으로 사토에서 1.2m, 양토에서 1.3m, 식토에서 1.4~1.6m 이탄토에서 1.7m로 하고 있다. 암거바닥의 폭은 지선에서 약 25cm, 간선에서 30~40cm로 하고 거구(渠口) 윗부분의 넓이는 45~75cm 정도로 한다. 암거의 간격은 깊이뿐만 아니라 토성과도 밀접한 관계가 있어서 식토에서는 깊이의 8배, 양토에서는 깊이의 12배, 사토에서는 18배 정도로 한다. 즉, 암거의 깊이를 1m로 하였을 때 식토에서는 8m, 양토에서는 12m, 사토에서는 18m 정도의 거리에 암거를 설치해야 한다. 최근에는 암거용 다공(多孔)용수 파이프가 나왔으니 그것을 이용하면 작업도 간편하다.

암거의 배열 방법은 경사지에서는 지선경사와 평행한 횡단식이 효과적이다.

새로 개원한 토양에서 심토가 파쇄되지 않았을 때는 재식 구덩이

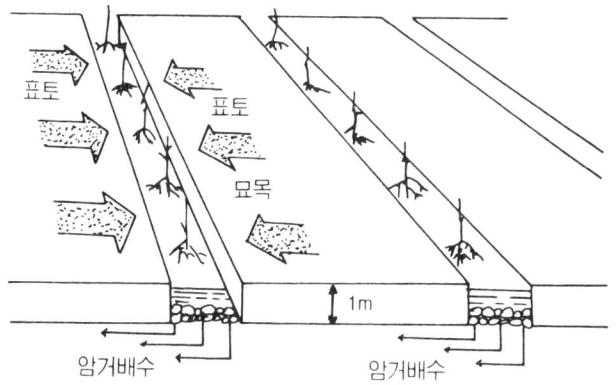

(그림 11-14) 경사진 점질양토의 암거배수와 묘목심기

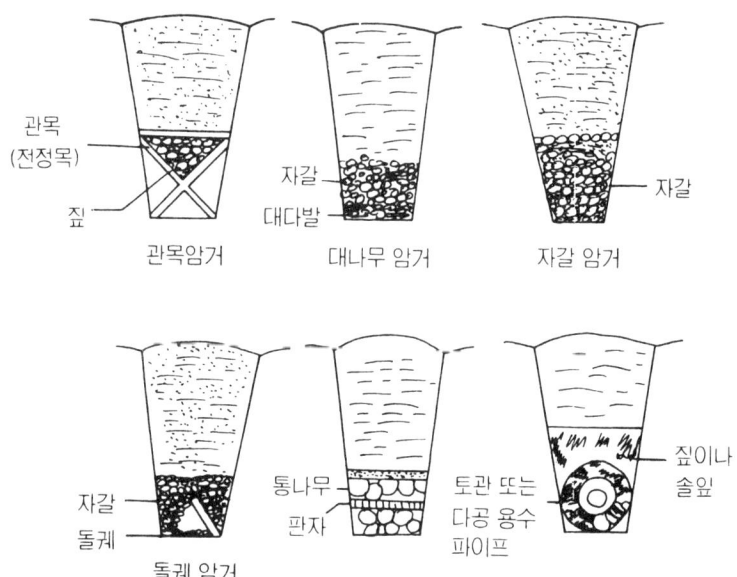

(그림 11-15) 암거의 종류

내에 물이 고여 묘목의 뿌리가 부패하여 생장을 하지 못하는 경우가 있기 때문에 재식구덩이내에 물이 고이지 않도록 배수 조치를 해주어야 한다.

배수방법은 구덩이와 구덩이가 연결되도록 배수로를 만들거나 경사지에서는 재식 구덩이를 경사방향에 따라 도랑식으로 연결하여 파주고, 구덩이 하부에는 왕겨 또는 모래, 자갈이나 배수용 파이프를 넣어 배수가 잘 되도록 하여야 한다(그림 11-15).

암거 속에 묻을 재료에는 돌, 자갈, PVC관, 토관, 시멘트관을 사용하고 있으나 좋은것은 다공 용수 파이프이다.

관의 크기는 물량에 따라 가감되지만 내경(內徑)이 10cm 정도 되는 토관을 도랑 바닥에 이어놓고, 물이 잘 들어갈 수 있도록 좌우는 짚 등으로 메운다.

물은 토관의 바닥이나 옆에서 이음새로 흘러들어가고, 토관 위쪽에서는 별로 들어가지 않으므로 위쪽은 시멘트 등으로 막아서 토사(土砂)가 토관을 메우지 않도록 해야 한다. 그러나 단감원에 암거배수시설을 할 때 전정목을 사용하면 문우병이 발생할 염려가 있으므로 나무(통나무, 전정목)를 사용하는 방법은 가능한 피하는 것이 좋다.

수분관리에서는 단감의 시험성적이 별로 없어 같은 심근성이며 나무성질도 같은 사과나무 성적을 인용했으니 참고하기 바란다.

# 제 12 장　시비(施肥)

　과수가 정상적인 생장을 하려면 필요한 영양분을 충분히 이용할 수 있어야 한다. 과수 생육의 필수적(必須的)인 영양원소(탄소, 수소, 질소, 인산, 칼리, 황, 칼슘, 마그네슘, 붕소, 망간, 염소, 철, 구리, 아연, 몰리브덴) 중 탄소, 수소, 산소는 공기와 물에서 흡수 이용되고 그 외의 영양원소는 토양에 존재하는 것이 일반적이다.
　그러나 토양에 따라서는 그 일부가 없거나 과수가 필요로 하는 양에 미달하고 또 있더라도 식물이 흡수할 수 있는 형태가 아니므로 인위적으로 공급해 주어야 할 때가 있다. 그 주된 것이 질소, 인산, 칼리, 석회, 고토비료이고 그밖에 필요한 미량 요소로 붕소비료를 들 수 있다.
　이러한 비료들은 과수가 요구하는 시기에 적정한 양을 시용해야만 품질 향상과 수량 증대를 꾀할 수가 있다.

## 제 1 절　무기영양(無機營養)과 단감나무의 생육

### 가. 질소(N)

　질소는 단백질, 효소 등의 기본 성분 물질인 아미노산의 구성원소이며 엽록소, 핵산 등의 구성원소이기도 하다. 이와 같이 질소는 생명의 기본물질(핵산)을 만드는 원소이면서 단백질을 합성하여 식물 조직을 키우고 효소를 만들어서 식물체내에서의 생화학적 대사작용을 원활히 해주는 중요한 역할을 하는 원소이다. 질소는 가지와 잎을 키우고 과실의 결실 생장에도 직접적인 영향을 준다. 질소가 부족하면 이른봄에 발아가 잘 되지 않고 생장도 완만하여 개화가 되어도 결실율이 낮으며, 과실 발육이 불량하여 수량이 적고 품질도 나빠진다. 또 잎이 연한 녹색으로 되면서 수세(樹勢)가 쇠약해진다.

한편 질소가 과다하면 광합성에 의해 만들어진 탄수화물이 단백질이나 원형질로 변하여 무질소 화합물인 세포벽질(펙틴산칼슘, 셀룰로스 등)이나 질소 함량이 적은 리그닌을 형성할 탄수화물량이 적어진다. 그 결과 원형질이 많아지고 세포의 크기는 증대(增大)되지만 식물체는 병충해, 동해에 약해지고 가지와 잎이 도장(徒長)하여 꽃눈 형성이 불량해지며, 과실의 착색이 불량하여 당도가 감소됨으로써 품질이 떨어진다.

## 나. 인산(P)

인산은 핵산, 단백질, 인지질(燐脂質) 등의 구성 성분으로 식물의 조직을 만들 뿐만 아니라 탄소동화작용, 호흡작용, 전분(澱粉)이나 당(糖)의 합성, 분해 등의 생화학적 작용에 중요한 역할을 담당하는 성분으로 새 가지나 잔뿌리 등 세포분열이 왕성한 새 조직에 많이 함유되어 있다.

인산은 가지와 잎의 생상을 충실하게 하고, 과실의 단맛을 높이는 대신 신맛을 적게 하여 품질을 양호하게 한다. 동시에 과실의 성숙을 촉진하고 저장성(貯藏性)을 높인다.

인산이 부족하면 새가지나 잔뿌리의 생장이 억제되고 어린 잎은 암록색이 되며, 성엽(成葉)은 엽맥(葉脈) 사이에 엷은 녹색 반점을 갖는다. 그리고 줄기와 잎자루는 자색을 띠고, 심하게 부족되면 새 가지가 가늘어지며, 잎이 소형으로 된다.

인산이 과다하면 질소나 철의 흡수를 방해하고 잎의 황백화현상(黃白化現象)을 일으킨다.

## 다. 칼리(K)

칼리의 대부분은 광합성이 왕성한 잎이나 분열 조직이 많은 줄기 및 뿌리의 선단부에 함유되며, 과실에도 상당량 함유된다. 그러나 줄기의 목질부와 종자에는 그 함량이 많지 않고 식물체의 조직을 구성하는 데도 관여하지 않는다. 칼리는 잘 이동하는 성분으로 묵은 기관에서 어린 생장 부분으로 이행(移行)한다. 식물체가 함유하는 칼리는 거의 무기염류 또는 단순한 유기산염으로 언제나 활발한 이온상태 또는 이온화하기 쉬운 상태로 되어 있다.

칼리의 생리작용은 명확하지 못한 데가 많으나 광합성 및 호흡작용에 관여하여 과실의 발육을 양호하게 하는 외에 과실의 당도를 높이고, 성숙기를 촉진하며 저장성을 높이는 등의 일이 그 주된 것으로 본다.

칼리의 결핍 현상(缺乏現狀)이 생장 초기에 나타나는 일은 드물고 발육이 상당히 진행된 후에야 나타나는 것이 일반적이다. 처음에는 농록색이고 결핍 정도가 심해지면 묵은 잎부터 그 가장자리에 황색 또는 갈색 반점(褐色班點)이 생긴다. 이 반점과 변색은 잎의 중심을 향하여 점차 옮겨가서 일종의 끝마름 증상을 일으킨다.

칼리를 과다 시비하면 필요 이상으로 흡수하여 체내에 칼리 함량이 많아지고 선택적 흡수현상이 나타나며, 마그네슘과 칼슘이 부족해지는 소위 길항작용(拮抗作用)이 나타나기도 한다.

## 라. 칼슘(Ca, 석회)

칼슘의 시비는 식물의 필수 영양원소라기 보다는 토양산성의 중화라는 면에서 더 많이 이루어지고 있다.

식물체를 구성하는데 필요한 칼슘의 양은 많지 않을 뿐만 아니라 그 양은 거의 모든 토양에 충분히 함유되어 있기 때문이다. 실제로 칼슘은 산성토양을 중화하여 영양 원소의 흡수를 용이하게 하고, 가용성(可溶性) 망간의 농도를 줄이며, 인산의 불용화를 방지하고 미생물(微生物)의 활동을 촉진할 목적으로 쓰여 왔다. 칼슘은 펙틴산과 결합하여 세포벽을 만드는 이외에 α-amylase나 ATPase의 구성 성분이 되고 기타 효소의 활성에도 관련이 있다.

칼슘 부족 증상은 어린 잎의 가장자리가 위쪽으로 오므라들고, 갓 피어난 잎은 황화(黃化)되며, 생장이 정지된다. 노엽(老葉)의 경우는 엽연(葉緣)이 괴사(壞死)하는데 심한 경우에는 신초(新梢)의 정단(頂端) 부위가 말라 죽는다. 또한 단감나무의 칼슘 함량은 정상적인 생육을 하기에는 충분하면서 과실내에 칼슘 함량이 적어 녹반증과실을 유발시킨다.

칼슘은 토양에서 뿐만 아니라 식물체내에서도 이동이 잘 안되는 성분이기 때문에 생육기간 중 나무의 부위간 재이동이 거의 없다. 결실된 나무에서 과실의 칼슘 함량은 만개 후 4~5주 사이에 흡수 이동되는 것이고, 그 후에 흡수 이행된 것은 극히 적다. 따라서 석회의 시용은 생육기 이전에 전층(全層)에 시용하여야 하고 과다한 영양 생장은 과실과 나무의 칼슘 쟁탈을 일으키기 때문에 수세(樹勢)를 적당히 관리해야 한다.

　과실의 칼슘 이동은 기상조건과 토양조건과도 밀접한 관계가 있다. 가뭄은 토양 중에서의 칼슘 이동을 제한하는 외에 과수의 증산작용을 촉진하여 과실보다도 잎으로의 칼슘 이동을 하게 한다. 가뭄이 심한 경우에는 과실에서 수분과 함께 칼슘이 다른 생장부위로 빠져나가기도 한다.

## 마. 마그네슘(Mg, 고토)

　마그네슘은 엽록소를 구성하는 원소로 휘틴(phytin)의 마그네슘(Mg)염, 수산화마그네슘의 형태로 식물체내에 존재한다. 또한 Mg은 칼슘(Ca)과 더불어 핵산에 결합되어 고분자의 골격 성분이 되어 있기도 하나 마그네슘은 인산대사나 탄수화물 대사에 관계하는 효소와도 밀접한 관계를 가지고 있고, 세포벽의 중층(middle lamella)의 결합염기(結合鹽基)로서의 역할도 담당하고 있다.

　마그네슘이 결핍되면 노엽(老葉)의 엽록소가 파괴되어 황백화되면서 마그네슘은 새 잎으로 이동해 간다. 이렇게 되어 엽록소의 함량이 줄어들고 작물의 생장은 억제된다. 또한 엽맥(葉脈)은 녹색이 되고, 엽맥 사이는 황백색이 되어 심하면 조기 낙엽(早期落葉)이 되기도 한다.

　마그네슘이 결핍하면 과실의 착색이 나빠지고 비대가 억제되어 품질이 나빠진다. 마그네슘이 결핍되는 단감과수원은 고토비료(황산고토 7kg/10a, 고토석회 100~200kg/10a)를 시용하면 1~3년 후에야 그 효과가 나타나기 때문에 이런 경우는 황산마그네슘 1~2%액을 엽면시비(葉面施肥)하면 빠른 효과를 얻을 수 있다.

## 바. 붕소(B)

붕소의 식물체내에서의 역할은 분명하지 않으나 원형질의 무기성분 함량에 영향을 주어 암모니아태 질소, 칼리, 칼슘 등의 양이온 흡수를 억제한다. 또, 세포벽 물질인 펙틴 화합물을 합성하는 데도 관여하고, 수분의 흡수 조절이나 증산 조절에도 관여하는 것으로 알려져 있다. 붕소는 개화 수정할 때, 세포 분열이 왕성할 때 그 요구량이 많아서 생육초기에 부족되기 쉽다.

생육초기에 붕소가 결핍되면 과실 내부와 외부에 콜크조직이 생겨 외관이 울퉁불퉁해지는 축과병(縮果病)이 생긴다.

영양 생장부위에 나타나는 전형적인 붕소 결핍 증상은 정단 분열 조직(頂端分裂組織)의 발육이 중지되고 새가지의 끝이 말라 죽으며, 그 밑에 약한 가지가 총생(叢生)하거나 심하면 흑변(黑變)하여 말라 죽는다.

붕소의 과다 증상은 신초(新梢) 중앙부위의 잎이 아래쪽으로 구부러지면서 주맥(主脈)의 양 잎조직이 황변하고 잎자루가 부푼다. 과다 증상이 더 심해지면 신초가 6월 중순부터 말라 죽는다.

붕소는 석회를 과다 시용한 토양, 유실이 심한 사질토양, 건조하여 흡수가 억제되거나 강우로 유실이 심한 토양에서 부족되기 쉽다. 특히 토양이 건조하면 잎이나 과실의 붕소 함량이 적어지고 장해 과실의 발생이 많아진다.

붕소의 결핍을 방지하기 위해서는 충분한 양의 유기물을 사용하여 토양의 완충능(緩衝能)을 높이고, 5~6월 건조기에는 관수(灌水)하며, 2~3년에 1회 정도, 붕사를 10a당 2~3kg 살포한다. 결핍 증상이 나타났거나 나타날 우려가 있을 경우에는 0.2~0.3%의 붕사(붕산) 용액을 2회 정도 엽면 살포하기도 한다.

## 제 2 절  시비량(施肥量)

 시비량은 작물이 흡수한 비료 성분 총량에서 천연적(天然的)으로 공급된 성분량을 빼고, 그 나머지를 비료 성분의 흡수율로 나누어서 계산하는 것이 종래 방법 중의 하나이다.

$$시비량 = \left(\frac{작물의\ 흡수량 - 천연공급량}{비료요소의\ 흡수율}\right) \times \frac{1}{비료요소의\ 함량}$$

 과수에서 비료 요소의 흡수량은 잎, 과실, 가지, 뿌리 등 그 해의 신생기관이 흡수한 비료 성분량과 비대부분이 흡수한 비료 성분량을 합한 것으로 과수가 흡수한 비료 성분량은 생육량과 수확량에 따라 크게 달라진다.

 천연공급량(天然供給量)은 전흡수량의 질소는 1/3, 인산과 칼리는 각각 1/2 정도로 알려져 있다. 그러나 이 양은 과수원의 비배 관리에 따라 차이가 있다. 즉, 토양 반응을 중성으로 유지하면서 적절한 관수를 하고 또 잡초를 제거했을 때에 흡수가 높아지고, 그렇지 못하면 낮아진다.

 토양에 시용한 비료 성분의 일부는 유거수에, 다른 일부는 침투수에 의하여 유실되고, 또 다른 일부는 휘산(揮散)되거나 불가급태로 변하므로 작물에 흡수, 이용되는 비료 성분량은 시용한 전량이 아니다. 비료 성분의 흡수 이용률은 기상 조건이나 토양 조건, 비료의 형태, 시비 방법 등에 따라 다르며 보통 과수에 대한 흡수 이용률을 질소 50%, 인산 30%, 칼리 40%로 보고 있다.

 사또(佐藤)는 9년생 차랑과 25년생 부유를 해체(解體)하여 연

〈표 12-1〉 단감주산지 시비량    (靑木 : '78)

| 구 분 | 차 량 (2,000kg) | | | 부 유 (2,500kg) | | |
|---|---|---|---|---|---|---|
| | 질소 | 인산 | 칼리 | 질소 | 인산 | 칼리 |
| 흡 수 량 | 11.7kg | 2.2kg | 15.4kg | 16.6kg | 3.1kg | 20.0kg |
| 천연공급량 | 3.9 | 1.1 | 7.7 | 5.5 | 1.5 | 10.0 |
| 필 요 량 | 7.8 | 1.1 | 7.7 | 11.1 | 1.6 | 10.0 |
| 시 비 량 | 15.6 | 5.5 | 15.4 | 22.2 | 8.0 | 20.0 |

※ ○ 천연공급량 : 질소는 흡수량의 1/3 인산칼리는 1/2
　○ 시비량 : 필요량의 질소 2배, 인산은 5배, 칼리는 2배로 시용

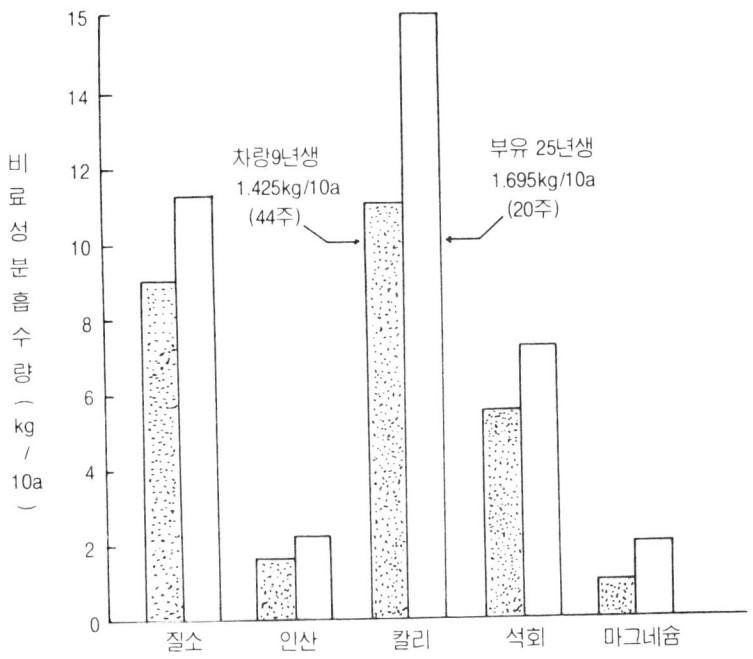

(그림 12-1) 차량(9년생), 부유(25년생) 비료성분 흡수량

간 생장량과 三요소의 흡수량을 조사한 결과 10a당 질소 8.5~9.9kg, 인산 2.3kg, 칼리 7.3~9.2kg이 흡수된다고 했고 아오끼(青木)는 수경법으로 9년생 차랑과 25년생 부유의 5요소 흡수량을 다음과 같이 산출한 결과를 그림 12-1과 같이 나타냈다.

10a당 2,000~2,500kg을 생산하는 감나무에 대한 비료 요소의 흡수량은 표 12-1을 참고로 해서 질소 16~22kg, 인산 6~8kg, 칼리 15~20kg으로 시용하는 것이 바람직하다.

그러나 이 양은 이론적으로 계산한 것이고 실제에 있어서는 토양, 대목, 재배관리법 등을 감안하여 가감해야 한다.

시비량에는 최대 수량을 생산하는 데 필요한 양과 경제적으로 이익이 가장 높은 시비량이 바람직하다.

실제로 적정시비량은 과수의 종류, 품종, 수세, 재식 주수, 수량, 토양 조건, 기상 조건 등 여러 요인에 따라 다르다.

그러므로 적정 시비량을 결정하기 위해서는 많은 비료 시험을 실시해야 한다.

그러나 과수에 대한 비료 시험은 방대한 면적을 필요로 할 뿐만 아니라 오랜 세월이 소요되는 등의 이유로 그 실시가 매우 어렵다.

(표 12-2) 감의 수령별 시비 성분량 (kg/10a)

| 수 령 | 질 소 | 인 산 | 칼 리 |
|---|---|---|---|
| | 비옥지~척박지 | 비옥지~척박지 | 비옥지~척박지 |
| 1~4(년) | 2.0 | 1.0 | 1.0 |
| 5~9 | 2.0~ 4.0 | 1.0~ 2.0 | 2.0~ 3.0 |
| 10~14 | 5.0~ 8.0 | 2.0~ 5.0 | 3.0~ 5.0 |
| 15~19 | 10.0~15.0 | 5.0~ 8.0 | 8.0~12.0 |
| 20이상 | 15.0~20.2 | 8.0~12.0 | 12.0~18.0 |

감나무의 시비량은 수령별로 비옥지와 척박지별로 구분된다. 1년~4년생은 질소 2.0kg, 인산 1.0kg, 칼리 1.0kg을 시용하고 5~9년생은 질소 2.0~4.0kg, 인산 1.0~2.0kg, 칼리 2.0~3.0kg을 시용한다(표 12-2 참조).

## 제 3 절  시비 시기(施肥時期)

잎이 발아하고 과실이 생장하는 데 필요한 비료 성분량은 각기 생장주기에 따라 비료 성분의 요구도가 달라지게 된다. 즉, 비료를 한 번에 다 주면 일시적인 과잉 흡수로 과번무(過繁茂)가 되고 강우시 유실량도 많아지기 때문에 다음에는 비료 부족 현상이 나타나기 쉽다.

또한 비료의 유실량이 많아지면 토양반응의 급격한 변화가 일어나서 생육이 나빠질 경우도 있다. 따라서 품종, 토양 조건, 비료의 종류, 기상 조건을 감안하여 비료를 분시(分施)하는 것이 수세도 건실해지고 수량도 많고 품질이 좋아진다.

### 가. 밑거름(基肥)

밑거름은 낙엽 후 다음해 발아 전까지 휴면기(休眠期)에 주는 거름으로 사용한 비료분이 뿌리에 흡수 저장되었다가 발아와 더불어 지상부로 이동되어 잎이나 가지에 이용되고 나머지는 열매에 이용된다. 이런 이유로 일찍 시비하면 뿌리가 휴면이 끝난 뒤에 바로 흡수 이용할 수 있기 때문에 흡수이론면에서 유리하다.

일반적으로 퇴비나 두엄 등의 지효성(遲效性) 유기질 비료는 비효를 높이기 위해서 낙엽 후 땅이 얼기 전에 사용하는 것이 좋고 다음해 봄 해빙 직후에 사용하는 것은 시비 구덩이를 파는 데 시간이 걸리고 시비 후에도 뿌리가 흡수할 수 있는 형태로 비료 성분이 변할 때까지는 시간이 소요되기 때문에 일찍 서두르지 않으면 땅이 얼기전인 가을의 사용보다 효과가 떨어진다. 그리고 가을 시비(11월 중순~12월 초)를 하는 과원에서는 유기물이 충분(3~4%)치 못할 때에는 비료의 유실이 많아지므로 3월 하순에 사용하는 것이 바람직하다.

## 나. 웃거름(追肥)

웃거름은 생육기간 중 부족한 비료 성분을 보충해 주어서 신초생장(新梢生長), 꽃눈 분화, 과실 비대 등을 돕기 위해서 주는 거름으로 시비 시기는 과실 비대가 왕성하기 전인 5월 하순~6월 상순이 적기이다.

그림 12-2에서 보면 부유의 잎과 가지에서 삼요소(三要素) 흡수시기를 보면 질소는 잎에서 5월 중순에서 하순 사이에 흡수량이 증가되다가 6월은 정지상태에 있고 7월에 급상승하는 S곡선(曲線)이 형성된다. 그러나 가지에서는 질소 흡수가 평행 상태를 유지하는데 7월 중순에 약간 많이 흡수하고 있다.

인산은 흡수량이 아주 경미(輕微)한 상태이고 가지보다는 잎쪽에서 흡수량이 많다.

칼리의 흡수량은 5월부터 7월 하순까지 급상승하고 그 후로는 급격히 떨어진다. 가지에서 흡수량은 적다.

그림 12-3은 과실 1개내의 3요소 계절적(季節的) 흡수량으로 가장 많이 흡수되는 성분은 칼리이고 그 다음은 질소이며 인산의 흡수량은 적다.

그리고 칼리와 질소성분의 흡수시기는 6월부터 7월까지는 급상적으로 흡수되는 것을 볼 수 있다. 10월까지 흡수시기 중 두성분의 흡수량은 S곡선으로 흡수되고 있다.

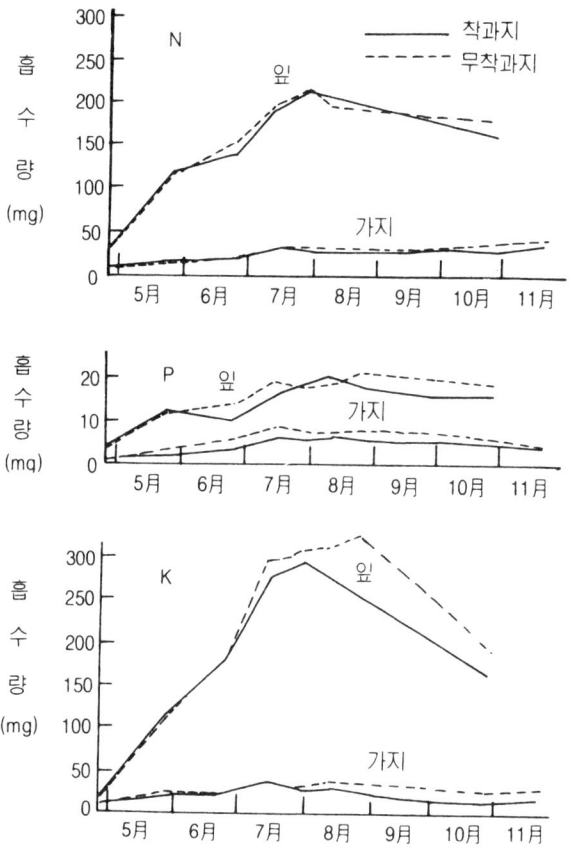

(그림 12-2) 부유품종의 잎과 가지의 3요소 흡수량과 계절적 변화

　우리나라의 강우량은 7~8월에 집중되어 있어 토양의 침식도 많고, 비료분의 용탈(溶脫), 유실(流失)도 많다. 더욱이 이때는 과수에 비료 성분의 흡수가 많고 과실 비대도 왕성한 시기이기 때문에 결실이 많은 과수원에서는 시기를 잘 판단하여 웃거름 주는 횟수를 2회 이상으로 하는 것이 좋다. 그러나 질소를 웃거름으로 과량 시

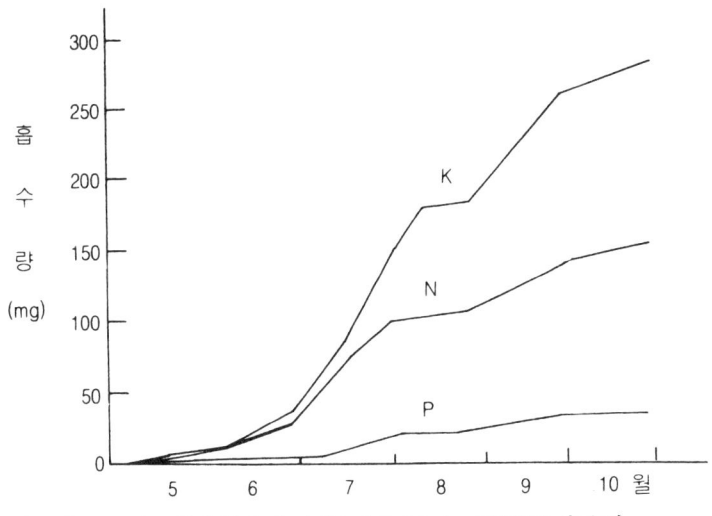

(그림 12-3) 부유품종의 과실1개에 3요소 계절적인 흡수량

용하거나 속효성(速效性)이 아닌 비료를 과량 시용하면 신초(新梢)의 생장이 늦게까지 계속되어 꽃눈 분화도 불량해지며, 병충해에 대한 저항성도 약해지고, 과실의 착색이 불량해지며, 저장력도 약해지는 폐단(弊端)이 있으니 주의해야 한다.

## 다. 가을 거름(秋肥)

가을 거름은 과실을 수확한 후에 수세(樹勢)를 회복시켜서 광합성 작용을 높이고 저장 양분의 축적량을 증가시키기 위하여 시비하는 것으로 주로 속효성 비료를 사용한다.

저장 양분의 다소는 내한성(耐寒性)과 직접 관계가 있을 뿐만 아니라 다음해 봄의 발아와 개화, 결실에 좋은 영향을 준다. 따라서 수확 후 시비하는 가을 거름은 매우 중요한 의미를 갖는 거름이다.

그러나 이때 시비량이 너무 많으면 2차 생장을 유발하여 생성된 동화물질을 소비하고 조직이 불충실해져서 동해를 입는 등의 피해가 있게도 한다. 성목인 경우 질소질비료를 20%(4kg/10a)를 준다.

## 라. 분시(分施)

비료의 분시 비율은 수령, 품종, 토양 조건에 따라 다르나 표 12-3과 같다.

(표 12-3) 감에 대한 시비량 분시율    (단위 : %)

| 비료성분 | 밑거름 | 덧거름 | 가을거름 |
|---|---|---|---|
| 질 소 | 60 | 20 | 20 |
| 인 산 | 100 | 0 | 0 |
| 칼 리 | 60 | 40 | 0 |

※ 퇴비, 석회는 심경하고 밑거름으로 사용

질소는 조·중생종은 6:2:2로 분시하나 만생종은 가을거름주기가 시기적으로 늦으면 요소엽면 시비로 대신하기도 한다. 유목, 착색이 매년 안되는 나무, 도장지의 발생이 많은 나무, 동해 피해를 받은 나무는 덧거름을 생략한다.

인산은 모두 밑거름으로 사용하고 심경을 할 때는 토양 전층(全層)에 시용하며 칼리는 밑거름으로 60% 정도 시비하고 나머지는 덧거름을 준다. 지효성 유기질 비료(퇴비, 두엄, 짚, 산야초), 석회, 고토석회, 붕사는 전량을 밑거름으로 사용한다.

특히 사질토양은 보비력(保肥力)이 약하기 때문에 밑거름의 비율을 줄이고 덧거름의 횟수를 늘려 2~3회로 하는 경우도 있다.

## 제 4 절   비료 종류(肥料種類)

과수에는 유기질비료와 무기질비료가 다같이 사용된다. 유기질 비료로는 어박, 골분 등의 동물성 비료와 깻묵, 쌀겨 등의 식물성 비료, 아미노산 발효 부산물이나 산업 부산물 등의 가공비료, 퇴구비, 녹비 등의 자급비료 등 여러가지가 있다. 무기질비료에는 질소, 인산, 칼리, 마그네슘, 칼슘, 붕소 등의 단일 성분을 함유하는 단비(單肥)와 몇가지 성분이 혼합된 복합비료(2種 複合肥料)가 있다. 그밖에 무기양분과 유기양분을 혼합한 3종 복합비료도 있고 엽면 살포용 4종 복합비료도 있다.

최근에는 시비에 소요되는 노동력을 절감하는 면에서 뿐만 아니라 비효를 높이고 품질이 좋은 과실을 생산한다는 면에서 원예용 또는 과수 전용 복합비료가 시판되고 있다.

유기질 비료는 분해, 용출 속도가 완만하여 토양 용액에 급격한 변화를 주지 않으므로 과수에 일시적인 농도 장해를 주는 일이 없이 전 생육 기간을 통하여 영양분을 고루 공급하는 동시에 강우나 관수(灌水)에 의한 비료분의 유실 염려도 적다. 그러나 유기질 비료는 비료 성분의 함량이 낮아서 무기질 비료를 첨가해 주어야 하는 것이 일반적이다. 또한 유기질 비료에서는 토양미생물의 영양원이 되고 부식을 만들어서 토양의 이화학적 성질을 개선하고 질소, 인산, 칼리 이외에 붕소를 포함한 각종 미량 원소를 공급하는 효과도 있다.

## 제 5 절  시비방법(施肥方法)

양분 흡수의 주체가 되는 잔뿌리는 수관(樹冠)의 바깥둘레 밑에 많이 분포하고 수직근군 분포(垂直根群分布)는 지표로부터 0~60cm에 가장 많이 분포된다.

단감원에 대한 시비방법은 윤구(輪溝)시비법, 도랑식(條溝)시비법, 전원(全園) 시비법, 방사상 시비법 등이 이용되는데 수령, 토양조건, 경사도 등에 따라 이 중 하나 또는 둘을 병용한다.

윤구, 도랑식 시비법은 그림 11-9와 같이 구덩이를 파고 파낸 흙에 우선 석회(고토석회)를 섞는다.

이 작업은 가능하면 일찍 한 다음 유기물(有機物)과 인산질 비료를 섞어서 구덩이에 넣고 석회를 섞은 흙으로 덮는다. 위 두 개의 시비 방법은 밑거름을 사용할 때 시용하는 방법으로 질소, 칼리질 비료는 흙을 덮고 난 후에 시용하고 괭이나 레기로 긁어 덮어 준다.

재식후 2~4년까지는 윤구 시비나 도랑식 시비를 하는 것이 경제적이나 그 후 성목이 될 때까지는 방사상 시비를 하는 것이 좋다. 한편 배수가 불량한 과수원에서는 윤구시비나 방사상시비를 하게 되면 물이 고이게 되어 나무의 생육을 오히려 해롭게 하는 경우가 있으므로 별도로 배수 시설을 설치하거나 배수가 되는 방향으로 도랑을 파서 물이 잘 빠지게 해야 한다.

이때 자갈, 모래, 암거용 토관과 암거용 배수관 등으로 암거를 한 후 그 윗부분에 시비하는 조구시비가 바람직하다. 또한 철선 지주를 설치한 단감원에서 적당하다.

성목(成木)이 되어서 나무와 나무가 맞닿을 경우 윤구시비나 방사상시비를 하면 많은 노동력이 들 뿐만 아니라 뿌리가 많이 손상되어 나무의 생육을 저해하기 때문에 성목원에서는 도랑식 시비나 과수원의 전면(全面)에 비료를 살포하고 갈아엎는 전면시비를 한다.

전면시비는 과수원 전면에 비료를 살포하는 시비방법으로 성목원에 적합한 시비법이다.

전면 시비를 할 경우는 표토에만 시비하게 되므로 뿌리의 향비성(向肥性)에 의해 천근성(淺根性)이 되어 건조의 해나 동해를 받을 우려가 있으므로 주의해야 한다. 또한 경사지에서는 윤구시비나 방사상시비를 하고 평지에서는 전면시비와 아울러 때로는 어느 정도 깊은 심층(深層) 시비를 하는 것이 바람직하다.

칼슘 성분은 토양내에서 이동성이 매우 낮고 토양 pH를 교정하기 위한 수단으로 사용하므로 석회비료는 심층 시비를 해야 하고, 인산질 비료도 토양내 이동성이 낮아 심층 시비를 하는 것이 좋다.

또한 웃거름이나 가을거름을 주는 시기는 생육 중이다. 이때에 뿌리를 손상하면 나무에 나쁜 영향을 주므로 이런 웃거름은 지표면에만 사용하고 괭이같은 것으로 긁어준다.

# 제 13 장  과수의 생리장해(生理障害)

과수의 잎, 가지, 과실에 병해충이나 바이러스 피해가 아닌 이상증상(異常症狀)이 생기거나 생리적 기능이 정상적이 아닌 상태의 증상이 나타나는 것을 생리장해라고 한다.

이러한 생리적 장해를 요인별로 구분해 보면

첫째, 양분 특히 미량 원소(微量元素)의 부족 상태에서

둘째, 환경(溫度, 光, 水分)으로 인하여 생육시 불균형을 가져오는 경우

셋째, 저장중에 저장조건이 적합하지 않았을 때

네째, 기타 병충해의 직접적인 영향이나 약제에 의한 경우에 의해 발생된다.

장해의 대부분은 토양의 산성화 또는 비배관리의 불균형에 의해서 발생되는 것이 많다. 최근에는 영양 장해는 토양개량이나 시비개선으로 어느정도 줄일 수가 있게 되었다.

## 제 1 절  환경(環境)에 의한 생리 장해

### 가. 꼭지떨이 현상

1) 꼭지떨이의 증상(症狀)

과실이 성숙기가 가까워지면 과실의 기부(基部)의 꼭지와 과육부의 접착부 전체가 얕은 골 같은 틈새가 생긴다. 이 현상은 꼭지에

가려서 잘 보이지 않으나 과실 성숙과 착색되는 데에는 별지장이 없어도 이것이 일종의 꼭지떨이 현상이다. 그러나, 이같이 틈새 일부분이 발달되면 과심부(果心部)를 향하여 예리한 칼로 깊이 쪼개진 것 같이 된다. 그래서 증상이 심해지면 길이 2cm 전후, 폭 1~1.5cm, 깊이가 2~3cm 정도가 되는 상처가 생긴다. 이것을 꼭지떨이 현상이라고 한다.

꼭지떨이는 외관으로 보기에 나쁘지 않으나 틈새가 생긴 주변이 조기에 성숙되어 부분적으로 착색이 되고 연화가 빨리 되기 때문에 상품성이 떨어진다.

감은 특히 대과쪽이 시장성이 높은데 대과가 되면 꼭지떨이의 발생이 많아진다.

2) 형태적(形態的)으로 본 꼭지떨이

가) 과육 접착부(接着部)에서 발생

꼭지떨이가 발생하는 곳은 과육부와 꼭지 접착부가 분리되는 부분이다. 이 분지부(分枝部) 주위에는 유조직세포(柔組織細胞)와 꼭지의 후막세포(厚膜細胞)가 합쳐져 있는 경계부위이다. 이 접착부에는 화변이탈흠(花弁離脫痕)의 괴사 조직(怪死組織)이 있다.

이와 같이 꼭지떨이의 발생하는 곳은 서로 다른 조직세포층이 접하되는 곳이다.

나) 꼭지와 과육접착부(果肉接着部) 형상과 꼭지떨이

꼭지와 과육의 접착부는 과육부쪽이 유과기일 때는 약간의 타원형이지만 그후 과실의 발육에 따라 부정원형으로 되고 성과기에는 대개가 사각형으로 쪼개진다. 이것을 잘 관찰해 보면 꼭지가 붙은

쪽은 언제나 대개가 원형이지만 여기에 4개의 약간 틈새가 생긴다. 이 틈새가 꼭지떨이 발생의 근원(根源)이 되는 것으로 이 틈새가 전부 같은 모양으로 발달되어 그 틈새가 얕고 그리고 좁게 찢어지면 장해 발생이 일어나지 않지만 어느 한곳이라도 틈새가 생겨 흠이 커지게 되면 상하게 되어 꼭지떨이가 발생된다.

다) 과심(果心)의 발달과 꼭지떨이

과심은 유조직(柔組織)으로 되어 있어 그 속에는 많은 유관속(維管束)이 있다. 이 과심조직은 과육의 유조직과는 다른 것으로 과실 발육 기간 늦게까지 세포의 분열 기능을 가지고 있으며 활발한 생장을 하는 특성을 가지고 있다. 이 과심의 발달이 현저하게 왕성해지면 꼭지떨이도 발생하게 된다.

과실의 후기 생장에 있어서 과심의 발달은 꼭지 끝부분이 현저하게 엽(橫)으로 생장되며 뫼산자(山)글씨 모양으로 된다.

과심의 발달이 꼭지와 과육의 접착부까지 미치면 균열(龜裂)이 생겨서 꼭지떨이가 발생이 되는 것이다.

이상과 같이 꼭지떨이가 발생하는 장소는 과육의 유조직과 꼭지의 후막세포의 접착부로 조직적으로 다른 부분에서 발생이 되는 것이다.

3) 과실의 발육과 꼭지떨이 발생

가) 품종간 차이(品種間 差異)

과형이 편평형(扁平形)인 품종에 발생이 많고 장형(長形)의 품종에는 적게 발생한다. 일반적으로 어소계 품종인 천신어소, 화어소, 만어소 같은 품종에는 대단히 많이 발생된다.

(표 13-1) 품종별 꼭지떨이 발생구분 (梶浦, 河原)

| 구 분 | 발생률(%) | 품 종 명 |
|---|---|---|
| 발생이 심한 것 | 72~100 | 부유, 천신어소 |
| 상당히 발생하는 것 | 10~42 | 차랑, 만어소, 정월, 화어소 |
| 적게 발생하는 것 | 1.5~5.4 | 덕전어소(德田御所), 대어소(袋御所) |
| 드물게 발생하는 것 | 0.4~0.9 | 횡야, 수도(水島), 상강(霜降) |

 숙기에 있어서는 10월 하순 이후에 성숙되는 중생종(中生種)과 만생종(晚生種) 품종에 많이 발생한다. 그 이유를 보면 편평한 품종은 장형의 품종보다 과심부와 과견(果肩)이 엽(橫)으로 생장이 왕성하여 만생종은 과실 발육 후기의 기부생장(基部生長)이 늦게까지 왕성하기 때문에 편평한 만생 품종은 꼭지떨이 발생이 많아진다.

 나) 과실 발육(果實發育)과 발생 시기(發生時期)
 부유 품종의 꼭지떨이를 후지무라(藤村)가 쓰시(津市)에서 관찰한 바에 의하면 10월 3일경 처음 보게 되었으며 그후 4~5일쯤이 최고로 많이 떨어지는 것으로 관찰이 되었다.
 이 꼭지떨이의 발생시기는 정확하게 보아서 과실기부의 발육이 완만한 때부터 활발하게 되는 전환기(轉換期)로 과실의 발육 제3기에 속하는 시기이다.

 다) 과실의 크기와 꼭지떨이와의 관계
 부유 품종은 대과일 때 꼭지떨이의 발생률이 높다. 도야마(遠山)가 조사한 나무 9주의 과실 합계 284개 중 약 10%에 해당하는 29개가 꼭지떨이가 발생되었으며 이것은 과중이 무겁고 과경(果梗)

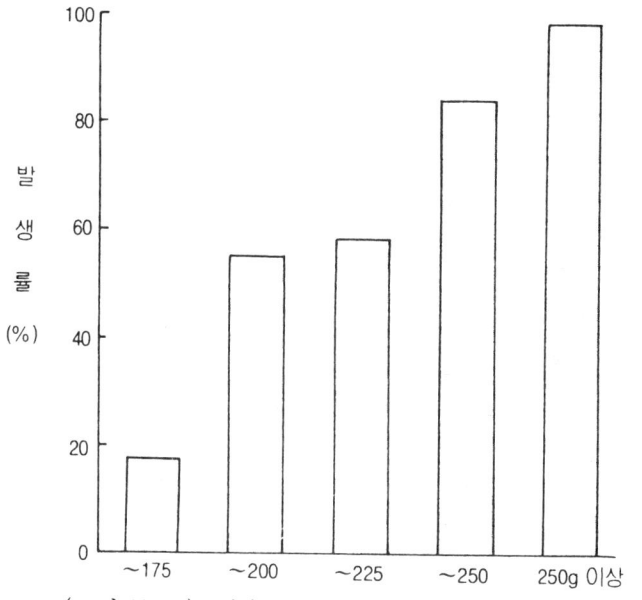

(그림 13-1) 부유 과실의 크기와 꼭지떨이 발생과의 관계

이 큰 것이었다고 했다.

그림 13-1에서 보면 부유품종의 과실 175g의 것은 꼭지떨이 발생률이 19%인데 비하여 250g 이상인 대과는 98%로 많이 발생되었다.

4) 각종 요인(各種要因)과 꼭지떨이와의 관계

가) 수세(樹勢)와 결실량(結實量)

과실의 발육은 수세와 결실량에 따라 영향이 다르다. 수세가 강한 나무, 격년결과를 한 다음해, 기타 원인으로 결실량이 적고 대과가 결신된 나무에서 꼭지떨이가 많이 발생이 되고 수세가 불량한 나무나 결실 과다인 나무는 꼭지떨이가 적게 발생된다. 그 이유는 과실의 크기가 작기 때문이다.

(표 13-2) 결실수(結實數)와 꼭지떨이 발생과의 관계

| 구분 | 결과수 | 과 중 | 꼭지떨이 과수 | 발생률 |
|---|---|---|---|---|
| 결실수가 많은 나무 | 278개 | 84.2g | 15개 | 5.3% |
| 결실수가 적은 나무 | 42개 | 222.6g | 30개 | 71.3% |

대목에 의한 수세와도 관계가 된다. 고욤에 접한 나무는 수세가 왕성하여 매년 결실이 잘 되고 대과 결실로 꼭지떨이 발생이 많으며 공대인 경우에는 수세가 약간 약하기 때문에 과실도 소과(小果)가 결실되므로 꼭지떨이 발생이 현저히 적다.

나) 질소 비료 시용

마에다(前田)는 10a당 질소비료를 30kg 시용(인산 : 15kg, 칼리 23kg)하면 과실이 크고 작고 간에 꼭지떨이 발생이 많고 무질소에서는 과실발육이 떨어져서 꼭지떨이 발생이 적다고 했고 또, 9월의 질소 추비를 하면 발생률이 높고 꼭지떨이의 증상이 심하다고 했다.

다) 강우(降雨)

여름 가뭄이 심하면 과실 발육이 억제된다. 그후 가을에 접어들면서 강우로 인해 토양에 수분이 적당하면 나무의 양분 흡수가 활발하게 되어 과실 발육이 급격히 비대(肥大)하게 되면 꼭지떨이 발생을 조장하게 되어 많이 발생된다.

5) 방지대책(防止對策)

꼭지떨이는 과실 발육 특히 기부 생장이 왕성할 때 발생되기 쉽

다. 그러므로 그 대책은 과실의 전후기를 통해서 비대생장의 적정화가 방지에 요건이 된다.

가) 수세 조절(樹勢調節)

과실의 발육이 왕성하여 대과가 되지 않도록 하고 수세가 왕성하게 되지 않도록 관리를 한다. 실제 재배에 있어서 적정 시비량 시용(適正施肥量施用)과 시비시기를 잘 맞추는 것이 중요하다. 9월 이후의 질소질 성분이 없도록 관리한다. 또, 결실량을 줄여서 수세 유지도 고려해야 한다.

나) 과실의 정상적인 발육 유지

과실 발육이 순조롭게 자라도록 관리하는 것이다. 과실의 비대는 초기의 세포분열과 그 후의 과육세포의 비대로 대별된다. 분열기(幼果期)의 영양은 주로 전년도 저장 양분을 이용하고 비대기의 영양은 당년의 흡수 양분과 동화 산물에 의존한다. 그러므로 발육의 근원인 체내 양분에 과부족이 생기지 않도록 관리하며 과실의 정상적인 발육이 유지되도록 하는 것이 중요하다. 또, 수세에 맞도록 적당한 결실량을 수확하고 수확 후에 추비 또는 예비(禮肥)를 사용하여 저장 양분이 부족되지 않도록 하는 것이다.

다) 꼭지의 생장 촉진(生長促進)

꼭지는 개화기에는 70~80%가 생장되는 것으로 7월 중·하순에 발육이 정지된다. 꼭지는 이 짧은 기간 중에 발육을 끝내기 때문에 급진적인 생장을 하게 된다. 꼭지의 발육은 전년도 화아(花芽)와 같이 발육한다. 겨울눈내의 발육이 잘되게 하려면 동기(冬期)의 영양원인 저장양분을 풍부하게 저장되도록 비배관리를 잘 하는 것이다. 그리고 꼭지의 크기와 과실 크기와는 밀접한 관계가 있으므로 꼭지 생육 촉진에 중요성을 잊지 말아야 한다.

라) 종자수(種子數)의 증가(增加)

종자수가 증가되면 꼭지떨이 발생을 억제하게 되므로 수분수의 혼식과 인공 수분을 하는 것이 중요하다.

## 나. 과피 검은 얼룩과(汚損果)

1) 발생상태(發生狀態)

감이 나무에 달려 있을 때 또는 수확 후 과실 표면에 검은 얼룩무늬 같은 것이 생기는 것을 과피 검은 얼룩과(汚損果)라고 한다. 이 과피 검은 얼룩과는 과피에만 생기는 것으로 외관상 보기가 흉하여 상품성(上品性)이 떨어지는 것이다.

야마시다(山下) 조사에 의하면 이 과피 검은 얼룩과의 발생은 해에 따라 발생률이 다르고 지역에 따라서도 차이가 있다고 했다. 후쿠오까(福岡) 지역에는 20~30% 발생하고 나라현(奈良縣), 와가야마현(和歌山縣) 지역의 심한 해에는 50% 이상 발생되며 더 심한 과원에서는 90% 이상 발생되고 있다고 했다.

가) 발생증상과 발생시기

과피 검은 얼룩과는 여러가지 증상이 있는데 그 중에서 많은 증상의 것은 파선상(破線狀), 운형상(雲形狀), 흑점상(黑點狀)이 있다. 이 증상 중 흑점상은 과면이 거칠거칠하고 융기형(隆起型), 평활형(平滑型), 함몰형(陷沒型)으로 나누어 진다.

① 파선상(破線狀)의 과피 검은 얼룩과(汚損果)

과정부(果頂部)로부터 꼭지 있는 곳까지 무수히 많은 눈에 잘 보이지 않는 가는 실모양에 줄(線狀)의 균열(龜裂)이 생기고 그 일부에 흑갈색으로 변색되어 파선상과 루선상(淚線狀)이 발생된다.

이 흑변의 깊이는 과피에 덮힌 상태로 있지 과육에는 전혀 들어가지 않는다. 그리고, 이 증상은 세 가지 증상 중 가장 많이 발생되어 그 정도에 따라 상품가치가 좌우된다.

② 운형상(雲形狀)의 과피 검은 얼룩과(汚損果)

과정부부터 적도부(赤道部)에 걸쳐 부정형의 엷은 흑색으로 과면에 물 흐른 것 같은 자국의 증상이다. 이 증상은 일소(日燒)와는 구분이 되며 흑변부는 미세(微細)하게 균열이 되어 있는데 파선상(破線狀)과 구분하기 어렵게 되어 있다.

③ 흑점상(黑点狀)의 과피 검은 얼룩과(汚損果)

직경 1~3mm의 원형의 흑점이 산재되어 있거나 합쳐져 있다. 과정부로부터 적도부까지 많이 발생이 된다.

흑점부가 심할 때에는 과실의 중심부가 쪼개져 있는 것과 흑점부가 납작한 것은 약간 함몰(陷沒)하여 균열이 외관적으로 인정된다. 흑점은 선명한 것과 선명하지 않은 것으로 구분이 되는데 선명한 반점은 과피 검은 얼룩과로 포함시키지 않는다.

이상은 대표적인 3가지 증상을 설명했는데 이 증상이 단독적인 증상과 혼합된 증상으로 나타나는데 혼합증상의 발생이 많다. 또, 발생시기는 증상에 따라 다르다.

흑점상의 과피검은 얼룩과는 6월 하순부터 발생이 시작하여 성숙기까지 점차 많이 발생한다.

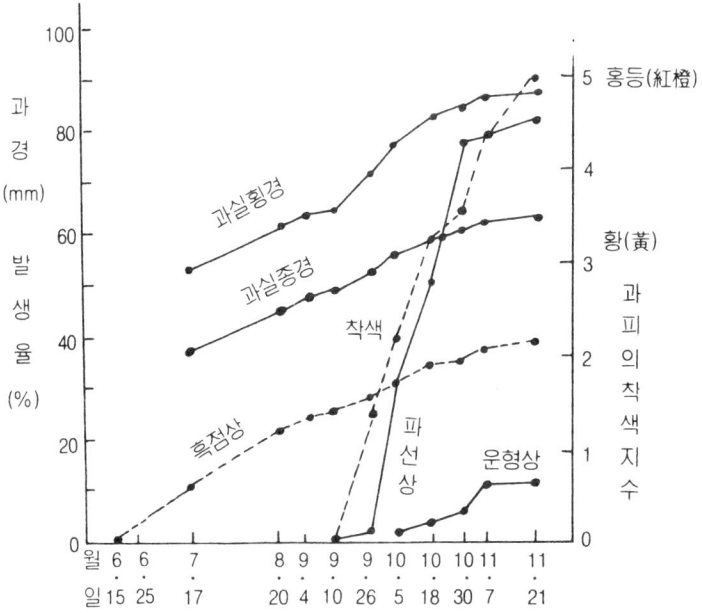

(그림 13-2) 과피 검은 얼룩과의 증상별 발생시기(품종 : 부유, 浜地 : '73)

파선상의 과피 검은 얼룩과의 발생시기는 흑점상보다 늦어 착색이 시작되는 시기인 9월 중·하순에 발생이 시작되어 성숙기까지 많이 발생된다.

운형상의 과피 검은 얼룩과는 파선상의 과피 검은 얼룩과와 같은 시기이지만 약간 늦게 발생되어 수확기에는 점점 많이 발생된다.

나) 품종계통간 발생량

표 13-3과 같이 파선상에 운형상이 겹친 과피 검은 얼룩과의 발생이 심한 품종은 이두, 적시이고, 발생이 중정도인 품종은 부유, 차랑, 서촌조생이며, 발생이 적은 품종은 준하, 송본조생부유 품종이다.

(표 13-3) 품종별 과피 검은 얼룩과의 발생량 비교

| 증상 \ 발생정도 | 파선상+운형상 | 흑 점 상 |
|---|---|---|
| 발생이 심한 품종 | 이두, 적시 | 적시 |
| 발생이 중정도의 품종 | 부유, 차랑, 서촌조생 | 차랑 |
| 발생이 적은 품종 | 준하, 송본조생 부유 | 부유, 이두, 준하, 서촌조생, 송본조생 부유 |

 흑점상의 단독 과피 검은 얼룩과에 발생이 심한 품종은 적시이고, 발생이 중정도인 품종은 차랑이며 발생이 적은 품종은 부유, 이두, 준하, 송본조생부유와 서촌조생이다.

 2) 발생 원인(發生原因)

 과피 검은 얼룩과의 증상을 외부 형태에 의하여 과피 파선상의 검은 얼룩과, 운형상의 과피 검은 얼룩과, 흑점상의 과피 검은 얼룩으로 크게 나눈다. 이것들은 과면의 균열의 유무, 흑변색의 상태와 선의 깊고 낮음이 다르므로 발생원인도 각각 다른 것으로 구분이 되는데 약해, 병해, 생리적장해 같은 것에 의해서도 발생이 된다.

 가) 환경조건과 발생과의 관계
 과수원의 위치, 지형에 따라 발생하는 것을 보면 남쪽경사지 과원보다 북서쪽 경사지 과원에서 발생이 많은 경향을 보인다. 지형의 관계에서는 표 13-3과 같이 옴폭 들어간 과원에서 발생이 많고 경사지에서는 발생이 적으며 평지에서도 약간 적게 발생되고 있다.
 토양관리법에 따른 발생상태를 보면 그림 13-4와 같이 부초구

제 1 절  환경에 의한 생리장해   253

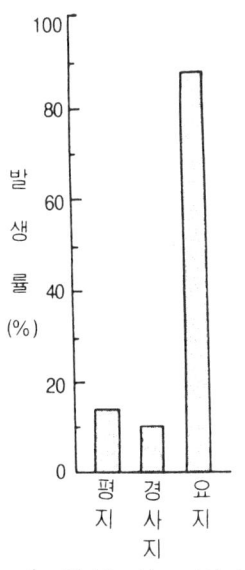

(그림 13-3)  지형과 과피
검은 얼룩과의 발생
(품종 : 부유, 浜地 : '73)

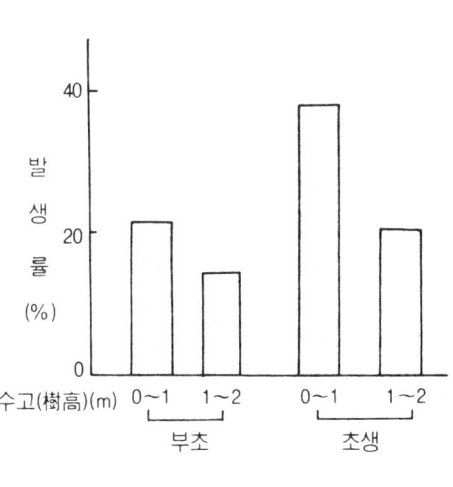

(그림 13-4)  토양관리와 과피 검은 얼룩과의
발생(품종 : 부유, 浜地 : '70)

(표 13-4)  발생이 많은 상습과원과 발생이 적은 과원의 미기상비교

| 구분\기상\월일 | 일 조 시 간 | | | 고습시간 (高湿時間) | 습도(9.20:17:00) | | | | 결로량(結露量)(11.13:20:00) | | | |
|---|---|---|---|---|---|---|---|---|---|---|---|---|
| | 9.20 | 10.24 | 11.13 | | 지상1m | 2m | 3m | 4m | 지상1m | 2m | 3m | 4m |
| | 시.분 | 시.분 | 시.분 | 시간 | % | % | % | % | % | % | % | % |
| 다발원 | 6.50 | 4.55 | 4.05 | 1,524 | 80 | 84 | 75 | 75 | 12.0 | 8.2 | 3.9 | 3.9 |
| | (65) | (54) | (50) | (185) | (135) | (142) | (129) | (136) | (857) | (911) | (488) | (390) |
| 소발원 | 10.30 | 9.05 | 8.12 | 823 | 63 | 59 | 58 | 55 | 1.4 | 0.9 | 0.8 | 1.0 |
| | (100) | (100) | (100) | (100) | (100) | (100) | (100) | (100) | (100) | (100) | (100) | (100) |

보다 초생구에서는 많이 발생되며 지면 1m 이하 쪽에서 발생률이 높다. 그리고 하지(下枝)에 결실된 과실 중 잡초에 닿는 과실은 과 선상의 과피 검은 얼룩과의 발생이 많다.

안개와 발생관계를 보면 감의 산지로는 안개가 많이 끼고 짙은 안개가 장시간 끼는 곳에 과피 검은 얼룩과의 발생률이 높다. 이것은 안개에 의하여 과실면이 젖어 있는 시간이 길기 때문에 과피검은얼룩과의 발생이 많아진다.

주 : 고습시간은 7월 7일～10월 24일까지의 습도 90% 이상의 시간

$$결로량 = \frac{흡 수 량}{흡수전 흡수지중} \times 100$$

나) 약제 살포와 발생관계

농약의 살포와 발생관계를 보면 농약 종류에 따라 과피 검은 얼룩과의 발생차이가 있다고 생각되어 하마찌(浜地)가 시험한 결과를 보면 석회불도액을 살포하면 과피 검은 얼룩과의 발생을 조장시키는 것으로 파선상과 운형상의 혼합증상인 과피 검은 얼룩과가 많

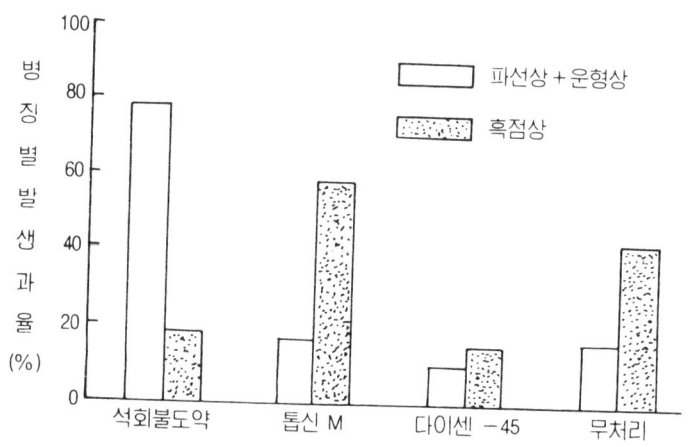

(7.2, 8.12, 9.9 약제살포일자)

(그림 13-5)  이두품종의 농약살포에 의한 과피 검은 얼룩과 발생률

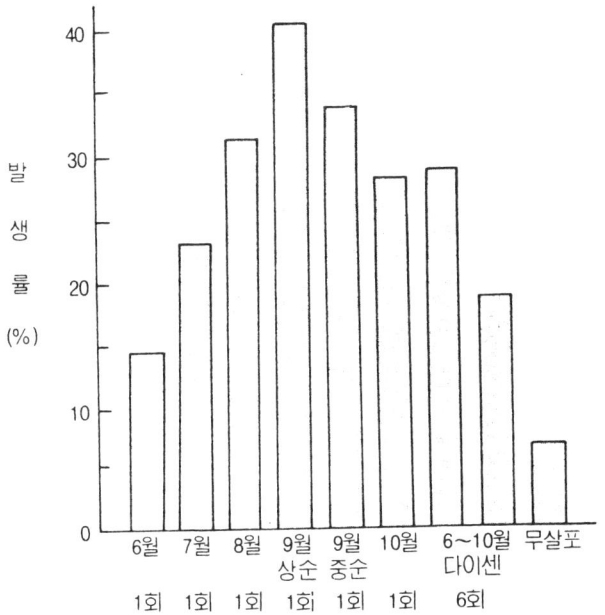

(그림 13-6) 석회불도액의 살포시 과피 검은 얼룩과 발생(품종 : 부유)

이 발생하고 흑점상의 과피 검은 얼룩과의 발생은 적게 발생된 것을 볼 수 있다.

　무처리에서는 석회불도액살포구와는 반대 증상이 나타났고 발생량도 적었다. 그러나 다이센-45 살포는 과피 검은 얼룩과의 발생이 가장 적게 발생되었다.(그림 13-5)

　석회불도액의 살포와 발생상태를 확인하기 위하여 시험한 것을 그림 13-6에서 보면 과피검은 얼룩과 발생에 영향을 준 것이 확인되었다. 무처리에 비하여 석회불도액 살포구에서 발생이 심하였으며 특히 9월 상순 1회 살포구가 발생률이 가장 높았다. 그리고 다이센도 6월에서 10월까지 6회 살포하였을때 19%의 과피 검은 얼룩과가 생겼다.

다) 기타 발생원인

대과 때 과피 검은 얼룩과의 발생이 많다. 이것은 과면의 균열 발생이 많기 때문이며 그로 인하여 파선상의 과피 검은 얼룩과가 많이 생긴다.

병해에 의하여 발생관계를 보면 파선상 및 운형상의 과피 검은 얼룩과의 발생원인은 균류(菌類)와는 관계가 없다. 그러나, 노구찌(野口)의 연구결과는 탄저병균의 일종이 흑점상의 과피 검은 얼룩과 발생과는 관계가 있다고 했다.

3) 방지 대책(防止對策)

가) 적지, 적품종의 선정

일조시간(日照時間)이 짧은 곳 또는 안개의 발생이 많아 과면에 물방울이 장시간 붙어 있는 지역에서는 과피 검은 얼룩과의 발생이 많이 발생하게 되므로 이런 지역은 되도록이면 단감의 재식을 피해야 한다. 또, 단감의 대단지에서도 부분적으로 과피 검은 얼룩과가 발생하는 곳이 있다. 이런 곳에서는 과피 검은 얼룩과의 내성의 강한 이두, 송본조생부유, 서촌조생, 준하 같은 품종을 심는다.

나) 시비와 토양관리(土壤管理)

과실 비대 제 3기에 과실의 급격한 과실비대로 과피 검은 얼룩과의 발생이 많아진다. 그러므로 장마철의 배수와 가뭄시기에 관수로 과실비대가 순조롭도록 관리해서 과피 검은 얼룩과의 발생이 되지 않도록 하는 것이 중요하다.

초생재배 과원은 적기(適期)에 예취(刈取)와 또, 제초제의 살포를 하는 것인데 이때 경사지 과원에서는 표토 유실을 방지하기 위하여 약제에 의한 제초는 수관 밑만 하고 열간 사이의 잡초는 기르고 예취작업으로 관리를 한다.

비료시용에 있어 질소질 비료를 늦도록 사용치 말며 계분이나 돈분 같은 가축의분뇨(糞尿)를 많이 시용하면 착색이 덜 되고 품질이 떨어지며 과피 검은 얼룩과의 발생의 증가 원인이 된다. 그러므로 과실의 정상적인 비대가 되도록 적기를 놓치지 말고 적정량의 시비가 되도록 한다.

다) 전지 전정과 적뢰(摘蕾), 적과(摘果)

과수원에 통광 통풍이 잘 되도록 주간(株間)과 열간(列間) 확보와 전지 전정을 합리적으로 해야 한다.

최근에는 수고(樹高)를 낮추어 생력화(省力化) 쪽으로 과원관리의 능률화 관리를 해 나가야 된다. 하지(下枝)에 결실된 과실에는 과피 검은 얼룩과의 발생이 많고 착색이 불량해지므로 하지는 전정시 두지 않도록 한다.

적뢰, 적과는 과실이 비대할 때 가지나, 잎에 접촉이 되지 않은 위치에 결실시키는 것을 유념하고 과실의 과도한 비대는 되지 않도록 한다.

라) 농약의 선택

석회불도액은 과피 검은 얼룩과의 발생을 조장하기 때문에 피하고 신농약인 살균제를 사용하는 것이 안전하다.

## 다. 정부열과(頂部裂果)

1) 품종과 정부열과

감은 9월 하순부터 수확기까지 이 시기가 과실비대 최후기(最後期)로 과정부(果頂部)에 균열이 생기고 때로는 크게 상처가 벌어져 터지며 그 부분에 잡균의 침입으로 내부와 주변이 검은색으로 변한다.

이 정부열과는 전체의 품종에 발생되는 것은 아니다.

가지우라(梶浦)는 많은 품종을 가지고 감의 정부과열과를 조사한 결과 과형과 밀접한 관계가 있는 것을 알아냈고 이것을 4구분으로 구분하여 분류했다.

(표 13-5) 품종별 정부 열과의 발생 정도  (梶浦 : '34)

| 발 생 구 분 | 품 종 별 |
|---|---|
| 발생이 많은 품종 | 차랑, 만어소, 대어소, 선사환 |
| 발생이 중 정도의 품종 | 부유, 화어소, 천신어소 |
| 발생이 적은 품종 | 정월, 교평(絞平) |
| 거의 발생되지 않는 품종 | 四ツ溝, 횡야 |

표 13-5에서 보면 정부열과에 강한 품종은 횡야, 四シ溝등이고 발생이 많은 품종은 차랑, 만어소, 대어소, 선사환이며 중정도의 발생품종은 부유, 화어소, 천신어소이고, 적게 발생하는 품종은 정월 등이다. 발생률을 보면 대어소는 97%에 달하고 만어소와 차랑은 80~81%가 발생된다. 부유도 상당히 발생되는 품종인데 210g 이상이 과실에서 10%가 발생된다.

## 2) 정부열과의 발생구조(發生構造)

정부열과의 발생을 식별할 수 있는 시기는 9월 하순 이후인데 정부열과의 원인이 되는 작은 균열은 유과(幼果)일 때 생긴다.

기다가와(北川)는 열과가 심한 품종을 개화시에 관찰한 결과 자방(子房)의 4개의 심피(心皮) 융합이 완전하게 되지 않고 틈이 나

〈표 13-6〉 차량의 종자수와 열과와의 관계 　　　　　　　(梶浦 : '34)

| 구분 | 과 실 수 | | | 비 율(%) | | |
|---|---|---|---|---|---|---|
| | 완전과 | 열 과 | 계 | 완전과 | 열 과 | 계 |
| 무 핵 과 | 60 | 4 | 64 | 93.8 | 6.2 | 100.0 |
| 유 핵 과 | 31 | 123 | 154 | 20.1 | 79.9 | 100.0 |
| 종자수 1-2 | 16 | 18 | 34 | 47.1 | 52.9 | 100.0 |
| 　　　 3-4 | 8 | 41 | 49 | 16.3 | 83.7 | 100.0 |
| 　　　 5-6 | 6 | 46 | 52 | 11.5 | 88.5 | 100.0 |
| 　　　 7-8 | 1 | 18 | 19 | 5.3 | 94.7 | 100.0 |

〈표 13-7〉 차량의 과실중량과 열과와의 관계 　　　　　　　(梶浦 : '34)

| | 과실중량 | 과 실 수 | | | 비 율(%) | | |
|---|---|---|---|---|---|---|---|
| | | 완전과 | 열 과 | 계 | 완전과 | 열 과 | 계 |
| 유핵과 | 200g 이하 | 9 | 12 | 21 | 42.9 | 57.1 | 100.0 |
| | 200-250 | 14 | 44 | 58 | 24.1 | 75.9 | 100.0 |
| | 250-300 | 8 | 53 | 61 | 13.0 | 86.9 | 100.0 |
| | 300g 이상 | 0 | 14 | 14 | 0 | 100.0 | 100.0 |
| 무핵과 | 200g 이하 | 16 | 0 | 16 | 100.0 | 0 | 100.0 |
| | 200-250 | 33 | 1 | 34 | 97.1 | 2.9 | 100.0 |
| | 259g 이상 | 11 | 3 | 14 | 78.6 | 21.4 | 100.0 |

있어 화주(花柱)의 고사가 빨리되면서 과실 내부까지 고사되어 과정부의 융합조직(融合組織)의 형성이 불완전하게 되어 개화 후 약 1개의 유과기에 작은 균열이 생기게 되어 이것으로 인하여 정부열과가 발생하게 되는 것이라고 했다.

또, 이시다(石田)는 전자 현미경으로 조사한 결과는 열과가 많이 발생하는 품종을 개화 전부터 유과기에 형태적으로 관찰 조사한 결과 과실 발육 제 1기 후반 7월 10일에 육안(肉眼)으로 열과를 확인했고 개화 30일 전에는 심피(心皮)가 비틀리고 융기하여 심피상부에 융합이 불완전하여 그 때문에 유과의 과정부에 작은 구멍이 나 있는 것을 관찰했다고 한다.

유과기에 작은 균열과 구멍이 있으면 과실이 비대될 때 그 균열과 구멍을 중심으로 심피의 봉합부(縫合部)를 따라 열과가 되어 9월 하순 이후에는 정부열과가 발생된다. 그리고, 정부열과는 종자 수가 많고 무핵과보다 유핵과(有核果)에서 발생률이 높으며 과실 무게에서는 유핵과일 때는 과중이 무거울수록 열과 발생률이 높고 무핵과일 때는 발생률이 낮으나 역시 과중이 무거운 것에 열과가 많이 발생하고 있다.

3) 방지대책(防止對策)

정부열과의 발생의 제 1차적인 요인은 개화 전 심피의 융합불완전이므로 어소형의 품종 특성이므로 방제대책으로는 이와 같이 열과가 심한 품종은 재식시 피하는 것이 좋다.

제 2차적 요인은 배재는 소극적인 방법이지만 적과시 열과를 일으킬 수 있는 대과생산을 피하고 열과가 될 수 있는 대과는 미리 적과해버린다.

〈표 13-8〉 차량의 과정부 요철과와 정상과의 열과 비교

| 조사<br>구 분 | 조사과수 | 열과의 정도 | | | | 비 율(%) | | | |
|---|---|---|---|---|---|---|---|---|---|
| | | 대 | 중 | 소 | 무 | 대 | 중 | 소 | 무 |
| | 개 | 개 | 개 | 개 | 개 | % | % | % | % |
| 요과(요과) | 80 | 3 | 8 | 57 | 12 | 3.7 | 10.0 | 71.3 | 15.0 |
| 정 상 과 | 80 | 1 | 2 | 36 | 41 | 1.2 | 2.5 | 45.0 | 51.3 |

도가다(鳥潟)가 차량으로 유과시 과정부에 움푹 들어간 감 요과 (凹果)를 수확시까지 조사한 결과 표 13-8과 같다. 8월의 요과인 과실은 85%가 열과되고 정상적인 과실에도 48.7%의 열과가 발생 되었다고 한다.

### 라. 과피 흰줄무늬(筋果)

1) 증상(症狀)

과피 측면에 종(縱)으로 황백색의 흰줄무늬가 생긴다. 그 부분은 수확시기에 가서도 정상적인 착색이 되지 않고 흑변이 된다.

과피 흰줄무늬의 열과부분은 열과부분이 넓은 것, 선상(線狀)인 것, 긴 것, 짧은 것 등 여러 가지 형태가 있다. 이 증상이 많은 품종은 서촌조생이고 품종에 따라 발생이 되는 것과 전혀 발생이 되지 않는 것이 있다.

2) 발생되기 쉬운 조건과 장소

서촌조생의 경우 수세가 약간 쇠약한 과원에서 발생이 많고 불충

실한 결과모지에 착과된 과실에도 많이 발생된다. 또, 하우스 재배시 주·야간의 온도 교차(溫度交叉)가 클 때도 발생이 많이 된다. 본 증상의 발생은 수체의 영양조건, 생육초기의 온도조건, 화아와 화기(花器)의 급격한 발육같은 것이 발생을 일으키는 요인이 된다.

3) 방지대책(防止對策)

㉮ 정상적인 수세 유지를 시킨다.
  결실과다를 피하고 수체관리와 건실한 결과모지가 되도록 한다.
㉯ 하우스 재배시 온도 관리를 철저히 한다.
  하우스 피복시기, 신엽(展葉)에서 개화기까지의 생육초기에 온도관리를 잘 하는 것이다.
㉰ 과피 흰줄무늬 과실은 따버린다.

# 제 2 절  미량원소 부족에 의한 생리장해

## 가. 녹반증(綠班症)

### 1) 증상(症狀)

외관적으로 볼 때 나무전체, 잎, 가지, 줄기, 뿌리에 이상 증상을 볼 수 없으나 9월 중순경 과실의 착색이 시작될 때 과피에 불규칙(不規則)하게 반무늬가 생기고 그 반무늬에 엽록소(葉綠素)가 생기는 증상으로 수확과실의 상품성을 떨어뜨린다.

녹반증을 현미경으로 관찰해 보면 표피세포에는 이상이 없고 표피 바로 밑인 아표피세포(亞表皮細胞)에 배열되어 있다. 그러나 과육에는 나타나지 않는다.

녹반증이 아주 심한 곳은 조직이 괴사(壞死)되어 있다.

### 2) 원인(原因)

녹반증의 발현은 품종간 차이도 있으나 토양 중의 망간(Mn)이 산성으로 가용화(可溶化)되기 때문에 토양의 산성화로 인하여 발생하게 된다.

이이무로(飯室)에 의하면 7~10월의 과실 발육기간을 통해서 무기성분의 소장(消長)을 조사한 결과 발생원의 과실은 건전원의 과실에 비하여 망간함량이 높고 칼슘함량이 적었다고 한다.

(표 13-9) 우리나라 단감원의 엽내 무기성분 분석 　　　　(果試, 辛 : '91)

| 　　　지역<br>성분 | 표준치 | 김 해<br>(金海) | 진 양<br>(晋陽) | 승 주<br>(昇州) | 무 안<br>(務安) |
|---|---|---|---|---|---|
| N(%) | 2.55 | 2.84 | 2.92 | 3.07 | 3.15 |
| P(%) | 0.14 | 0.14 | 0.15 | 0.15 | 0.15 |
| K(%) | 2.59 | 2.47 | 2.53 | 2.30 | 2.11 |
| Ca(%) | 1.86 | 1.04 | 1.02 | 1.01 | 1.02 |
| Mg(%) | 0.38 | 0.33 | 0.38 | 0.38 | 3.34 |
| Fe(ppm) | - | 277 | 244 | 317 | 340 |
| Mn(ppm) | 500 | 1,151 | 1,440 | 985 | 1,385 |
| B(ppm) | - | 51.8 | 52.0 | 47.0 | 51.4 |

(표 13-10) 우리나라 단감원의 토양내 무기성분 분석 　　　　(果試, 辛 : '91)

| 　　　지역<br>성분 | 표준치 | 김 해<br>(金海) | 진 양<br>(晋陽) | 승 주<br>(昇州) | 무 안<br>(務安) |
|---|---|---|---|---|---|
| pH(1:2.5) | 6.0 | 5.24 | 5.28 | 5.91 | 5.54 |
| OM(%) | 3.0 | 1.09 | 1.27 | 2.28 | 1.67 |
| 유효인산(ppm) | 200 | 275 | 563 | 566 | 528 |
| K(me/100g) | 0.6 | 0.54 | 0.74 | 1.18 | 0.58 |
| Ca(me/100g) | 10.0 | 3.20 | 3.87 | 4.44 | 3.32 |
| Mg(me/100g) | 1.2 | 0.86 | 1.65 | 1.67 | 0.83 |
| B(ppm) | 0.4 | 0.20 | 0.32 | 0.41 | 0.45 |

　우리나라 단감 재배지대의 엽내(葉內) 영양진단 결과를 표 13-9에서 보면 지역별 엽분석치로써 표준치의 칼슘함량이 1.86%인데 각 지역 공히 부족한 상태이고 망간의 표준치는 500ppm인데 각지역 2배 내지 3배가 많다.

　표 13-10은 앞의 표와 같은 지역의 토양분석치로 pH가 6.0에

못 미치고 칼슘이 10me/100g 인데 2~3배가 부족한 상태에 있으며 유효인산은 200ppm이 표준치인데 2배 이상의 과다한 상태에 있다. 이상과 같은 결과로 우리나라에서 생산되고 있는 단감에는 녹반과의 발생 비율이 높은 상태에 있다.

3) 방지대책(防止對策)

녹반종은 산성토양에서 망간과다 흡수에 의해 발생되므로 망간의 흡수를 억제시키는 것이다. 적정량의 석회를 시용하여 pH를 6.5로 교정시키는 것이다.

일본 나라현(奈良縣) 농시에서 '80년에 시험한 결과를 보면 발생원에서 석회 1주당 17kg과 후민산 1주당 4kg을 연연히 사용한 결과 처리 1년차에 엽과 과실 중에 망간함량이 감소되고 칼슘의 함량이 증가되어 녹반증과의 발생이 줄어들었다는 보고가 있다. (표 13-11)

(표 13-11) 석회 및 후민산 시용으로 녹반증 발생 억제 효과 (奈良農試 : '80)

| 발생정도 | 처 리 | '74 | | '75 | | '76 | |
|---|---|---|---|---|---|---|---|
| | | 발병률 | 발병도 | 발병률 | 발병도 | 발병률 | 발병도 |
| 발 생 원 | 처 리 | 14.4% | 2.7 | 39.3% | 12.9 | 10.1% | 2.1 |
| | 무처리 | 32.6% | 6.9 | 45.2% | 15.0 | 25.6% | 6.2 |
| 건 전 원 | 무처리 | 0 | 0 | 0 | 0 | | |

## 나. 마그네슘(Mg) 결핍증

### 1) 증상(症狀)

마그네슘의 결핍은 7~8월의 건조가 심한 해, 결실이 많이 된 결과지 기부의 잎에 황화증상이 나타난다.

증상은 잎을 보면 주맥 사이가 황변(黃變)되며 심한 경우 그 황변이 갈색(褐色)으로 고사 되는데 고사부분을 보면 작은 반점무늬가 되어 낙엽이 진다.

### 2) 발생원인(發生原因)

결핍증의 발현은 품종에 따라 차이가 있다. 부유품종은 차랑보다 발생이 적다.

다나가(田中)에 의하면 마그네슘의 결핍증을 조사한 결과 근군(根群)이 분포하는 깊이 20~55cm의 토양에 치환성 마그네슘이 건토(乾土) 100g당 1.5ml 이하에서 발생이 되고 1.5ml 이상에서는 발생되지 않는다고 했다. 또 엽분석을 결핍증이 심한 나무와 건전나무의 잎을 가지고 시험한 결과 표 13-12와 같다.

건전잎은 마그네슘 함량이 0.52~0.13인데 결핍증이 심한 나무의 잎에서는 0.11~0.05%로 크게 미달되었다.

### 3) 방지대책(防止對策)

마그네슘 결핍 방지책은 칼리비료의 사용량을 줄이고 고토석회, 유산마그네슘, 수산화마그네슘 같은 마그네슘 비료를 10a당 10~

20kg(성분량)을 매년 시용한다. 그리고, 지력 증진을 위하여 유기물도 10a당 3,000kg을 넣고 부초를 하고 관수로 적당한 수분공급이 되어야 한다.

결핍증에 대한 응급조치로는 7~8월에 2~3%의 유산마그네슘액을 엽면 살포한다. 증상이 심한 경우에는 7~10일 간격으로 3~4회를 살포하면 효과가 있다.

〈표 13-12〉 건전잎과 결핍증잎의 마그네슘 함량 비교

| 잎의 증상의 정도 | 채엽가지상태 | 시료수 | 엽의 Mg함량(범위) |
|---|---|---|---|
| 심한 결핍증 잎 | 착과지 | 34 | 0.11~0.05% |
| 경한 결핍증 잎 | 〃 | 18 | 0.27~0.08 |
| 건전한 잎 | 〃 | 37 | 0.52~0.13 |

# 제 14 장   저장(貯藏)

## 제 1 절   수확 후 과실의 변질요인(變質要因)

### 가. 과실자체의 작용에 의한 변질

과실은 수확 후에도 살아 있는 것이다. 이 살아 있는 과실은 살기 위해서는 당(糖) 그외의 화학물질을 분해해서 에네르기를 얻어야 살아가게 된다. 이때 양분소모(養分消耗)가 많이 되면 품질은 떨어지게 된다. 그러나 저장 중 양분소모를 최대한도로 줄여서 품질이 수확후에도 신선도가 유지되어야 한다. 그러나 과실은 추숙(追熟)이 되고 이 추숙으로 착색은 더 짙어지고 과육은 연화가 된다.

### 나. 증산(蒸散)에 의한 변질

과실은 수확 후 증산에 의하여 수분을 소실당한다. 과실 호흡의 80%는 감꼭지(蔕)에서 이루어진다.

다루야(樽谷)가 파라핀을 감꼭지 표면 및 과육부 표면에 피복하여 저장 중 감량을 측정한 결과 그림 14-1과 같이 무처리는 수확 10일후 감량률이 5%였으나 꼭지에 파라핀을 피복한 처리에서는 감량률이 2.2% 밖에 되지 않았다. 그러나 과육피복을 한 것은 가장 감량률이 낮았다.

청과물은 일반적으로 증산에 의해 5%의 감량이 되며 그로 인하

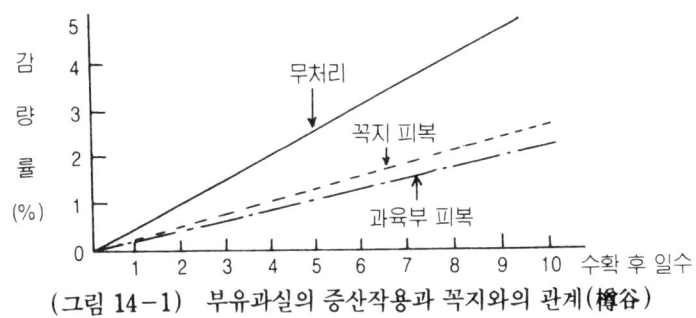

(그림 14-1) 부유과실의 증산작용과 꼭지와의 관계(樽谷)

(표 14-1) 부유의 감량율과 과실의 상태    (樽谷 : '65)

| 감 량 률 | 과실의 외관 | 과실의 육질 | 꼭지의 상태 |
|---|---|---|---|
| 0~3% | 변화 없음 | 양 호 | 녹색, 광택 있음 |
| 3~5 | 광택이 감소 | 양 호 | 녹색, 광택 감소 |
| 5~10 | 광택소실, 주름출현 | 탄성화(彈性化) | 녹색감퇴, 건조상태 |
| 10% 이상 | 심한주름 출현 | 강도의 탄성화 | 녹색감퇴, 건조상태 |

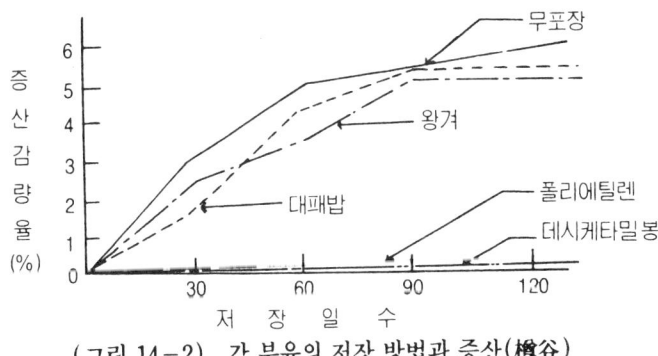

(그림 14-2) 감 부유의 저장 방법과 증산(樽谷)

여 상품가치가 떨어진다. 감은 3%감량이 되면 외관에 손상이 없으나 5% 이상을 초과하면 판매하기 어렵다.

증산은 과실의 표면과 꼭지에서 수분이 공중으로 증산하는 것으

로 실내의 습도를 100%로 하면 증산을 막을 수 있다. 그림 14-2
를 보면 무처리에 비하여 폴리에틸렌 0.06mm를 포장하면 증산을
거의 완전하게 막을 수가 있는 것을 볼 수 있다.

## 다. 미생물(微生物)에 의한 변질

감 저장 중에 푸른곰팡이병이나 기타 균의 침입으로 부패가 된
다. 이들 균은 큐티큘라층을 관통하여 침입하는 것은 아니고 큐티
큘라층이 쪼개졌거나 상처를 통해서 침입되므로 저장과실은 잘 취
급되어야 한다. 과실에 붙어있는 탄저병은 저장 중에 자주 발병된
다.

미생물을 방지하는 요인으로는
첫째 : 온도가 낮아야 하고
둘째 : 습도도 높지 않아야 하며
셋째 : 과피의 손상이 없어야 한다.
넷째 : 저장고, 저장상자, 과실의 균 오염이 없어야 한다.

## 제 2 절  저장성(貯藏性)

### 가. 품종(品種)

 감은 사과나 감귤에 비하여 저장성이 떨어지며 품종에 따라서도 큰 차이가 있다.
 준하 품종은 육질이 비상하게 치밀하여 부유품종보다 저장력이 강하다. 저장력을 좌우하는 것은 세포의 크기와도 관계가 있다. 평핵무품종은 과육세포가 아주 커서 저장력이 약하다.

### 나. 과실의 크기

 큰 과실은 작은 과실에 비하여 저장성이 떨어지는 것은 어떤 과실이나 같다. 사과에서 보면 대과는 과육세포도 크고 동일 나무에서도 대과는 소과에 비하여 빨리 성숙되므로 이같은 원인에서와 같이 단감도 대과는 저장력이 떨어진다고 볼 수 있다.

### 다. 수확시기(收穫時期)

 일반적으로 완숙된 과실은 저장력이 떨어진다. 감도 같은 경향이다. 연화가 된 감은 어떤 방법을 해서도 연화가 되는 것을 막을 수는 없다. 또 상해의 피해를 받은 과실은 저장성이 극히 없다. 저장력을 높이려면 약간 미숙과를 수확하여 저장하는 것이며 생리적으로 볼 때는 과실의 호흡량이 최소인 때 수확해서 저장하는 것이다.

## 라. 상처(傷處)

 과면에 상처가 없는 것을 저장한다. 나무에 달려 있는 것도 상처가 있으면 안 되고 수확시 운반작업에도 상처를 받게 되는데 이때 주의가 필요하다.
 감은 저장 중에 병이 발생하는 경우는 탄저병균을 제외하고는 미생물은 큐티큘라를 꿰뚫고 침입하고 쪼개진 틈을 통해서 침입한다. 그러므로 저장한 과실은 세심한 주의가 필요하다. 감에는 큰 꼭지가 있는데 이것은 직접 먹는 부분은 아니므로 저장에는 불필요한 것으로 생각되나 꼭지는 과실 호흡의 창(窓)과 같은 역할을 하기 때문에 필요하며 꼭지에 상처를 입게 되면 안 된다. 그외에 병해충 피해를 받은 감도 저장성은 없다.

## 제3절 냉장(冷藏)

근년에는 대규모의 냉장고를 만들어 여러가지 과실류의 냉장을 가능하게 하고 있다.

냉장은 저온에 의해 과실 자체의 생활작용과 증산 및 미생물의 번식을 억제시켜 저장 중 품질이 나빠지는 것을 막는다.

다루야(樽谷)는 온도 20, 10, 5℃ 및 0℃에서 부유품종을 가지고 저장시험을 한 결과 호흡량 측정치는 그림 14-3과 같다.

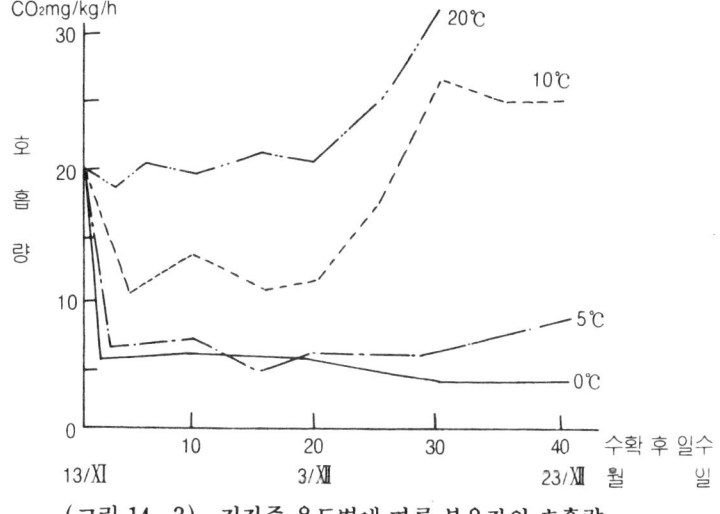

(그림 14-3) 저장중 온도별에 따른 부유감의 호흡량

온도가 높으면 호흡량이 높고 온도가 낮으면 호흡량이 줄어 들어 그로 인하여 저장의 안정이 유지된다.

표 14-2는 부유품종을 100일간 저장했을 때 성분을 본 것으로 전당 함량은 각 구간에 차이가 없으나 환원당 비타민 C의 함량은

실온에서 낮고 0℃에서 아주 높았다.

결론적으로 저장한 부유품종의 경제적 저장한계는 0℃에서 2개월간이다. (그림 14-4 참조)

(표 14-2) 저장온도가 부유 품종의 성분에 미치는 영향 　　　　(樽谷)

| 품 종 | 시 험 구 | | 환원형비타민C | 전 당 | 전 산 |
|---|---|---|---|---|---|
| | 저장 개시기 | | 44.9mg% | 14.8% | 0.063% |
| 부 유 | 저장 100일 후 | 실온 | 9.2 | 13.4 | 0.021 |
| | | 5℃ | 13.5 | 13.9 | 0.021 |
| | | 0℃ | 32.0 | 13.6 | 0.044 |
| | | -15℃ | 29.8 | 13.6 | 0.052 |

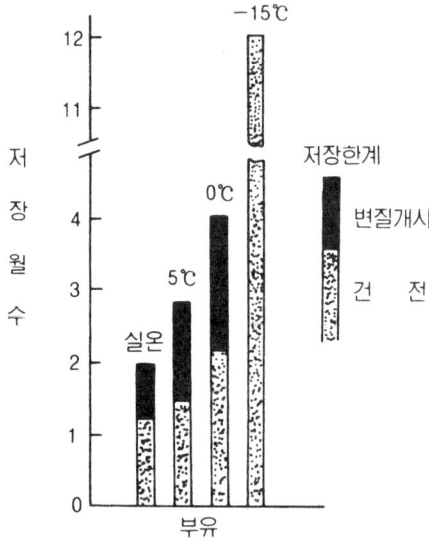

(그림 14-4) 각 온도별 부유감의 경제적 저장한계(樽谷)

## 제 4 절  폴리에틸렌 냉장(冷藏)

 과실류 저장에 있어 자체의 생활작용을 억제하는 것은 저온외에 공기 중에 약 0.03%가 존재하는 탄산가스를 높이고 약 20% 있는 산소농도를 줄이는 것이다.

### 가. 저장에 적합한 산소와 탄산가스의 농도

 다루야(樽谷)는 인위적으로 산소와 탄산가스 농도 차이를 두고 부유품종을 가지고 시험한 결과 표 14-3과 같은 결과를 얻었다.

(표 14-3) 가스조건이 부유품종의 저장 중 장해과 발생률

| 저장가스조건 | | 장해과 출현율(40과당) | | |
|---|---|---|---|---|
| $O_2$ | $CO_2$ | 1월21일(62일째) | 2월20일(91일째) | 3월21일(121일째) |
| 5% | 0% | 0% | 22.5% | 57.5% |
| 5 | 5 | 0 | 0 | 7.5 |
| 5 | 10 | 0 | 0 | 5.0 |
| 5 | 15 | 0 | 17.5 | 25.0 |
| 5 | 20 | 5 | 17.5 | 27.5 |
| 5 | 40 | 0 | 45.0 | 77.5 |
| 5 | 60 | 17.5 | 67.5 | 92.5 |
| 10 | 5 | 0 | 2.5 | 17.5 |
| 15 | 5 | 5 | 22.5 | 82.5 |
| 20 | 5 | 7.5 | 80.5 | 100.0 |
| 공 기 | | 25.0 | 100.0 | 100.0 |

주 : 저장온도는 0℃일 때

산소 약 20%와 탄산가스 0.03%의 조합처리구에서는 저장 91일 만에 100%의 과실이 장해를 받았으나 산소농도를 5% 탄산가스 5~10%처리구에서는 62일과 91일 후 조사에서는 장해과 발생이 없었으나 121일에 가서는 5~7%의 장해과가 발생되었다.

부유감의 저장 중 산소와 탄산가스의 농도 5~10%보다 비율이 높아도 안 되고 낮아도 장해과가 발생된다.

## 나. 폴리에틸렌 두께별 산소와 탄산가스 농도 비교

다루야(樽谷)가 두께가 다른 폴리에틸렌 폭 14cm, 길이 28cm 로 만든 봉투에 부유과실 3개씩을 넣고 밀봉 저장하여 봉투내의 가스조성을 분석한 결과 그림 14-5와 같았다.

비교로 한 데시케이터 내는 산소농도가 떨어져 150일 후에는 0으로 가깝게 되었고 반대로 탄산가스는 급격히 증대가 되어 30일 후에는 50% 이상이 되었다.

이것은 데시케이터가 완전하게 가스를 통하지 않게 되어 있고 그 내에서 과실은 호흡하게 되므로 인하여 산소는 점점 줄어들고 탄산가스는 늘어나 증대가 되었다.

결과를 관찰해 보면 두께 0.03mm의 폴리에틸렌의 봉투는 산소가 천천히 떨어져 10% 전후가 되고 탄산가스는 약 5%보다 높지 않다. 폴리에틸렌의 두께가 두터우면 산소는 떨어지고 탄산가스는 높아지는 경향을 보였다.

결국 폴리에틸렌이 얇으면 과실이 호흡한 탄산가스는 필름을 투과하여 많은 양이 밖으로 나오기 때문에 봉투내는 탄산가스 농도가 높아지지 않고 반대로 공기 중의 산소는 필름을 투과하여 봉투내로

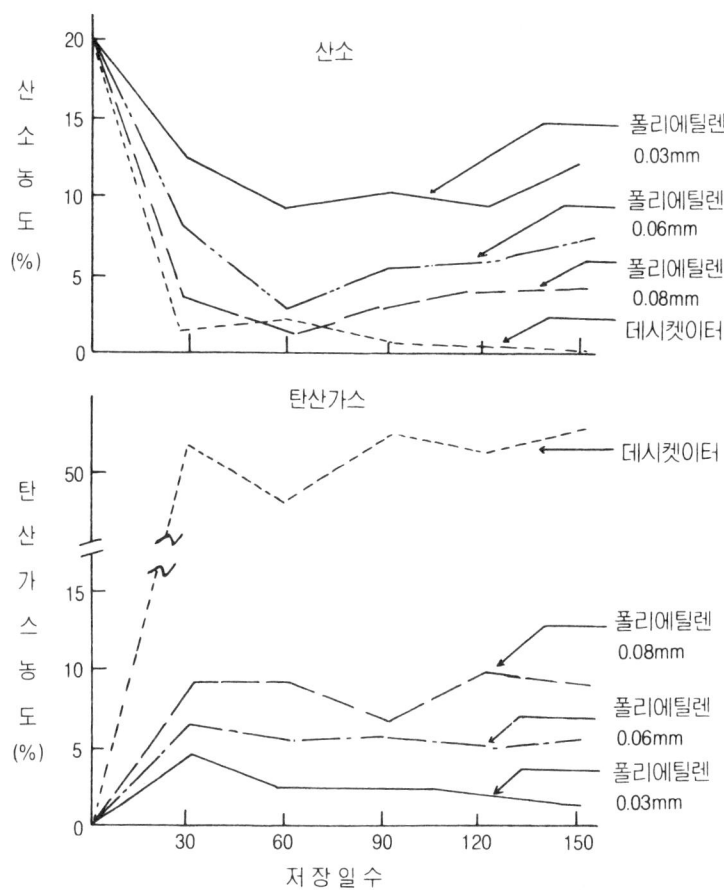

(그림 14-5) 폴리에틸렌 봉투내 가스 조성의 소장(樽谷)

들어오기 때문에 과실이 호흡하여도 산소는 감소되지 않는다. 필름의 두께가 두터우면 산소나 탄산가스가 들어가고 나가는 것이 적으므로 과실호흡은 봉투내에서 하기 때문에 산소는 감소가 되고 탄산가스는 높아지게 된다. 폴리에틸렌 두께 0.06mm의 것이 저장기간을 통해서 산소는 4~8%, 탄산가스는 5% 정도로 이상적인 가스농

(표 14-4) 150일간 폴리에틸렌 필림에 저장한 부유감의 상태 　　　　(樽谷)

| 시 험 구 | 수분 | 신 설 물 중 | | | 상　　　　태 | | |
|---|---|---|---|---|---|---|---|
| | | 전당 | 환원형 비타민C | 아세트 알데히드 | 색 택 | 육 질 | 식 미 |
| 수확 직후 상태 | 84.6% | 14.3% | 58mg% | 0mg% | 橙色 | 硬 | 優 |
| 표 준 구 | 84.4 | 14.3 | 29 | 0.04 | 紅褐, 黑班 | 彈性力 | 可 |
| 대패밥구 | 84.2 | 13.8 | 33 | 0.04 | 紅褐, 黑班 | 彈性力 | 可 |
| 0.03mm구 | 85.5 | 13.5 | 42 | 0.05 | 紅　　褐 | 軟　化 | 良 |
| 0.06mm구 | 85.0 | 13.6 | 55 | 0.04 | 橙　　黃 | 硬　化 | 小優 |
| 0.03mm구 | 84.8 | 13.8 | 52 | 0.06 | 橙　　黃 | 硬　化 | 良 |
| 데시케이터구 | 85.2 | 13.5 | 48 | 0.07 | 暗　　褐 | 硬　化 | 可 |

주 : 저장온도는 0℃, 수확일 : 11월 27일, 조사 일자 : 4월 27일

도가 유지 되었다. 폴리에틸렌 저장법은 과실의 호흡에 의하여 봉투내에 감소되는 산소와 증대되는 탄산가스를 폴리에틸렌 필림의 두께가 조절해서 봉투내의 산소와 탄산가스에 적합한 농도가 유지 되도록 하는 것이다. 표 14-4는 11월 27일부터 다음해 4월 27일까지 150일간을 저장한 부유감의 상태이다. 표준구(무포장)로 냉장한 것, 대패밥 처리구, 데시케이터구는 0℃로 저장해도 저장 후 150일에 보면 상품가치가 없었으나 폴리에틸렌 0.06mm구는 환원형 비다민 C의 함량이 가장 높고 과피색도 등황색으로 아름다웠으며 육질과 경도, 식미가 수확직후의 것과 같았다.

## 다. 출하 후(出荷後)의 견디는 힘

보통 저장 후 출하하게 되면 빠른 기간내 흑변이 되든가 아니면 연화가 되어 유통 중에 품질이 나빠져서 자주 문제시 된다. 그러나

(표 14-5) 폴리에틸렌 필림 피복이 출고 후 부유감의 품질에 미치는 영향

(樽谷)

| 시 험 구 | 출고 10일 후 | | | 출고 20일 후 | | | 출고 30일 후 | | |
|---|---|---|---|---|---|---|---|---|---|
| | 감량률 | 과실상태 | 품위 | 감량률 | 과실상태 | 품위 | 감량률 | 과실상태 | 품위 |
| 0.06mm 폴리필림 봉투에 넣은 것 | 0.5% | 변화없음 | 優 | 0.7% | 변화없음 | 優 | 0.7% | 변화없음 | 優 |
| 0.06mm 폴리필림 봉투에서 꺼낸 것 | 2.3 | 변화없음 | 優 | 6.7 | 연화 | 良 | 13.5 | 연화심 | 不可 |

주 : 수확 및 입고 11월 27일, 저장온도 0℃, 출고 2월 27일 한 것은 10℃ 방에 방치

 폴리에틸렌 0.06mm 소봉투에 몇 개씩 넣어 냉장된 것은 출하하여도 견딜 힘이 있어 변색이 되지 않는다.

 표 14-5는 11월 27일 0.06mm의 폴리에틸렌 필림 14cm×28cm 소봉투에 3개씩 넣어 0℃ 저장한 것을 2월 27일에 출고, 10℃의 방에서 봉투에 넣은 것과 봉투에서 꺼낸 것의 외견상의 차이점을 보면 봉투에서 꺼낸 것은 감량이 크고 과면에는 주름이 생기고, 과육은 연화가 되어 상품성이 없어졌다. 봉투에 넣은 것은 30일 후에 꺼내 보아도 품질에 이상이 없다.

## 라. 폴리에틸렌 필름 이용 냉장시 장해과 발생

 폴리에틸렌 냉장방법은 좋은 저장방법이지만 완전한 저장방법이 되지는 못하고 있고 앞으로도 많은 기술개발의 연구가 요구되는 부문이다.

 이 저장방법으로 하면 2월 상순까지는 어느 방법보다 좋으나 저장 100일을 넘어가면 장해과인 흑반과, 연숙과(軟熟果), 생리장해

〈표 14-6〉 폴리에틸렌 필림 냉장시 부유감에 장해과 발생률　　　　　(樽谷)

| 항목 \ 저장장소 | | 香大농학부(A) | 香大농학부(B) | A 회사 |
|---|---|---|---|---|
| 조 사 봉 지 수(개) | | 50 | 30 | 50 |
| 조 사 개 수(개) | | 150 | 90 | 150 |
| 장해과수(개) | 흑 반 과 | 2 | 0 | 3 |
| | 연 숙 과 | 9 | 3 | 16 |
| | 생리적장해과 | 2 | 12 | 0 |
| | 미생물피해과 | 3 | 0 | 3 |
| 계 | | 16 | 15 | 22 |
| 장해과율(%) | | 10.7 | 16.7 | 14.7 |

주 : ① 봉투당 3개씩 넣었다.
　　② 3월 11일~15일 조사

과, 미생물 피해가 생긴다.

생리적 장해과는 과정부(果頂部) 또는 과정부 가까이에 원형내지 이상 증상으로 갈변이 나타나고 점차 확대되어 과실 전체에 나타난다. 이와 같은 과실은 특이한 냄새가 나서 먹을 수 없다. 미생물 피해과는 저장 중에 미생물의 번식으로 발생된다.

다루야(樽谷)가 폴리에틸렌 필름에 냉장시험을 해 본 결과 10.7~16.7% 이병과가 발생되었다고 했다. 그러나 보통상태에서는 흑반병은 5%, 연숙과는 28%, 생리장해과는 14%, 미생물 피해과는 6%가 발생되는데 연숙과의 피해가 가장 많다.

## 제 5 절  CA 저장(貯藏)

 CA 저장은 과실의 주위에 공기를 조절하는 저장법이다. 과실의 주위 공기조절에는 여러가지 방법이 있겠지만 현재 사용되고 있는 것은 저장고내에 공기조성을 낮은 산소(低酸素)와 높은 탄산가스 그리고 낮은 온도로 조절하는 방법이다. 그러므로 CA 저장의 원리는 전술한 바 있는 폴리에틸렌 냉장과 같은 것으로 폴리에틸렌 봉투는 저장고와 같고 산소, 탄산가스를 인위적으로 일정하게 유지하여 저장하는 방법과 같다.
 CA에 관한 연구는 영국에서 연구를 시작했으나 1930년경 미국에서 실용화 실험을 했고 1965년에 미국 사과 생산량의 약 10%인 1,300만 상자를 CA저장고에 저장이 시도되었다. 그래서 미국에서는 이 방법으로 저장을 했기 때문에 사과의 주년저장(周年貯藏)으로 판매가 가능하게 되어 맛좋은 만생종사과가 연중 판매되므로 맛이 없는 조생종사과는 판매되지 않는 경향으로까지 갔던 적도 있다.
 품종에 있어 가장 알맞은 저장조건은 온도가 0~3℃, 산소농도가 3%, 그리고 탄산가스 농도가 2~5%이다. 이러한 CA저장을 하려면 냉동 장치가 필요하며 저장고는 외부의 공기가 유통되지 못하도록 완전히 밀폐되어야 하고 여기에 산소와 탄산가스의 농도를 조절할 보조시설이 따라야 한다. CA 저장을 하면 일반 냉장에 비하여 초여름까지 저장할 수 있고, 저장고에서 출하된 과실은 저장중의 여러가지 장해를 받지 않지만 시설과 저장과정중 경비가 많이 들고, 한번 밀폐된 저장고는 출하할 때 비로소 열 수 있기 때문에

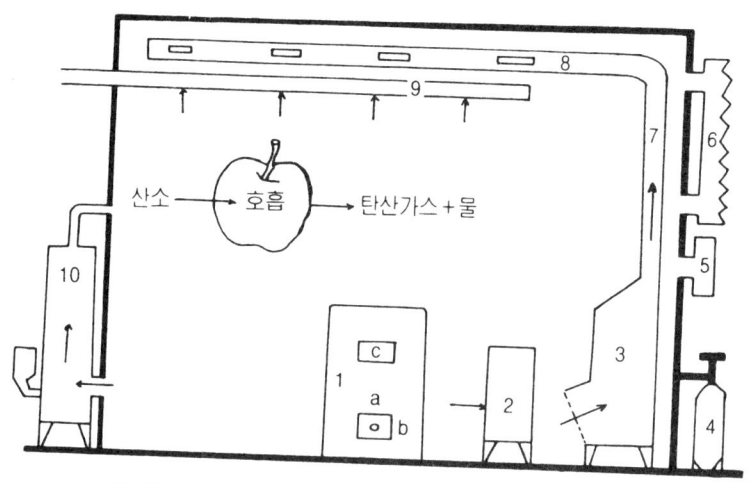

1. 밀폐된 문 a. 과실 검사창 b. 공기창 c. 습도 검사창 2. 공기 정화기
3. 냉각기 4. 실내 감압조정기 5. 가스 분석기 6. 가스 주머니
7. 냉기송풍관 8. 냉기분출기 9. 가습장치 10. 탄산가스 흡수장치

〈그림 14-6〉 CA저장고의 모형도

수시로 저장고 문을 열 수 없는 불편이 있다. 그리고 항시 저장고내 온도조절도 하여야 하지만 가장 이상적인 산소와 탄산가스의 함량을 유지하기 위해 가스분석을 하여 일일이 실내공기 조성을 맞추어 주어야 하는 번거로움이 있다. 요사이는 이러한 가스조정을 분석에 의해 판정하고 다시 조절하는 불편을 없애기 위해 인공적으로 알맞는 공기조성을 하여 저장고내에 넣는 텍트롤(Tectrol : Whirlpool 회사 제품)과 아카젠(Arcagen : 미국 At lantic Research회사 제품)이 나와 프로판가스나 천연가스를 연료로 하여 사용되고 있다.

# 제6절  동결저장(凍結貯藏)

떫은 감은 얼리면(凍結) 장기간 보존이 되며 그렇게 동결된 상태에 있는 동안에 떫은 맛이 빠져나가는 것은 중국에서 예부터 알고 있었다. 그래서 중국의 추운 지방에서는 가정에 구덩이를 파고 그 속을 보리짚을 깔고 그 위에 감을 쌓아 놓고 방치(放置)하여 과실을 완전히 얼리(凍結)었다. 이렇게 얼린 감은 물에 넣어 녹인 다음에 먹는다.

마쓰모도(松本)는 부유, 차랑을 4쪽을 내어 폴리에틸렌 봉투에 넣어 −25℃로 얼렸다. 이것을 3개월간 저장해서 먹어본 결과 완전하게 얼면 조직이 파괴되어 연하게 되고 신선한 과실로는 가치가 없지만 얼은 상태의 것은 비타민 C의 함량이 많고 특이하게 만들어진 식품으로 먹을 만하다고 했다. 그러나, 단감은 육질이 거칠어서 문제점이 있다.

# 제 15 장  시설재배(施設栽培)

　우리나라는 감의 시설재배의 역사가 매우 짧기 때문에 문제점도 있고 재배농가의 순응도가 낮기 때문에 급속 확대보급은 되지 않고 있다. 현재 시설재배에서 가온재배를 하는 과종은 포도와 감귤뿐이고 재배면적 비율도 0.2%에 불과하다. 무가온 재배는 포도, 금감, 단감, 감귤류, 유자, 무화과 등 여러 과종이 재배되고 있는데 그 비율 역시도 0.55%밖에 되지 않는다. 단감은 무가온 재배로 시설재배면적이 1.4ha로 극히 좁은 면적에서 시도되고 있다.

(표 15-1)  과수시설재배 면적과 비율　　　　　　　　　(1991년도)

| 과종별 | 재배면적 | 시설 재배면적 | | | 비율 |
|---|---|---|---|---|---|
| | | 가 온 | 무가온 | 소 계 | |
| | ha | ha | ha | ha | % |
| 계 | 58.362 | 115.1 | 320.3 | 435.4 | 0.75 |
| 포　도 | 14.962 | 38.5 | 165.8 | 204.3 | 0.35 |
| 복숭아 | 12.933 | - | 0.5 | 0.5 | 0.0009 |
| 단　감 | 9.869 | - | 1.4 | 1.4 | 0.002 |
| 감귤류 | 19.287 | 76.6 | 10.4 | 87.0 | 0.15 |
| 금　감 | 141.0 | - | 141.0 | 141.0 | 0.24 |
| 유　자 | 1.742 | - | 1.0 | 1.0 | 0.002 |
| 무화과 | 26.0 | - | 0.2 | 0.2 | 0.0003 |

# 제1절 시설재배의 현황과 전망(現況, 展望)

 감 시설재배에 대하여 '89~'90년도 2년간 원예시험장 나주지장에서 시험에 성공하여 농가에 기술보급이 되어, '91년도 단감의 무가온 재배면적이 1.4ha가 되고 참여 농가수가 12농가에서 시작을 하고 있다. 지역별로 재배농가를 보면 전남이 4농가, 경북이 7농가, 경남 1농가이고 재배품종은 서촌조생이다.
 한편 일본을 보면 '90년도 시설재배면적이 9,408ha로 포도외 15개 과종이 넘으며 역시 포도의 재배면적이 6,403ha로 가장 넓다. 다음이 감귤로 1,056ha이며 감은 17ha에서 재배되고 있다.
 앞으로 경제 성장률이 더 높아지고 국민 보건차원과 수용가의 기호에 따라 전망이 밝다고 보며 또 조기 생산시에 가격이 높게 형성되기 때문에 감은 시설재배의 적정치가 되기 전까지는 전망이 있을 것으로 본다.

## 제 2 절 시설재배의 특징(特徵)

### 가. 시설재배에 적합한 품종

시설재배 품종으로는 첫째, 숙기가 빠르고 둘째, 다수성(多數性)이며 셋째, 고급품질이 생산되어야 한다. 성숙기는 7월에서 8월의 고온기에도 비교적 착색이 잘 되고 쉽게 연화되지 않는 품종이라야 재배가치가 있다. 이 외에도 생리적 장해(生理的 障害)가 적게 나타나는 품종이면 더욱 재배가치가 있다. 서촌조생은 착색이 빨리 되고 과피색이 선명하여 현재 우리나라에서 시설재배 품종으로는 가장 적합한 품종이라 본다.

### 나. 조숙(早熟), 고품질 생산 가능

시설내 재배는 숙기를 단축시키고 당도를 높게 한다.
나까우(中条)에 의하면 부유감의 성숙기에 온도별 과실크기와 당도를 조사한 결과 10℃보다 20℃에서 과실도 대과가 생산되고

(표 15-2) 부유감의 과실형질과 성숙기 야온과의 관계

| 처리온도<br>(℃) | 과 중<br>(g) | 과실의 크기(cm)<br>(종경×횡경) | 과 피 색<br>(H.C.C) | 당 도<br>(BX) | 수 분<br>(%) |
|---|---|---|---|---|---|
| 10 | 140 | 4.91×6.99 | 10.5 | 17.1 | 83.0 |
| 15 | 155 | 5.05×7.31 | 12.5 | 17.2 | 82.8 |
| 20 | 156 | 4.95×7.32 | 14.0 | 19.8 | 78.2 |
| 25 | 156 | 5.11×7.18 | 11.5 | 16.6 | 83.3 |

당도도 높아진 결과를 얻었다. 그러므로, 시설내의 재배는 온도조절이 가능하므로 품질이 향상될 수 있다.

## 다. 생산성 증대와 수세 관리(樹勢管理)

시설내(施設內)는 주어진 환경이기 때문에 환경조건인 온도, 습도, 가스, 토양 비옥도가 초과되거나 부족현상을 가져올 위험성이 높다. 그래서 시설재배시에는 신초의 도장성과 잎이 넓고 크지만 두께는 얇아지며 매년 계속 시설내에서 재배하게 되면 수세가 약해지기 쉽다.

생산성 증대를 위해서 토양의 유기물 충분시용과 토양 pH6.0~6.5가 되게 조정할 것이며 적정량의 시비와 적기에 관수도 중요하다. 그리고 시기별 주야간에 온습도 조절이 중요한 관건이 된다. 또, 매년 균산(均産)으로 격년결과를 방지하고 고품질의 생산을 위해서는 착과조절도 해야 한다.

## 라. 가온 개시(加溫開始) 및 시기 결정(時期決定)

감나무는 겨울철에 가온을 하여도 발아, 개화 등 생육 반응이 둔한 과종이다. 이 기간을 자발휴면기(自發休眠期)라고 하며 자발휴면이 끝나는 시기는 대개 1월 상·중순이다. 이때를 가온개시 시기로 잡는다. 자발휴면이 끝나는 조건은 겨울철의 온도, 수세, 품종에 따라 차이가 있다. 최근에는 숙기를 단축하면 수익성이 증대되므로 석회질소 상등액을 처리하여 자발휴면을 타파시켜 조기생산을 하고 있다.

## 마. 초기 생육 단계는 온도 순화(溫度馴化)

시설내의 초기 생육을 위한 온도 관리는 너무 고온을 하면 피해를 받으므로 노지(露地)에서의 생육 단계별로 적온에 부합되도록 관리하는 것이 좋다.

가온 초기부터 고온(최저 15℃, 최고 25℃)으로 관리하면 발아 및 개화가 표준관리에 비하여 앞당겨지나 생리 장해가 발생할 수 있어 피해를 보게 되며 열관리로 인한 유류 소모가 과다하면 생산비(生產費)가 높아지므로 경영면(經營面)에서 충분한 검토가 이루어져야 한다.

## 바. 적숙기 수확(適熟期收穫)

과실이 생산되지 않는 시기에 시장 출하(市場出荷)가 되므로 수확이 빠르면 빠를수록 과실 가격을 잘 받게 된다. 그래서 가격에 좌우되어 미숙과(未熟果)를 수확 판매하는 경우가 있게 되는데 그렇게 되면 소비자들에게 불신을 받게 되며 결국은 농민은 설 땅이 없어지게 된다. 또 소비자들은 과실의 품종과 특성을 잘 알고 이해하기 때문에 미숙과 수확은 소비자에게 나쁜 인상을 주게 되어 시설재배에서 생산된 과실은 불신을 받게 될 우려가 있으니 적숙기에 수확하여 출하가 되어야 한다.

과실도 생산물로서 상품(商品)으로 생각하고 처리를 잘 해야 된다. 그래서 농가는 포장도 잘 하고 품질도 좋은 단감을 생산하여 생산 농가의 상표(○○농협, ○○농원, 김○○, 품종 : 부유)를 붙여 신용을 받도록 생산을 해야 한다. 그러므로 과실의 크기, 착색정도, 당도가 적합한 시기에 수확하여 출하해야 된다.

# 제 3 절  작형(作型)

하우스나 유리온실을 이용한 재배는 노지재배에 비하여 시설비, 난방비(煖房費)가 들고 많은 노동력이 들어 생산비가 높으므로 생산물 판매가격이 높아져야 되기 때문에 가격이 높게 판매되는 시기에 수확이 가능하도록 해야 한다. 그리고 고품질의 안전 생산이 가능한 품종을 재배하여야 하며 그래서 품종선택에 있어서는 신중(愼重)을 기해서 충분히 검토 후 결정해야 된다.

시설재배의 품종선택에 있어 주요 요점은 첫째 온도에 대하여 민감하고 온도 요구도가 낮은 품종, 둘째 개화기부터 성숙기까지의 기간이 짧은 품종을 선택하는 것이다. 현재 단감 시설재배에 유망시되는 품종은 서촌조생이다. 서촌조생은 착색이 빨리 되어도 과피색이 아름다우나 결점은 과육내 종자수가 적으면 떫은 맛이 남는 것이다. 그리고 개화후 온도관리(고온일 때)를 잘못하면 과피에 흰 줄무늬가 찍혀서 상품성이 떨어진다.

작형은 노지재배를 중심으로 발전한 과수재배이기 때문에 채소와 화훼재배와 같이 작형이라고 하는 개념은 일반적으로 희박한 상태에 있다. 그러나 시설재배가 과수도 시작이 되었으므로 가온시기와 시실의 구조 같은 작형분화가 되어야 한다.

과수의 시설재배에 있어 작형을 가온방법(加溫方法) 중심으로 분류해 보면 무가온과 가온 재배로 크게 나눌 수 있다. 가온 방법에 있어서는 그 시기의 조만(早晩)에 의하여 초조기가온(超早期加溫), 조기가온(早期加溫), 표준가온(標準加溫), 후기가온(後期加溫)과 같이 세분할 수 있다. 또, 가온의 정도에 따라 보통 가온과 저가온(低加溫)으로 나눈다. 전자는 생육단계에 따라 최적온도 조건이 되게 가온하는 작형이고 후자는 저온장해를 회피할 정도로 가온하는 작형이다.

원예시험장 나주지장과 부산지장에서 '89~'90년도까지 2년간 단감을 무가온 하우스에서 시험한 것을 보면 2월 5일 비닐을 피복하고 무가온 재배를 하면 9월 4일 수확이 되고 또 3월 5일 비닐을 피복하면 9월 12일에 수확이 된다. 노지재배에 비하여 전자는 23일

(표 15-3) 서촌 조생 하우스 무가온 재배시 품질과 숙기 비교

(나주, 부산지장 : '90)

| 피복시기 | 과 중<br>g | 당 도<br>(°BX) | 경 도<br>Kg/5mm | 숙 기<br>(일) | 숙기 촉진<br>(일) |
|---|---|---|---|---|---|
| 2.5 | 196 | 16.3 | 4.29 | 9.4 | 23 |
| 3.5 | 187 | 16.3 | 4.12 | 9.12 | 15 |
| 노 지 | 173 | 13.8 | 3.91 | 9.27 | 0 |

이 후자는 15일이 숙기 촉진이 되고 과중, 당도 등의 품질 향상이 될 뿐만 아니라 수량은 2.4배가 증수되고 소득은 3.6배가 증대되었다.

일본에서 서촌조생의 하우스재배작형을 보면 그림 15-1과 같다. 조기가온 1월 상순에 비닐 피복을 해서 가온을 1개월간 하면 3월 중하순에서 4월 상순에 개화가 되고 수확은 8월 중순에서부터 시작된다. 무가온은 3월 상순에 피복하면 5월 상순에 개화가 되고 수확은 9월 중순부터 된다.

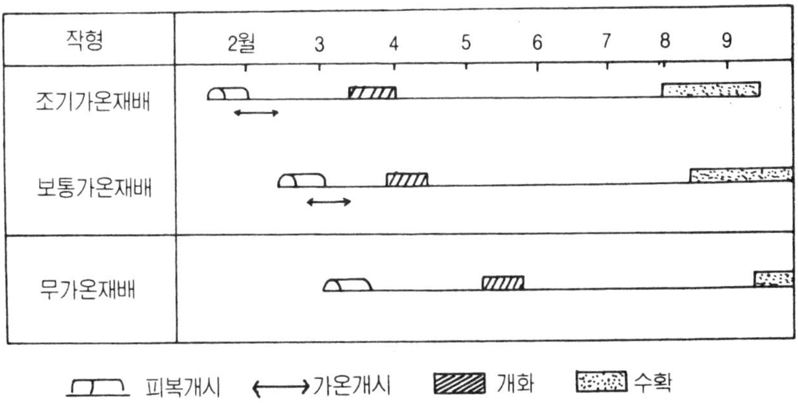

| 작형 | 2월 3 4 5 6 7 8 9 |
|---|---|
| 조기가온재배 | |
| 보통가온재배 | |
| 무가온재배 | |

☐ 피복개시   ⟷ 가온개시   ▨ 개화   ▨ 수확

(그림 15-1) 감 시설재배의 작형

## 제 4 절  시설 재배의 생리반응(生理反應)

 시설재배는 자연 환경과 다른 환경조건(環境條件)을 만들어 그 조건에 부합되는 관리를 함으로써 고품질 과실의 안전 생산을 목적으로 하는 것이다. 그리하여 피복(被復)한 시설의 환경조건은 자연조건과 다른 환경이 되기 때문에 적정(適正)한 재배관리를 해야 하며 환경조건과 과수의 생리, 생태적 반응을 이해하고 처리를 해 나가야 한다. 또, 광(光), 온도 및 수분 같은 환경조건이 다르면 잎의 크기와 두께의 형태적 변화에 의한 영향을 받거나 아니면 잎의 착엽밀도(着葉密度)와 수광상태(受光狀態) 같은 생태적 반응을 나타내게 된다.
 광합성능에 관련하는 환경요인으로는 광(光), 온도, 습도, 탄산가스 농도 같은 지상(地上) 환경과 토양수분과 같은 지하(地下) 환경을 들 수가 있다. 또, 광합을 미치게 하는 환경요인의 영향은 광의 강도 같은 직접 광합성의 반응에 영향을 주는 경우와 광합성의 계절적 변화에 미치게 하는 온도조건 2가지가 있다.

### 가. 광 조건(光 條件)

 광합성에 관련하는 광 조건으로는 광강도(光强度), 광의 파장(波長), 산란광(散亂光) 같은 것을 생각할 수 있다.
 광의 강도는 어디까지나 광합성 속도를 지배하는 가장 중요한 환경요인이다. 광의 강한 힘은 말할 필요도 없이 광합성 속도를 빠르게 하는 가장 중요한 요인이 되는 것이다.

(표 15-4) 과종별 광합성 특성

| 과 종 별 | 광보상점 (lx) | 광포화점 (KLux) | 광합성속도의 범위 (mg $CO_2$ $dm^{-2}$ $hr^{-1}$) | 광합성속도의 평균 (mg $CO_2$ $dm^{-2}$ $hr^{-1}$) |
|---|---|---|---|---|
| 감 | 300~400 | 60 | 13-20 | - |
| 사 과 | 300~400 | 40~60 | 20-36 | 25.2 ±5.4 |
| 배 | 300~500 | 40~60 | 21-30 | 26.2 ±2.6 |
| 복 숭 아 | 200~300 | 40~60 | 21-28 | 25.3 ±4.1 |
| 포 도 | 300~400 | 40~60 | 20-29 | 24.11±4.7 |
| 양 앵 도 | 400 | 40~60 | 20-30 | 26.1 ±6.8 |
| 온주밀감 | 800~2,000 | 30~40 | 10-17 | - |

주 : 本条와 鴨田 등 여러사람의 성적을 小野가 개편작성

과수의 광합성 특성을 과종별로 검토해 보면 표 15-4와 같다. 광보상점(光補償点)을 가지고 보면 사과, 배, 포도, 복숭아, 양앵도, 감과 같은 낙엽 과수는 조도(照度) 300~500lux의 수치(数値)에 있으나 온주 밀감은 광보상점이 800~2,000lux의 수치를 보이고 있어 낙엽 과수에 비하여 높은 수치를 보이고 있다.

수종별(樹種別)에 광합성 속도를 비교해 보면 사과인 경우 광합성 속도의 전체 평균은 25.2±5.4mg $CO_2 dm^{-2} hr^{-1}$ 이다. 이때 약 30%는 30~36mg $CO_2 dm^{-2} hr^{-1}$인 경우도 있다. 같은 기준이 되는 광합성 속도의 범위를 과종별로 비교해 보면 온주밀감 및 감은 10~20mg $CO_2 dm^{-2} hr^{-1}$의 수치이고 이것 이 외의 과종은 어느것이나 20~36mg $CO_2 dm^{-2} hr^{-1}$ 범위의 수치를 보였으며 과종별로 볼 때는 큰 차이가 없다.

## 나. 토양수분(土壤水分)

토양수분은 양수분의 흡수 증산 작용을 통해서 광합성 속도와 생리기능에 관여하는 것으로 뿌리의 신장, 토양미생물의 활동, 토양 중의 성분의 이동 등 토양환경조건을 지배하는 역할을 하고 있다.

일반적으로 식물의 광합성 속도를 보면 종류별의 호적수분(好適水分)이 존재하는데 이것에 의하여 건조조건이 오면 광합성 속도는 떨어지고 그로 인하여 잎은 시든 후 심하면 고사(枯死)하게 된다.

낙엽과수에 있어서 토양수분과 광합성 속도와의 관계를 조사한 성적은 적으나 광합성 속도가 0이 될 때(기공이 폐쇄되었을 때)에 토양수분을 과종별로 비교해 보면 포도(巨峰), 및 배(幸水)는 pF2.6~2.7 정도이고 온주밀감은 pF3.8~4.0이었다.(鴨田外)

오노(小野)가 토양건조 정도에 따라 관수 후의 광합성 능력의 회복하는 시간을 온주밀감에서 시험한 결과를 보면 온주 밀감을 폿트에 심어 토양을 건조하게 만든 후 관수를 한 경우 광합성 속도의 변화결과는 그림 15-2와 같다.

토양수분을 pF2.0에서 pF3.7까지 건조시킨 경우 광합성 속도(光合成速度)는 급격히 떨어지나 그 후 충분한 관수를 하면 토양수분은 빨리 회복되나 잎에서의 광합성 속도가 긴조전 상대로 돌아가는 기간은 약 7일이 걸렸다.

같은 시험으로 토양수분을 pF2.5와 pF3.5로 건조시킨 후 재관수를 했을 때 엽의 포텐샬은 익일 회복되었으나 광합성 속도의 회복(回復)은 1일 내지 3일이 걸렸다. 포장에서 온주밀감을 가지고 토양수분과 광합성 속도의 관계를 조사했을 때 토양의 표토가 pF2.7로 떨어졌을 때 지표면 30cm 깊이의 토양수분은 pF2.0 이하가 되

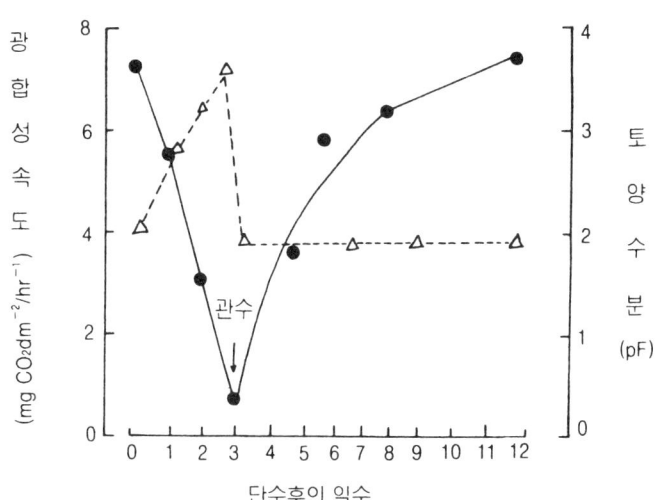

(그림 15-2) 단수후 재관수가 온주밀감잎의 광합성 속도에 미치는 영향(小野)

는데 이때 광합성 속두는 약 30%가 떨어졌다고 고노(小野)는 말하고 있다.

시설재배를 하는 데 있어 재배면적은 한정되어 있으므로 이 면적을 최대한도(最大限度)로 유용하게 이용해야 한다. 그러므로 지상부와 지하부의 뿌리관리가 아주 중요한 것이다.

이마이(今井)는 포도의 뿌리 제한 재배에 관하여 연구한 결과 적정한 배토량(培土量)과 토양수분관리에 의하여 양질의 과실을 안정 생산할 수 있다고 했다.

## 다. 온도(溫度)

　시설재배는 노지재배에 비하여 고온조건이기 때문에 수체온(樹體溫)은 노지보다 보통 높은 온도가 되기 때문에 광합성과 호흡에 미치는 영향은 크다. 그러므로 기온과 광합성 속도 및 호흡속도와의 관계를 검토해 보면 수체온, 특히 엽온(葉溫)에 높은 조건에 있다.

　모도쪼(本条 '89)는 광합성 속도 및 호흡 속도에 대하여 생육 온도에 영향을 미치기 때문에 포도(巨峰)를 가지고 유리온실과 노지재배에서 비교해 보았다. 광합성 속도의 최적온도(最適溫度)는 유리온실재배에서는 29℃ 부근이었고 노지재배(露地栽培)는 21℃ 부근이었다. 양자간의 온도차이는 8℃였다. 이때 호흡속도는 노지재배가 유리온실재배보다 높았다.

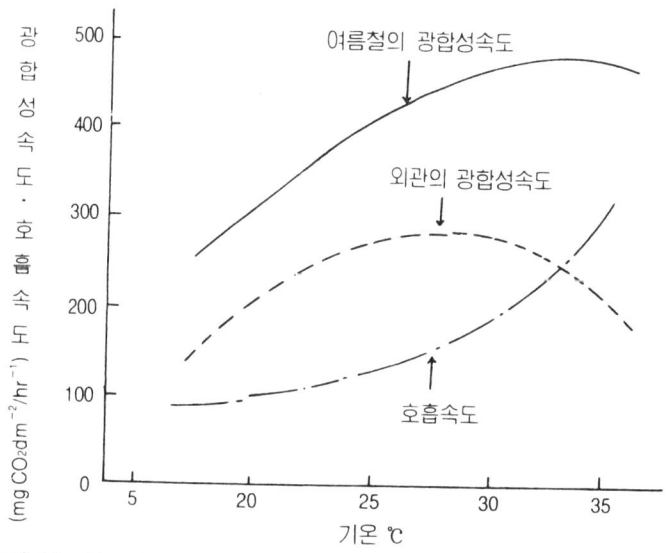

(그림 15-3) 온도와 온주밀감엽의 광합성속도와 호흡속도와의 관계(小野)

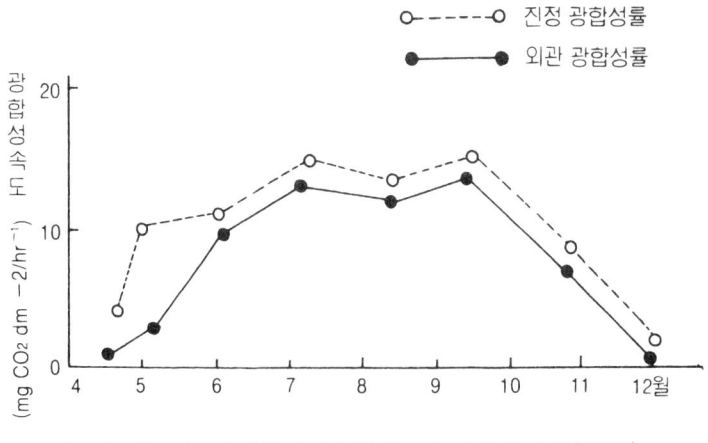

(그림 15-4) 감나무의 광합성속도의 계절적 변화(日野)

그림 15-3을 보면 외관의 광합성 속도는 16℃부터 기온이 상승하면 증대되지만 28℃를 지나면 최적 온도를 지나게 되어 광합성 속도는 떨어진다. 그러므로 시설내 온도는 20~25℃가 최적 온도가 된다.

한편 잎의 생장 정도와 계절에 따라 광합성 능력을 그림 15-4에서 보면 외관 광합성률이 진정 광합성률보다 항상 높은 것을 볼 수 있다. 광합성 능력의 최고치는 7월과 9월 하순이다.

## 라. 습도(濕度)

공기 습도의 높고 낮음은 잎의 증산량 즉, 기공(氣孔)의 개폐(開閉)와 밀접한 관계가 되는 것으로 광합성 속도에 큰 영향을 주게 된다. 또, 광합성 속도에는 공기습도 외에도 풍속과 기온(엽온:葉溫)이 동시에 관계되는 것이다.

고노(小野)에 의하면 온주밀감을 가지고 공기습도와 광합성 소

속도와의 관계를 조사한 결과 상대 습도가 38~86%로 변화가 되면 광합성 속도는 2배로 증가된다고 했다.

## 마. 탄산가스($CO_2$)

탄산가스는 광합성에 있어 필요한 성분인데 탄수화물의 소재에서 얻어지는 성분으로서 이 탄산가스의 많고 적음이 광합성 속도에 역시 크게 영향을 준다. 일반적으로 노지재배에서는 상당한 밀식과 과번무(過繁茂)한 상태에서 재배가 되고 있기 때문에 자연적인 바람이나 온도교차에서 가스의 확산이 이루어지기 때문에 탄산가스의 농도는 적어지게 된다. 그러나, 시설 재배 환경에서는 외기(外氣)의 유통을 절단시키기 때문에 탄산가스 농도가 높아질 수 있다.

표 15-5를 보면 흐린 날에는 광합성 속도가 늦어도 광도가 높아지고 탄산가스의 시용량이 많아지면 광합성 속도가 증가된다.

즉, 광도가 낮은 20KLux 이하는 광합성 속도가 17이나 광도가 50KLux인 경우에는 탄산가스 농도가 356ppm에서는 광합성 속도가 20이고 3배구인 1,027ppm 시용구에서는 광합성 속도가 40으로 증가 되었다.

(표 15-5) 광도 및 탄산가스 농도가 광합성 농도에 미치는 영향 (鴨田 : '88)

| 품 종 | 탄산가스농도 (ppm) | 광 도(Klux) | | | | | | |
|---|---|---|---|---|---|---|---|---|
| | | 1 | 5 | 10 | 20 | 30 | 40 | 50 |
| 서촌조생 | 356 | 1 | 7 | 14 | 17 | 19 | 19 | 20 |
| | 622 | 1 | 7 | 14 | 17 | 20 | 23 | 25 |
| | 1,027 | 3 | 10 | 17 | 27 | 34 | 38 | 40 |

주 : ① 단위 : $CO_2 mg/dm^2$/시간  ② 온도 : 15~20℃, 통기량 10ℓ/분

## 제 5 절  시설재배시의 식물생장 조정제 이용
### (植物 生長 調整劑 利用)

시설재배하에서 자라고 있는 단감나무는 노지상태와 다른 환경 조건의 영향을 받고 자라고 있다. 즉, 피복 가온에 의한 급격한 변화(일교차 증대)라든가 또는 수분 조건의 변화, 일조 조건의 큰 영향을 받게 된다. 이와 같은 여러가지의 환경요인은 과수에 대하여 생리적인 스트레스를 주게 되는 원인이 되므로 생태적으로도 영향을 받게 된다. 그러므로 환경변화에서 발현되는 여러가지 현상에 대응하기 위하여 재배관리한 수단으로 식물생장 조절을 이용할 필요가 있다.

### 가. 휴면타파(休眠打破) 및 발육촉진(發育促進)

시설재배에서는 일반 노지재배보다 생육이 촉진되기 때문에 발아는 일찍 되지만 노지재배에서와 같이 휴면 타파가 일제히 되지 않고 또 되어도 고르지가 않다. 그래서 이와 같은 문제를 해결하기 위해 식물생장조절 물질(植物生長調節物質)이나 여러가지 화학물질(化學物質)을 이용해서 휴면 타파를 하는 것이다.

1) 석회질소(石灰窒素)

석회 질소는 칼슘 아나미드가 주성분인 물질로 비료로서 사용되고 있다. 처음에 구로이(黑井)가 '63년도 뽕나무에 도포하여 휴면

(표 15-6) 석회질소 처리시기별에 의한 감 도근조생의 생육촉진 효과

| 처리 시기 | 발 아 | 전 엽 | 개 화 |
|---|---|---|---|
| '82. 12. 6 | 2.9 (7.4) | 2.19(5.4) | 3.27(3.4) |
| 12. 15 | 2.9 (6.6) | 2.20(4.6) | 3.27(3.2) |
| 12. 25 | 2.11(5.4) | 2.20(4.8) | 3.28(2.4) |
| '83. 1. 5 | 2.11(4.6) | 2.23(1.8) | 3.30(0.8) |
| 1. 15 | 2.12(4.1) | 2.23(1.8) | 3.30(1.2) |
| 1. 25 | 2.15(1.0) | 2.26(-0.6) | 4.2 (-0.4) |
| 무 처 리 | 2.16 | 2.25 | 4.1 |

주 : ( ) 수자 +는 촉진일수이고 -는 지연일수임.

이 타파되어 발아되는 것을 보고 포도에도 처리하여 같은 효과를 보았다고 했고 모리모도(森元)가 '78년도에 감, 복숭아, 사과, 서양배나무에서 휴면 타파의 효과가 있다고 했다.

석회질소 20% 상등액(上等液)의 제조 방법은 물에 대하여 20% 상당하는 석회질소 분말을 넣고 약 30분간 계속 저어(攪拌)주고 30분후 정지시킨 뒤에 상등액(上等液)을 받으면 된다. 이때 주의할 것은 수세가 약한 나무는 가지에 고사지가 발생하므로 농도(濃度)를 약간 희석해서 살포하는 것이 안전하다.

석회질소의 발아촉진효과는 가급태의 질소가 눈(芽)에 처리되면 급속히 흡수되어 생육이 촉진되는 것으로 생각이 된다. 살포시기는 지역에 따라 약간 다르나 11월 하순에서 12월 상·중순경이 처리 적기가 된다.

표 15-6를 보면 감 도근조생(刀根早生)을 가지고 1월 중·하순에 가온을 시작하기 때문에 석회질소 20% 상등액을 12월 상순에 처리한 경우 발아기가 7~10일 단축되었고 처리시기가 늦으면 늦을수록 생육촉진효과가 떨어졌다.

2) 뽀린산

　액비로 일본에서 시판되고 있는 것으로 초산태 질소와 암모니아태 질소를 합하여 7.0%가 함유되게 하고 그 외에 인산, 칼리외 수종의 미량원소를 가미(加味)시킨 일종의 액비(液肥)이다. 일반적으로 생육기에 생육 촉진용으로 엽면 살포제(葉面撒布劑)로 이용하고 있다.
　감 도근조생에 12월 상순에 처리하면 발아는 8일, 전엽은 4~7일, 개화는 3~4일 단축시켜 석회질소와 같은 효과를 보이고 있다.

## 제 6 절  시설 재배의 관리 요령(管理要領)

### 가. 재배상(栽培上)의 주요한 관리

비닐피복을 하면 하우스내의 온도와 습도는 외기와 다른 상태가 되는 것이다. 감의 생육과정에 있어 각 시기에 맞는 좋은 생육 환경 조건이 되게 하고 특이한 것은 비배관리(肥培管理)가 피복재배에 있어서 중요하다는 것을 인식해야 한다. 각 시기별 하우스내의 관리 작업을 요약하면 표 15-7과 같다.

(표 15-7)  무가온 하우스 재배시 생육과정별 관리  (예 : 山形砂丘農試)

| 별, 순별 | 생육 과정 | 주요작업관리 | 온도관리(환기) | 토양 관리 |
|---|---|---|---|---|
| 2월하순 | 휴면기 | 하우스 세울 준비. 전정. 관수 | 온도가 과분하게 높으면 장해가 생긴다. 일중온도 20~25℃ | 적설지대는 눈을 치우고 지온이 상승하도록 한다. a당 관수는 1.5~2.0kℓ 약 15~20mm임 |
| 3월하순 | 휴면기 | 비닐피복은 비오지 않고 바람이 불지 않는 날 하고 지역에 따라 2중 피복도 함. | 야간온도는 하우스내를 지키며 온도를 높인다. | 지면에 멀칭을 해서 지온을 상승시킨다. |
| 3월중순 | 발아기 | 온도관리(환기 실시) | 일중온도는 25℃가 적당 30℃ 이상 되지 않도록 주의 | 하우스내 토양 온도는 높게 |

| | | | | |
|---|---|---|---|---|
| 4월상순 | 전엽기 | 눈따기 | 일중온도는 30℃ 이상이 되지 않도록 하고 밤에는 보온이 되도록 함 | 관수량을 증가시킨다 |
| 4월상~하순 | 신초성장기 | 온도 관리 | 고온다습하지 않게 하여 신초의 도장이 되지 않도록 | |
| 5월상~중순 | 개화기 | 꽃눈 솎기, 적과 | 낮온도가 30℃ 이상 되지 않도록 하고 환기 철저 | 하우스내 습도는 떨어뜨린다. 토양의 적습도 유지 |
| 5월중순 | 과실비대기 | 비닐벗기기. 2중 피복도 제거(단 만상피해일 고려 제거) | 바람없고 비오지 않는 날을 택해서 비닐제거<br>최저온도 : 20℃<br>최고온도 : 28℃ | 토양적습 유지 |
| 8월중순 | 착색시작시기 | 하계 전정<br>반사필름 멀칭 | | |
| 9월중순~10월상순 | 수확기 | 적기 수확. 수확 후수세쇠. 약한 나무시비 | | 반사필름제거 |
| 10월상순 | 낙엽기 | | | 토양개량, 낙엽처리 |

## 나. 비닐 피복전 준비(被覆前 準備)

### 1) 수형(樹形)과 전정의 정도(程度)

비닐 하우스내에서 감나무를 관리하게 되므로 수고는 낮추고 수광(受光)이 잘 되도록 해서 단위면적당 최대의 수량이 수확되도록 해야 된다.

측지 갱신(側枝更新)을 계량해서 많이 절단하지 않도록 하고 아주 약하고 가는 가지는 겹치지 않는 것은 그대로 두어 다음해 예비지(豫備枝)로 사용한다. 또, 양분생산을 위하여 엽수확보(葉數確保)가 중요하므로 결과모지 중심으로 하는 전정을 피하는 것이 좋다.

### 2) 바람가리개 설치(設置)

배, 복숭아, 포도나무는 발아기를 전후해서 새로운 뿌리가 뻗어 나오고 이 새뿌리에서 양수분을 흡수하여 개화에 도움을 준다. 그러나 감나무는 신초의 신장이 끝나는 5월 중순쯤 새로운 뿌리가 뻗어 나온다. 그러므로 신초신장이 20일쯤 늦어지므로 하우스 설치 예정지에는 바람가리개나 방풍담(防風垣)을 설치해서 지온이 상승되도록 해주는 것이 좋다. 또, 이와 같은 것을 설치해 두면 강풍에 의한 시설의 파손을 막을 수 있게 한다.

### 3) 피복시기의 결정(決定)

피복시기의 결정은 감의 생리적 면과 피복에 대한 영농효율(營農效率)을 충분히 검토해서 해야 된다. 감은 다른 수종에 비하여 자발휴면기(自發休眠期)가 길다. 자발휴면 기간중에 피복을 하고 가온을 해도 발아는 되지 않는다. 자발휴면기는 1월 하순~2월 상순에 끝나므로 타발휴면기에 들어가는 2월 상순 이후에 피복하고 가온을 해야 한다. 무가온재배에서도 외기온도와의 관계를 충분히 검토해서 결정해야 한다.

## 다. 온도 관리(溫度管理)

1) 가온하우스의 온도관리(溫度管理)

감은 타발휴면 기간에는 온도에 민감하므로 고온으로 관리를 하면 피해가 많다. 피복당초에 온도가 높으므로 발아가 고르게 되지 않는다. 그리고 신초의 신장기에는 절간이 길게 자라서 무성하게 된다.

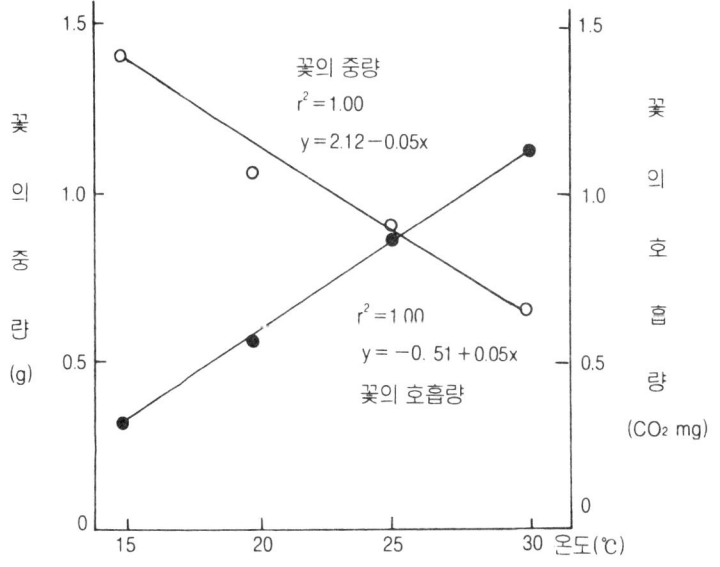

(그림 15-5) 꽃의 중량이 호흡량과 온도에 미치는 영향(中榮 : '80)

이시다(石田)가 감의 화기(花器)의 발육과 온도와의 관계를 보았을 때 고온이면 꽃의 무게는 떨어지는 것을 확인했다.(그림 15-6)

감의 꽃눈은 발아기부터 각기관이 분화(分化)하여 신초의 생장이 급속하게 신장이 된다고 하였다. 고온일 때 발아부터 개화기까지는 단축되고 화기의 분화발육(分化發育)도 단기간 동안에 형성되며 이때 호흡에 의하여 양분 소모가 증대되므로 화기(花器)는 작아지게 된다.

또, 고온일 때 화변(花弁)의 탄수화물의 전유(轉流)와 호흡소모와의 균형이 파괴되면 여러가지의 장해가 발생하는 원인이 되므로 서촌조생의 흰줄무늬과의 발생도 그 때문에 발생이 되는 것이다. 그리고 선사환은 화분의 발아율이 떨어지며(표 15-8) 부유는 인공수분을 했을 때 결실율이 높고 온도는 15℃에서 결실율이 양호하다. 30℃일 때는 인공수분을 해도 3%로 크게 떨어진다.(표 15-9)

비닐 피복시 온도관리는 생육기간중 최저온도는 다음과 같이 설정한다. 피복당초는 3℃ 전후로 가온을 시작하고 본격적인 가온으로 들어가서는 5℃로 올리고 그 후부터는 각 생육시기에 맞추어서 서서히 온도를 올린다. 과실비대기는 15℃ 전후로 온도를 조정하

(표 15-8) 선사환 품종의 화분발아에 미치는 온도와의 관계 (中条 : '80)

| 온도 ℃ | 개화기 (일) | 발아-개화일수 (일) | 조사화분수 (개) | 발아화분수 (개) | 발아율 (%) | 평균화분관길이 μ |
|---|---|---|---|---|---|---|
| 15 | 5.3 | 53 | 440 | 263 | 59.8 | 387 |
| 20 | 4.1 | 28 | 550 | 387 | 70.4 | 486 |
| 25 | 3.17 | 18 | 348 | 246 | 70.7 | 436 |
| 30 | 3.11 | 14 | 425 | 226 | 53.2 | 163 |

(표 15-9)  부유품종의 결실율에 미치는 온도와의 관계           (中衆 : '80)

| 온도 | 시 험 구 | 개화수 (개) | 낙과수 (개) | 결실수 (개) | 결실율 (%) |
|---|---|---|---|---|---|
| 15℃ | 인공수분구 | 30.0 | 0.0 | 30.0 | 100 |
|  | 무 처 리 | 39.9 | 14.0 | 25.0 | 64.1 |
| 20℃ | 인공수분구 | 27.3 | 9.0 | 18.3 | 67.1 |
|  | 무 처 리 | 37.0 | 37.0 | 0.0 | 0.0 |
| 25℃ | 인공수분구 | 34.0 | 13.3 | 20.7 | 60.9 |
|  | 무 처 리 | 33.0 | 33.0 | 0.0 | 0.0 |
| 30℃ | 인공수분구 | 33.7 | 32.7 | 1.0 | 3.0 |
|  | 무 처 리 | 37.0 | 37.0 | 0.0 | 0.0 |

주 : 결실율은 개화 26일후에 조사

고, 개화기는 12~14℃가 되게 유지한다. 하우스내 최고 온도는 피복 당초부터 발아할 때까지 20℃가 되게 하고 발아해서 전엽기 까지는 25℃ 전후가 되게 한다.

2) 무가온 하우스의 온도관리(溫度管理)

기본적인 온도관리는 가온 하우스와 같게 생각하면 된다. 특히 무가온 재배에서 주의할 점은 다음과 같다.

가) 피복시기……간의 휴면기가 끝니고 기상재해(동상해, 직설지대에서는 눈의 피해)의 위험이 적겠다고 판단되면 될 수 있는 대로 일찍 피복한다.

나) 동상해 대책……무가온 하우스는 맑은 날은 일중(日中)온도가 고온이 되고 밤부터 새벽까지는 노지와 별차이 없게 온도가 내려간다. 대개 하루의 온도 변화를 보면 저녁 5시에 23℃의 온도가

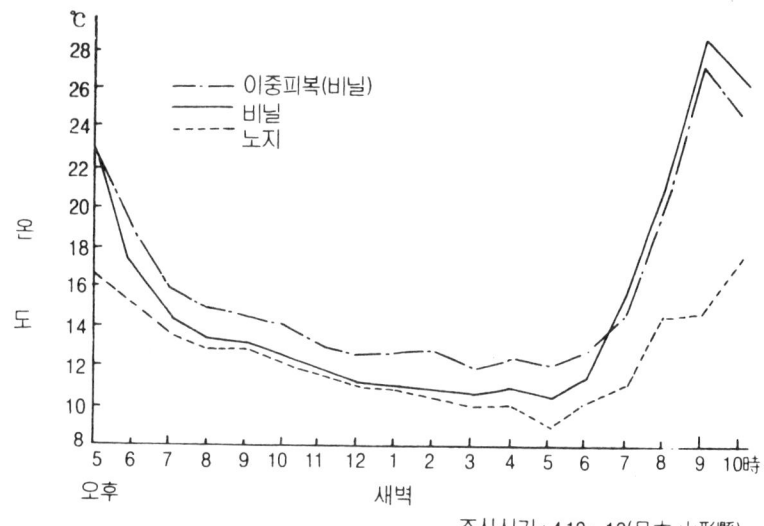

(그림 15-6) 비닐이중 피복의 밤온도 추이(推移)(山形砂丘農試 : '82)

시간이 지나면서 계속 내려가다가 새벽 5시가 되면 가장 많이 떨어져 비닐피복시 10℃까지 내려간다.

피복기간 중에도 0℃ 이하가 되면 동상해 피해가 일어날 수 있으므로 발아전후부터 전엽, 신초신장기에는 T.V나 라디오의 일기예보(日氣豫報)를 주의 깊게 청취해서 조치해야 한다.

일반적으로 하우스내는 노지에 비하여 야간온도는 높지만 동상해가 일이날 밤에는 피해를 받게 되므로 무가온 하우스내에도 가온기구는 준비를 해두는 것이 안전하다.

## 라. 관수(灌水)

감 시설재배시 관수에 대한 체계적인 기술관리는 연구된 것이 그리 많지 않다. 그러나, 비닐피복에 의해 자연강우를 차단했으므로 인공적인 관수가 필요하다. 일본 야마가다현의 예를 참고하면 비닐 피복시 충분 관수를 하고 발아기부터 전엽기까지는 관수량을 20mm 정도로 하고 신초 신장기는 15mm, 과실비대기부터 수확까지 20~25mm로 했다. 관수기간은 7일로 했고 관수는 오전중에 했다.

관수량은 토성과 토양, 지형, 토양관리에 따라 다른 것으로 충분 검토를 해서 실시해야 한다. 감의 관수효과는 높으나 무계획적으로 관수를 하면 안전생산과 과실품질이 떨어지며 또 그로 인하여 비료양분의 용탈(溶脫)이 많아져서 손해를 보게 된다.

하우스재배의 결점은 신초의 도장(徒長)이 되기 쉽고 잎은 너무 커지며 얇아지고 생리적 낙과의 발생이 되기 쉽다. 이와 같은 장해는 관수, 온도, 시비, 토양관리, 같은 것으로 인하여 발생되므로 조절을 잘해서 최소한으로 피해를 줄여야 하고 더 잘 관리를 해서 피해를 받지 않도록 하는 것이 중요하다.

## 마. 결실관리(結實管理)

1) 적뢰(摘蕾) 적과(摘果)

노지재배에서와 같이 생각하고 하면 된다. 그러나 착뢰수(着蕾數)는 노지재배보다 많은 경향이므로 누지보다 일찍 적뢰를 해서 적정착과(適正着果)를 시키는 것이 좋다. 시설재배시에는 기형과(畸形果), 이상과(異常果)의 발생이 많이 나타나므로 낙화후 약 2주에는 과실을 보고 판별이 가능하므로 1결과지(結果枝)에 1개의 과실을 두고 적과한다.

## 2) 인공수분(人工授粉)

서촌조생은 종자의 유무(有無)와 종자수의 다소(多少)에 따라 떫은 과실의 발생률이 달라진다. 그러므로 시설재배시에는 더욱더 인공수분을 실시해야 한다.

화분채취는 시설내에 수분수가 혼식되어 있으면 간단하게 채취가 되지만 혼식이 되어 있지 않을 때에는 수꽃이 많은 선사환과 적시에 비닐을 피복하여 개화를 촉진시켜 화분을 채취한다. 이 방법은 4월 중순 이후의 개화하는 작형에만 적용이 된다. 그러나, 이때 받은 꽃가루를 저온으로 저장하여 이용하면 다음해 4월 이전에도 수분이 가능하다.

## 바. 비닐 피복과 착색관리(着色管理)

### 1) 피복 비닐 벗기기

비닐 피복을 벗기면 실내와 실외와의 기온차가 없어지며 최저기온이 10℃가 되고 외기의 평균기온이 20℃ 전후가 된다. 이 시기는 6월 하순이 된다.

비닐 벗기는 시기가 늦어지면 피복한 비닐이 더러워져 광선의 투과가 불량해져서 광합성능력이 떨어지며 그로 인하여 생리적 낙과가 유발되거나 과실비대, 신초정지시기가 늦어질 수 있다. 비닐을 벗길 때에는 외기에 순화가 되도록 한다. 비닐을 하루에 전부 벗기면 일소 등 강한 햇볕으로 피해를 받게 되므로 옆쪽(側面)의 비닐을 먼저 벗긴 후 3~4일 지나서 천정비닐을 벗긴다.

2) 비닐 벗긴 후 온도와 착색관리(着色管理)

감의 과실은 착색이 품질을 좌우하게 되므로 매우 중요하다. 착색은 최초에는 양광쪽부터 엽록소가 적어지면서 황색으로 나타난다. 이같은 착색은 $\beta$-카로틴 같은 황색계 색소가 햇빛을 받아 생성되기 때문에 가지 밑이나 잎으로 가려져 그늘에 있는 과실은 착색이 잘되지 않는다. 그래서 착색을 위하여는 수광(受光)이 잘 되도록 해야 하므로 하계전정시 도장지 제거를 한다.

등홍색(橙紅色)은 리코핑색소에 의해 형성되는 것으로 이 색소는 온도와 관계가 깊다. 최적온도는 24℃이나 30℃가 넘으면 색소형성은 떨어진다. 그러므로 감의 착색을 위해서는 과실에 수광이 잘 되게 하고 온도는 최저 20℃에서 최고 28℃를 유지하면 된다.

# 제 16 장   병해충 방제(病害蟲防除)

## 제 1 절   병해의 생태(生態) 및 방제(防除)

### 가. 근두암종병(根頭癌腫病)

 이 병은 1853년 유럽에서 포도나무에 발생한 것이 처음으로 발견이 되었으며 그후 세계 각지에서 분포하는 것으로 알려졌다.
 우리나라는 1916년 일본(埼玉縣 安行 苗木産地)으로 부터 일본인이 원산에 갔다 재식한 사과, 배나무 묘목에 근두암종병이 20% 발생된 것을 갖다 심은 기록이 있으며 1915년 충남 조치원에서 사과에 발생한 것을 발견했다. 일본도 감의 근두암종병이 1900년 묘목산지에 만연이 되고 1923년에 가서는 많이 줄어 들었다는 보고가 있다.

 1) 병징(病徵)과 발병조건(發病條件)

 주로 나무줄기 및 뿌리에 발생된다. 포도나무에 있어서는 지상부(地上部)에도 많이 발생하고 있으며 사과나무에도 지제부(地際部)나 줄기에 혹같은 것이 간혹 달리는 것을 볼 수 있다.
 근두암종병은 세균에 의해 전염되는 병으로 상처(傷處)를 통해서 침입된다. 상처는 토양 중에서 생활하는 곤충의 식해(食害) 기타 심경시 농기계에 의해 상처를 받게 되는데 상처 융합기간이 3개월 정도 가기 때문에 이때 병균이 침입하게 된다.

본 병균은 6~8월 생육기간에는 1주일이면 상처를 통해서 식물체내로 침입이 가능하다.

암종이 형성되는 장소는 실생에서는 줄기와 뿌리의 경계부근이고 접목묘의 경우는 접목 부착부나 뿌리 중간부위 아니면 끝부분에서 발생된다.

암종의 초기증상은 병원균 침입장소는 표면 색깔이 담색으로 그리고 조직은 연하게 된다. 손가락으로 눌러보면 물러서 옴폭하게 자국이 나게 들어간다. 병반은 병원균 침입 후 6개월이 경과되면 농갈색으로 변하고 딱딱하게 굳으며 암종이 생기고 지상부의 생육은 떨어진다.

2) 병원균(*Agrobacterium tumefaciens*)

짧은 간상(稈狀)의 세균이고 1~3개의 짧은 편모(鞭毛)를 가지고 있으며 세균의 크기는 1.0~3.0 × 0.4~0.8$\mu$이다.

병원균의 최적 발육온도는 22~30℃이고 51℃에서 10분간이면

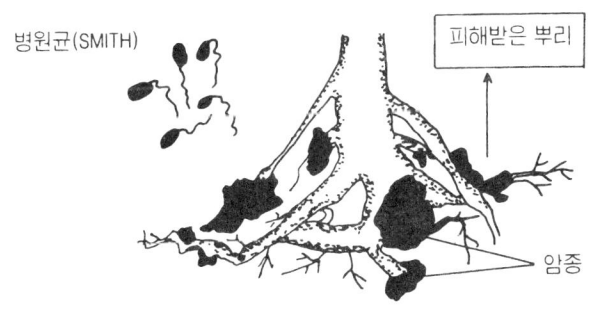

(그림 16-1) 근두암종병의 병원균과 병징

사멸(死滅)된다. 발육에 필요한 pH는 최저 5.7이고, 최적 7.3이며, 최고 9.2까지에서 생육이 가능하다.

3) 방제법(防除法)

㉮ 묘목은 무병모를 구입해서 심는다.
㉯ 작업 중 특히 나무줄기나 뿌리 지제부위에 상처를 생기지 않도록 한다.
㉰ 묘목은 암종제거 후에 스트렙토마이신 1,000배액에 침지 후 재식한다.
㉱ 저항성 품종은 선사환, 봉옥(蜂屋) 품종이다.

## 나. 탄저병(炭疽病)

우리나라는 단감의 재배역사가 그리 오래되지는 않았지만 일본은 재배가 오래되었고 예부터 감의 탄저병 피해를 많이 받았다고 한다. 본 병은 봄에 기후가 불순한 해에 발생이 많으나 재배기술이 향상되어 관리를 잘 하는 과원에서는 발생이 줄어든다.

1) 병징(病徵)과 발병조건(發病條件)

감의 탄저병은 연약한 신초, 유과(幼果)또는 성숙과, 엽병에 침입하여 피해를 준다.
신초의 녹지(綠枝)에 5월부터 발생하여 증상은 병반이 적은 반점으로부터 20mm전후의 병반 크기까지 확대가 되며 원형 또는 장타원의 암갈색(暗褐色)으로 병반부위가 옴폭하게 들어가 그 부분부터 가지가 죽어가며 병반 위쪽으로는 낙엽이 지고 가지는 검게 탄 것같이 고사된다.

유과기 8월 하순에 신초의 발병이 심한 과수원에서는 유과에도 많이 발생된다.

유과에 원형으로 된 작은 반점이 생기면 대개가 낙과가 된다. 또, 착색기에 발병되면 병과(病果)는 착색이 빨리 되고 낙과가 된다.

병반부위는 원형 또는 타원형으로 옴폭하게 들어갔으며 병반부위에는 흑색의 소립점(小粒点)이 밀생되어 있고 발병초기에 습윤하면 연붉은색의 점물질(粘物質)이 분비된다.

엽병에 발생되면 엽병이 흑갈색(黑褐色)으로 변하고 구부러지며 엽쪽(橫)으로 균열이 생기고 심하면 낙엽이 된다.

월동 전염원은 전년도 발병지가 주가 되고 눈, 낙엽이 떨어진 잎에도 병원균은 있는 편이다. 본 병원균은 4월 하순부터 병반에서 포자가 형성된다.

탄저병에 약한 품종은 부유, 선사환, 횡야이고 중정도의 품종은 차랑, 어소, 등원어소, 강한 품종은 천신어소, 四ツ溝이다.

2) 병원균(*Gloeosporium* Kaki)

분생포자(分生胞子)를 형성한다. 분생자경(分生子梗)은 한 곳에 모여 포자층을 형성하는데 분생자경은 무색에 1~수개의 격막이 있고 기부(基部)는 균핵상(菌核狀)으로 크기는 15~30 × 3~4㎛이다.

분생포자는 분생자경의 선단에 붙는다. 단세포에 원통형 또는 장타원형이나 약간 구부러진 것도 있다.

피해과실

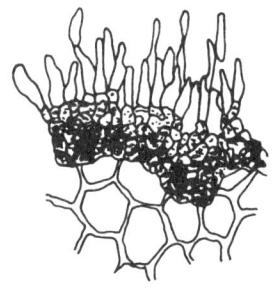
분생포자층 및 분생포자

피해가지

(그림 16-2) 탄저병원균과 피해증상

 무색으로 15~24×4.2~6.2㎛이고 발육온도는 22~27℃로 높은 습도가 계속되면 동온도에서 다량의 포자가 형성된다.

3) 방제법(防除法)

㉮ 낙엽을 제거하고 전정시 이병지(罹病枝)도 제거한다.
㉯ 통풍이 잘 되지 않은 과원에 발생이 심하므로 밀생원은 간벌해야 한다.
㉰ 새로운 살균제로 다코닐 500배, 톱신 엠 1,000배액을 6월 상순부터 9월 중순까지 10일 간격으로 약을 바꾸어 가며 살포한다.

## 다. 검은별무늬병(黑星病)

 고욤 대목묘에서 발생이 많이 되고 공대로 사용 묘목에서는 발병이 적다. 성목원에서도 관리가 부실할 때에는 발병이 되므로 동계 약제살포를 하면 발병을 줄일 수 있다.

1) 병징(病徵)과 발병조건(發病條件)

검은별무늬병은 신초, 어린잎, 유과 등에 침입하며 신초의 초기와 병징은 탄저병과 비슷하며 어린잎의 병징은 동제(銅劑)의한 약해와 유사하다. 본병은 탄저병보다 일찍 발생된다.

신초의 초기 증상은 흑색의 작은 점이 생기고 재차 확대되어 2~10mm크기의 타원형 내지 방추형의 병반이 된다. 탄저병과 같이 병반상에 핑크색의 포자층을 만들지 않으며 건전부와 이병부(罹病部)와는 경계가 확실하다.

어린잎은 2~5mm의 원형의 검은 흑색의 병반을 만들어 병반 주변에는 해무리 같은 무리가 생긴다. 그리고 큰 병반은 내부가 갈색으로 변한다. 피해 증상은 불규칙한 작은 반점이 되며 그 주변은 황화되고 중심부는 옴폭 들어가는 것이 많다. 병반으로 인하여 5월 하순에서 6월 상순에 낙엽이 많이 되고 낙엽으로 인하여 내년도 꽃눈도 지장을 받고 나무는 쇠약해진다.

과실에는 2~7mm의 불규칙한 흑색 병반을 만들고 병반은 내부까지 깊이 썩지 않으나 옴폭하게 들어가도 연화는 되지 않는다.

병과는 낙과가 되고 낙과되지 않을 경우에는 병반이 아주 검은 흑색으로 되고 병반이 확대되면 중앙부는 회백색으로 변한다.

본병에 내병성 품종은 부유, 차랑, 四ツ構이고 이병성인 품종은 천신어소, 횡야, 선사환이다.

## 2) 병원균(*Fusicladium leveri*)

　기주 표피세포(表皮細胞)의 큐티큘라층 밑에 2~3층의 술통모양의 담황갈색 세포로부터 간단한 자좌(子座)모양의 의유조직(擬柔組織)을 형성하여 그 표면에 수본 내지 10수본의 담자경(擔子梗)을 만든다.
　담자경이 신장되면 큐티큘라층을 뚫고 나온다. 담자경은 보통 원통형이나 회귀하게 분지(分枝)되는 것도 있다.
　담자경은 2~3개의 격막(隔膜)이 있고 격막부분은 약간 졸라 맨

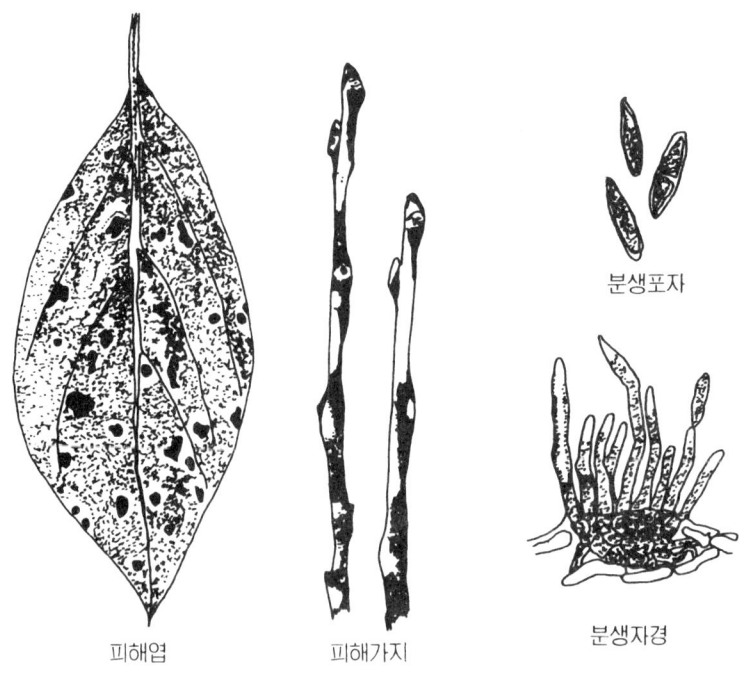

(그림 16-3)　검은 별무늬병의 병원균과 피해증상

것 같은 모양으로 되어 있다. 담갈색 내지 담황갈색이고 길이는 21~75㎛으로 크기의 차이가 많고 폭은 3.5~8㎛이다. 정부(頂部)에는 포자의 탈락된 흔적이 여러 개 있다.

병반상에 형성되는 분생포자는 14~33×3~6㎛의 원통형내지 장타원형으로 되어 있으며 1~2개의 격막으로 된 것이 많다. 발육최적온도는 20℃전후이고 35℃에서는 발육이 되지 않으나 10℃에서는 발육이 된다.

병원균의 월동(越冬)은 작년 신초에 형성된 병반내에서 균사로 한다. 또, 가을 잎에 발병된 병엽에서 월동도 하지만 발병은 아주 적다.

3월 하순경부터 병반상에서 포자가 형성되며 4~6월이면 신초, 어린잎, 유과에 전염이 된다. 이 시기에 강우가 많고 6월에 저온인 해에는 병이 많이 발생된다.

3) 방제법(防除法)

㉮ 동계약제 살포 철저(석회유황합제 5도)
㉯ 전염원은 월동 병반이므로 전정시 이병지 제거
㉰ 5~6월에 다이센엠 수화제 500배 살포 및 살균제를 살포한다.

## 리. 흰가루병(白澁病, 裏白澁病)

잎에 주로 발생하는 병으로 과실에 직접적인 피해는 주지 않으나 이 병으로 인하여 조기낙엽이 되므로 과실의 품질이 떨어진다. 근년에 이 병이 많이 발생하는 이유는 여러가지 원인이 있으나 몇 가지 주요한 원인을 살펴보면 발아 전 방제가 생략되고 사용약제의 변화가 많고 이상기온이 근년에 많이 일어나고 있어 분명히 발생이 많이 되고 있다.

### 1) 병징(病徵)과 발병조건(發病條件)

5월의 신초 기부에 있는 새로 나온 잎에 작은 흑점지름 0.5~1mm의 병반이 산재되어 있는 것이 보인다. 6~7월에는 어린잎에 작은 흑점이 발생되어 발병이 된다. 이 시기의 증상은 응애의 피해와 흡사하다.

8월 하순경에 기온이 떨어지면 이병엽(罹病葉)의 뒷면에는 흰가루모양의 균총(菌叢)이 나타나 급진적으로 확대가 된다.

이 병반부에는 황색의 소립점(小粒点) 즉 자낭각(子囊殼)이 산재하며 이것이 11월이면 흑색으로 변한다.

이 자낭각은 낙엽의 전후면 병반에 붙어 있던 것이 지상으로 떨어지든가 아니면 다른 물체에 묻어 있게 된다.

지상에 떨어진 자낭각은 곤충류가 먹거나 아니면 다른 균류에 침해를 받아 많은 자낭각이 소멸된다. 그러나 감나무 줄기, 가지에 붙어 있는 자낭각은 다음해 2월 후가 되면 성숙되고 3월 중순이 지나면 자낭각내에서 성숙된 자낭포자(子囊胞子)가 보인다.

자낭포자의 비산(飛散)은 4월 하순부터 5월 상순에 걸쳐 시작되며 새로 나온 잎이 제 1차 전염원이 된다.

품종간 발병정도는 내성이 강한 품종은 정월이고 이병성(罹病性)인 품종은 차랑, 송본조생부유 등 다수 품종이 있다.

## 2) 병원균 (*Phyllactinia Kakicola*)

분생포자(分生胞子) 및 자낭포자(子囊胞子)를 형성한다. 분생포자는 유두상(乳頭狀)이며 무색단포(單胞)로 세포내에는 다수의 공포(空胞)과 과립체(果粒體)가 있다. 분생포자 크기는 55.2~97.2×15.6~30㎛으로 변이차가 있다.

자낭각은 구형으로 침상(針狀)의 부속사(付屬絲)가 8~23개 있으며 직경 200㎛전후이다.

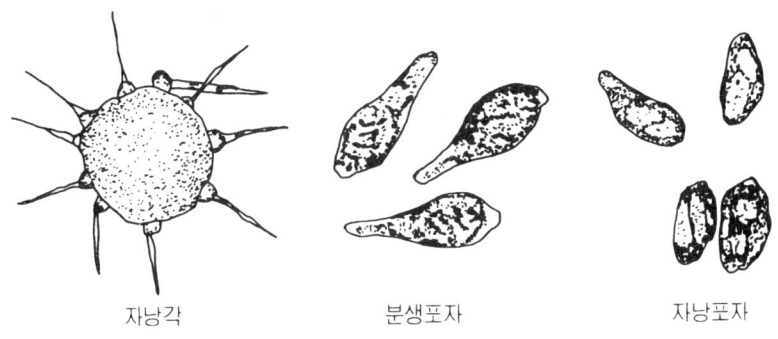

자낭각    분생포자    자낭포자

(그림 16-4) 흰가루병의 병원균 모양

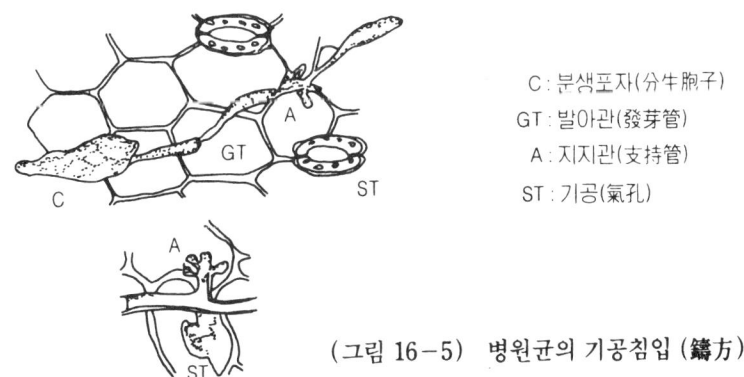

C : 분생포자(分生胞子)
GT : 발아관(發芽管)
A : 지지관(支持管)
ST : 기공(氣孔)

(그림 16-5) 병원균의 기공침입 (鑄方)

자낭각 1개 속에는 자낭 5~21개(평균 13개)가 들어 있고 자낭 속에는 대개 2개의 자낭포자가 들어 있다.

자낭포는 무색이고 단포(單胞)이며 타원형으로 크기는 26.4~40.8 × 15.6~25.2㎛이다. 균사의 발육과 자낭포자의 형성에 있어 온도는 평균기온 15~25℃이고 26℃ 이상의 온도가 되면 생육은 정지한다.

병원균의 생리적 특징은 분생포자는 물 속에서는 파멸되어 세포 내용물이 물 속으로 퍼져나오므로 발아가 되지 않는다. 그러나 병엽에 있는 분생포자는 습도가 적당하면 24시간내 발아한다. 분생포자의 수명에 대하여 이가다(錡方)는 약 7일간 간다고 했고 기다지마(北島)에 의하면 7월에 시험한 결과 2개월간 생존이 가능하다고 했다.

3) 방제법(防除法)

㉮ 동계약제 살포로 석회유황합제 5도액을 살포한다.
㉯ 발생이 심한 과원에서는 5월~9월 사이에 톱신엠 1,500배, 벤레이트 2,000배액을 교호로 살포한다. 이 약제들은 내성이 생길 위험이 있으므로 연중 2~3회 이상은 살포하지 않는 것이 좋다.(상기 약제는 품목고시 약제가 아닌 것을 밝혀둔다)
㉰ 일본에서 전용약제는 파이레톤 수화제 500배를 사용한다.

## 마. 둥근별무늬낙엽병(圓星落葉病)

둥근별무늬낙엽병은 전국적으로 발생한다. 병이 많이 발생하는 과원에서는 낙엽이 심하고 이로 인하여 과실도 낙과되기 때문에 피해가 심한 해에는 수확을 못하는 때도 있다. 또, 낙과가 되지 않았을 때에는 과실의 비대가 되지 않으며 착색은 빨리 되어도 당도가 떨어지기 때문에 과실은 조잡해진다.

### 1) 병징(病徵)과 발생조건(發生條件)

본병은 잎에만 발생된다. 초기는 잎에 작은 원형의 검은 반점이 찍히고 이것이 확대가 되면 병반 주변에 흑자색의 해무리 같은 무리가 생기고 그 내부는 적갈색의 원형 병반이 생긴다. 그리고 병반이 융합(融合)이 되고 엽맥에 발생하면 부정형의 병반이 생긴다.

특히 부유품종에 많이 발생하게 되며 9월 상순경에 병반이 나타나기 시작한다.

병원균의 침입과정은 잎에 있는 자낭포자가 발아하게 되면 발아관(發芽管)은 빠르게 엽표면에 퍼져 나가며 그 선단이 기공 부근에 도달하게 되면 뭉치면서 기공으로 침입한다.

균사에 접촉한 식물세포는 죽게 되고 균사는 여기에서 쪼개져서 세포 사이로 뻗고 퍼져나가 해면조직(海綿組織)으로부터 만연된다. 엽조직내 균사가 퍼지는 기간은 접종 후 40일 이면 엽전체에 만연된다.

균사가 기주세포의 세포막 외벽에 접촉하게 되면 세포막은 약간 옴폭하게 늘어가고 균사는 극히 작은 돌기(突起)를 만들고 세포막에 붙는다. 세포내용물은 이 부분으로부터 원형질 분류가 일어나며 그로 인하여 고사하게 된다.

병원균의 생태를 보면 병반은 엽이면에 10~11월이 되면 극히 미세(微細)한 흑색의 입자가 생기는데 이것이 균핵(菌核)이다. 낙엽 후 균핵이 자낭각으로 되고 다음해 3월 중, 하순쯤 되면 성숙하게 된다. 자낭각은 병반부 뿐만 아니라 그 이외의 부분에도 형성된다. 본병의 전염원은 자낭포자에 의하여 제1차 전염이 된다.

2) 병원균(*Mycosphaerella nawae*)

자낭균의 일종으로 이병(罹病) 낙엽에서 월동한 균은 자낭포자만 생긴다. 자낭각은 구형(球形)내지 서양배같은 형으로 자좌(子座)가 있다. 자낭각벽은 흑갈색이고 의유조직(擬柔組織)으로 2~3층의 세포로 덮여 있으며 그 두께는 5~10μm이나 정부(頂部)쪽은 두께가 더 두꺼워져서 17μm 정도이고 3~5층의 세포로 되어 있다.

자낭각은 군생(群生)을 하지 않으며 자낭각 높이는 52.5~100μm

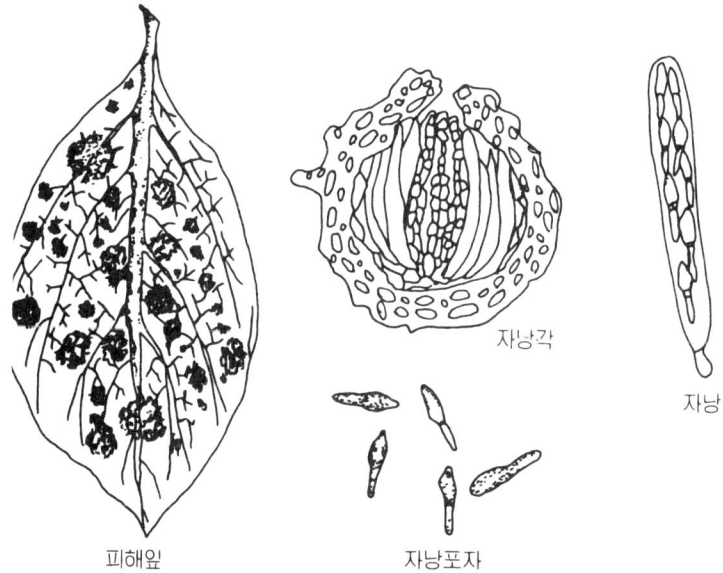

(그림 16-6) 둥근 별무늬병의 병원균과 피해잎

으로 평균 76.0㎛이고, 폭은 52.5~99㎛, 평균은 74.5㎛이다. 자낭각 내에도 바나나모양의 자낭이 꼭 차있고 자낭 중에는 자낭포자가 8개가 들어 있다.

　자낭포자는 무색 2포(胞)로 모양은 방추형이고 성숙하게 되면 한쪽은 크고 한쪽은 작다. 포자의 크기는 6~12×2.4~3.6㎛이다. 병원균의 발육온도는 20~15℃이고 자낭포자의 발육온도는 20~25℃이다.

3) 방제법(防除法)

㉮ 나무가 건실하면 발병이 적다. 그러므로 토양심경과 합리적 시비가 필요하다.
㉯ 이병된 낙엽은 소각 및 매몰한다.
㉰ 방제약제로는 다코닐수화제 500배, 톱신 엠 수화제 1,000배, 벤레이트 수화제 1,500배를 교호로 살포한다.

## 바. 모무늬 낙엽병(角班落葉病)

　전국 감나무에 보편적으로 발생되는 병이다. 본병은 재배관리를 철저히 하는 과원에서는 발생이 적으나 한발, 비료부족, 유기물 결핍이 되면 나무수세가 쇠약해져서 발생이 많이 된다. 착색기에 낙엽이 되는 경우도 있는데 이로 인하여 과실비대가 저조해지고 감미가 떨어지며 품질은 조잡해져서 상품성이 떨어진다.

1) 병징(病徵)과 발생조건(發生條件)

잎에만 병반이 생긴다. 최초의 병반은 부정형의 담갈색 내지 암갈색의 반점이 되나 병반이 확대되어 커지면 다각형(多角形)의 갈색병반이 된다.

병반은 엽맥을 따라 발생되므로 건전부와 경계가 명료하게 구분이 된다. 병반크기는 3～7mm이나 큰 것은 10mm 정도에 달하는 것도 있다. 병반이 오래되면 그 표면에 작은 흑색의 입점(粒点)이 형성된다.

병반의 이면과 표면에 회갈색 내지 회암색인 소흑립점(小黑粒点)을 형성한다. 1엽에 병반은 보통 십여 개인데 많은 경우에는 100개 이상인 것도 있다.

본 병과 유사한 병은 둥근별무늬낙엽이 있다. 병반의 형상, 병반상에 포자형성의 유무 및 발병, 낙엽의 양상같은 것을 잘 관찰해 보면 구별이 용이하게 된다. 본 병은 병반이 다각형으로 형성되고 오래 되면 표면에 소흑립점이 둥근 별무늬 낙엽병의 것보다 약간 큰 것이 형성된다. 특히 강우 후가 되면 눈으로 쉽게 볼 수 있는 암갈색 내지 올리브색의 포자층(胞子層)을 만든다. 이것을 채집하여 검정해 보면 *Cercospora*균 특유의 4～8개 격막이 있고 가늘고 긴 곤봉상의 분생포자를 확인 할 수 있다. 또, 본병의 초기 발생은 7～8월경에 시작되며 낙엽도 비교적 완만하게 된다.

2) 병원균(*Cercospora Kaki*)

불완전균(不完全菌)의 일종으로 주요한 것은 분생포자가 생기는 것이다. 자좌(子座)는 표면의 각피(角皮)밑에 형성되나 후에 파괴

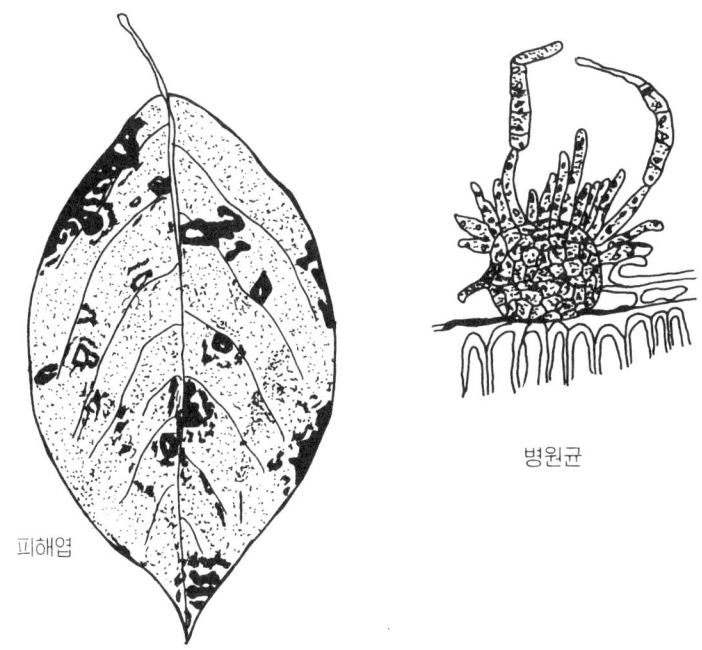

(그림 16-7) 모무늬 낙엽병의 병원균과 피해잎

되면서 포자가 노출된다.

 포자의 모양은 대개가 편구형(扁球形)이며 담암색 내지 올리브색이다.

 포자의 높이는 60μm 정도이고 폭은 75~100μm이다. 담자경(擔子梗)은 자좌상에 소생되며 짧은 산상(傘狀)형에 격막이 없고 담갈색 내지 담올리브색이고 크기는 15~27×3~4.5μm이다. 그 선단에 1개씩 분생포자가 붙어 있다.

 분생포자는 긴곤봉상으로 드물게 굵고 약간 만곡(蠻曲)된 것이 많고 무색 내지 담황색으로 보통 4~5개이나 드물게는 7~8개의 격막을 가지고 있다. 그 크기는 40~66×3~4μm이다. 분생포자는 그대로 겨울부터 춘기(春期)까지 자좌내에 Phyllosticta형의 병자각을 형성하는 것도 있다. 병원균의 발육온도는 10~40℃이나 30℃ 부근이 적온이다.

　병원균은 낙엽에서 균사로 월동하며 다음해 병반부의 이면에 분생포자가 형성된다. 또, 전년가을의 병반상에 형성된 분생포자는 낙엽 전 아니면 낙엽 후 수일간 지나면 병반부로부터 떨어져 비산(飛散)하여 토양 중이나 가지, 꼭지 등에 붙어 월동한다.

　분생포자의 생존기간은 길어 8개월 이상 가며 7개월간에 발아력을 가지고 있으므로 봄에 형성된 분생포자가 제 1전염원이 되는 것이다.

　3) 방제법(防除法)

　㉮ 낙엽은 전염원이므로 소각 또는 매몰한다.
　㉯ 유기물 충분시용과 적정시비로 수세 강건하게 관리한다.
　㉰ 방제 약제로는 벤레이트 수화제 1,500배, 다이센엠은 −45,500배, 석회불도액은 6월에는 2~12식이 표준이다. 또, 약해가나는 품종에는 살포하지 않는다.

## 사. 동고병(胴枯病)

　본 병은 여름에 가지가 돌연히 시들어 말라죽는다. 처음에는 신초 선단이 시들고 차츰 가지 아래쪽으로 숙어 내려 간다. 가는 가지는 발병되면 그 해에 고사하는데 주지나 주간 같이 굵은 가지가 고사되는 것을 보면 오래 전부터 환부가 있는 가지로 기부쪽에서부터 차츰 죽어간다. 본 병은 정식(定植) 직후의 유목에서부터 성목까지 수령에 관계없이 발생되고 있다.

1) 병징(病徵)과 발생조건(發生條件)

본 병은 가지와 주간(主幹)에 발생된다. 또 드물게는 과실에도 발생을 하는데 탄저병과 같이 부패가 된다. 가지에는 전정상구나 생리적에 의한 고사부분에서 발병이 되고 있다. 발병초기의 병 환부를 보면 표면은 건전부와 차이가 없는 것으로 보이나 잘 관찰해 보면 거무스름해져 있다.

병반을 확인하기 위하여 표피를 깎아 보면 껍질 및 목질부까지 흑변되어 있는 것을 진단할 수 있다.

병이 자라고 있는 환부의 목질부가 완전히 침범되면 수분이동이 저해되므로 고사하게 된다. 또, 병환부의 표면은 균열이 생기고 표피는 거칠어진다.

병원균은 가지에 환부(患部)가 있는 전정목을 과수원에 방치해 두면 월동장소가 된다. 이곳에서 월동한 병포자(柄胞子) 또는 자낭포자가 강우시 비산하여 가지, 줄기의 상구를 통하여 침입하게 되면 병이 발생된다. 동고병의 발생은 빨리 발생하는 것은 4~5월경부터 보이지만 많이 발생하는 것은 여름 장마기이다. 발생이 심한 것은 과다 결실된 나무, 배수불량한 과원, 극심한 가뭄, 겨울의 저온피해 등에서 온다.

2) 병원균(*Botryosphaeria dothidea*)

자낭균류의 일종이며 잘 발달된 흑색의 자좌내에 자낭각과 병자각(柄子殼)을 만든다.
자낭포자는 무색단포로 타원형 내지 방추형으로 크기는 15~28×6~12㎛이다. 병포자의 모양은 자낭포자와 거의 같은 모양이며 크기는 12~30×4~8㎛이다. 균의 발육 적온은 28℃ 전후이며, 최저온도는 약 8℃이고, 최고 온도는 37℃이다.

3) 방제법(防除法)

㉮ 발병이 심한 나무는 빨리 갱신한다.
㉯ 환부는 도려내고 도포제인 톱신 페스트나 석회유황합제 원액을 발라 준다.
㉰ 전정상구는 도포제로 처리 보호한다.
㉱ 질소질 다비는 피하고 유기물 심경과 적량시비로 수세 관리를 철저히 한다.

# 제 2 절  해충의 생태 및 방제

## 가. 감꼭지 나방

(학명 : *Stathmopoda masinissa*)

1) 가해식물(加害植物)

감나무

2) 가해 상태(加害 狀態)

 눈(芽)의 피해는 발생 최성기후에나 볼 수 있다. 피해 받은 부분에 가는 벌레똥이 나와 있다. 피해 받은 눈이 고사되면 잎줄기가 식해(食害)를 받게 되는 경우에는 낙엽이 되기 쉽다.
 과실에는 주로 과경, 꼭지와 과실 접착되는 사이를 먹고 들어가는데 이때 벌레똥이 나오며 유충은 중심부만을 가해하므로 과실과 꼭지가 불리되므로 과실의 색은 변한다. 제 1세대 유충에 의한 과실의 피해는 황갈색 내지 흑갈색으로 변하며 가지에 달려 있어도 생리낙과와는 구별이 된다. 제 2세대의 피해 과실은 황갈색으로 되며 유충이 다른 과실로 옮겨가면 피해과는 낙과된다.

### 3) 형태(形態)

가) 성충 : 암컷의 성충체장(成蟲體長)은 6~7mm, 날개의 펼친 길이는 15~17mm이며 수컷의 성충체장은 5~6mm, 날개의 펼친 길이는 14~15mm로 수컷이 암컷보다 작다.

머리는 금속광태인 황갈색이고 촉각은 편상(鞭狀)이다. 가슴과 배 그리고 앞뒤 날개는 자흑색으로 되어 있으며 가슴 중앙부는 황갈색이다. 앞뒤 날개는 가늘고 길며 날개 끝은 뾰족하고 광택이 있는 암갈색의 긴 연모(緣毛)가 있다. 그리고 앞날개 전연(前緣)에서 외연(外緣)을 향해 황갈색의 띠가 있다.

나) 알 : 백색이며 또한 미홍색(微紅色)의 띠를 띠고 있다. 알 전면에는 세로(縱)로 홈같은 점이 있으며 위쪽으로는 짧은 털이 2중으로 나 있다.

다) 유충 : 부화(孵化)유충은 체장 0.9mm정도이고 머리는 적갈색이다. 노숙되면 체장이 9.5~10mm가 되며 머리는 갈색으로 되고 등쪽이 암자색이고, 배쪽은 엷은 자색이다.

라) 번데기 : 체장 7~8mm로 갈색타원이다. 번데기는 강인한 고치 속에 들어 있다.

### 4) 생태(生態)

가) 발생 : 1년에 2회 발생한다. 유충은 수피하(樹皮下)틈 사이에 고치를 짓고 그 속에서 월동을 한다.

월동장소는 주로 주지(主枝), 측지, 아주지 같은 가지의 분지점에 많다. 이 유충은 5월 상순경에 번데기가 되고 성충으로 출현하는데 발생시기는 지역에 따라 다르다.

(그림 16-8) 감꼭지나방 성충과 유충 피해과

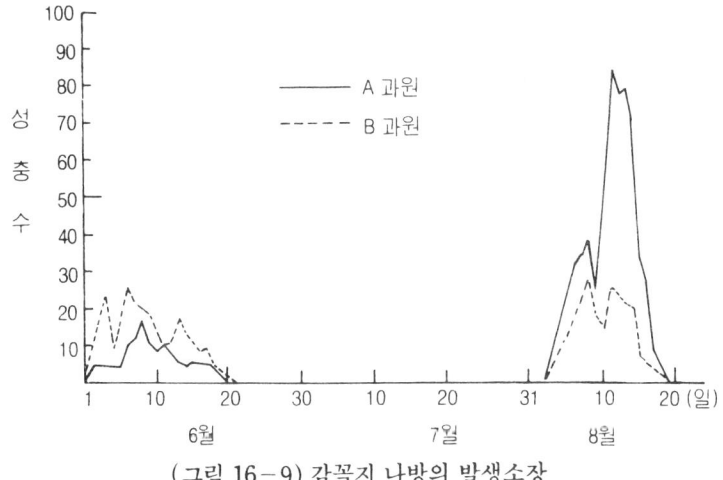

(그림 16-9) 감꼭지 나방의 발생소장

 제 1화기는 5월 하순에서 6월 중순경인데 1화기 최성기는 6월 상순(6월 8일~10일), 제 2화기는 8월 상순에서 20일 사이로 보면 되고 2화기 최성기는 8월 중순이다. 본 해충의 발생량은 제 1화기보다 제 2화기에 많이 발생한다. (그림 16-9)

나) 성충의 행동(行動) : 성충이 낮에는 잎 이면에 붙어 쉬고 있으며 그 상태는 날개는 접고 있고 촉각은 뒤쪽으로 젖히고 있다. 해가 지고 어두워지면 활동이 활발하다.

엔토우(遠藤)조사에 의하면 청색형광등 20왓트에 끌린다고 했으나 광원에 의한 방제효과는 알 수가 없다고 했다. 성충의 산란수는 확실치 않으나 수십개 일 것으로 보고 있으며 산란장소는 눈(芽), 잎, 가지, 과실, 과경의 부근이다.

다) 유충의 행동(行動) : 부화가 된 유충은 눈(芽)를 먹고 성장해서 과실 그리고 신초를 먹는다.

과실의 먹는 부위는 표 16-1과 같이 과경 선단부가 92.2%로 많고 꼭지 밑 3.9%, 과경기부 2.6%, 꼭지상에 1.3%의 비율로 피해를 주고 있다.

유충이 과실을 먹어들어갈 때 충분(蟲糞)이 배출된다. 피해과는 회갈색으로 되어가고 점차로 꼭지와 분리되어 낙과가 된다. 이 피

〈표 16-1〉 과실의 부위별 가해 비율 비교 (奧代 : '57)

| 피해부위<br>조사일자 | 과경선단부 | 과경기부 | 꼭지 위쪽 | 꼭지 밑 | 기 타 | 계 |
|---|---|---|---|---|---|---|
| 6.21 | 14 | 2 | 0 | 0 | 0 | 16 |
| 6.30 | 7 | 0 | 0 | 0 | 0 | 7 |
| 7.12 | 16 | 0 | 1 | 2 | 0 | 19 |
| 1화기(계) | 37 | 2 | 1 | 2 | 0 | 42 |
| 8.21 | 4 | 0 | 0 | 1 | 0 | 5 |
| 8.31 | 30 | 0 | 0 | 0 | 0 | 30 |
| 2화기(계) | 34 | 0 | 0 | 1 | 0 | 35 |
| 합 계 | 71<br>(92.2) | 2<br>(2.6) | 1<br>(1.3) | 3<br>(3.9) | 0<br>(0.0) | 77<br>(100.0) |

(표 16-2) 월동시기별 충수조사 (奧代 : '57)

| 조사 월일 | 9.8 | 9.15 | 9.22 | 10.4 | 10.14 | 10.21 | 10.31~11.5 |
|---|---|---|---|---|---|---|---|
| 월동충(마리) | 3 | 5 | 25 | 17 | 5 | 0 | 0 |

해가 많은 시기는 7월 상순경이다.

유충은 낙과 전에 다른 과실로 이동하며 여러 개 과실을 가해하고 충분한 성장이 되면 꼭지 내면에 강인한 고치를 만들고 그 속에다 번데기를 만든다.

1화기의 유충기간은 약 30일 내외이고 번데기 기간이 10일 정도이며 성충이 부화하면 교미 후 산란을 한다. 난기간(卵期間)은 4~5일 (1화기 : 7~8일 정도) 정도이고 유충은 과실에 먹어들어가는데 피해과실은 8월 중, 하순에 황색 또는 등황색으로 나타나고 낙과는 9월 중순부터 10월에 많이 된다.

오구시로(奧代)의 월동시기별 충수 조사를 보면 표 16-2와 같이 9월 8일 3마리, 9월 15일 5마리, 9월 22일 25마리, 10월 14일 5마리 그후에는 발견을 못했다고 했다. 월동최성기는 9월 하순인 것을 알 수 있다.

5) 방제법(防除法)

㉮ 경종적인 방제법으로는 줄기나 가지에 마대나 짚으로 9월 상순경 묶어 주어 월동유충의 집합장소를 제공해 주는 것으로 이른 봄에 해체하여 소각하는 방법이다.

㉯ 조피 굵기와 2월 하순에 기계유유제 25배액을 살포.

㉰ 방제약제로는 데시스 1,000배, 디멀린 4,000배, 페이오프 1,500배, 트레본 1,000배 등이 있다.

## 나. 차 주머니 나방

(학명 : *Eumeta minuscula*)

1) 가해 식물(加害植物)

감나무, 차, 벚나무, 복숭아, 매실나무 등이다.

2) 가해 상태(加害狀態)

유충은 주로 잎을 가해하고 과실표면에도 가해한다. 이때 잎을 조각을 내서 주머니(유충이 들어가서 사는 곳)주변에 붙이면 잎은 갈색으로 변한다.

3) 형태(形態)

㉮ 성충 : 수컷의 성충체장은 10~20mm정도이고 날개를 펼친 길이는 25~30mm정도이다. 머리는 황회색이고 가슴과 배부분은 암회색이고 가슴 등쪽에는 검은 선이 있다. 촉각은 백색이나 일부는 황길색의 띠를 띤 모양이고 몸은 담자갈색(淡紫褐色)이고 뒷쪽으로 가면 담색이다. 앞 날개는 암회색(暗灰色)이고 뒷 날개도 같은 색이다.

㉯ 알 : 황백색의 타원형이고 크기는 장경(長徑) 0.7mm, 단경(短徑) 0.5mm이다.

㉰ 유충 : 노숙되면 체장이 20mm 정도가 되고 머리는 암백색으로 드문드문 흑갈색의 점이 산재되어 있다. 가슴은 회백색으로 흑

성충

유충

(그림 16-9)  차주머니 나방

갈색의 아척선(亞脊線)과 배에도 아척선, 측선, 기문상선(氣門上線)이 한개, 기문하선이 두개가 있다.

㉱ 번데기 : 수컷의 번데기는 방추형이고 자갈색이며 암컷의 것은 장타원형에 적갈색으로 체장은 20mm내외로 수컷보다 크다.

4) 생태(生態)

주머니 속에 들어 있는 유충은 주머니에서 탈출하여 실을 토하고 바람에 의해 이동하며 이동장소에서 오면 은신할 작은 주머니를 잎을 가지고 만든다.

유령기(幼令期)에는 잎의 일면만 먹어서 점점이 투명하게 만든다. 그러나 성장이 되면 잎 전체를 가해한다. 10~11월경까지 가해를 계속하다가 낙엽 전에 유충은 가지로 이동 주머니의 상단에 실을 토해서 고착시켜 월동한다. 월동 유충은 4월 하순경부터 활동을 개시하여 5~6월에 피해 최성기를 이루면서 가지 일부를 가해하면

(표 16-3) 유충 생존율

| 조사년월 | 유충생존율(%) | 사망률(%) | 피기생률(%) | 빈주머니율(%) |
|---|---|---|---|---|
| 1939.2월 | 53.9 | 20.9 | 0 | 25.2 |
| 1940.4월 | 7.6 | 18.0 | 0 | 74.5 |
| 1941.3월 | 47.1 | 29.3 | 0.1 | 22.5 |
| 1942.3월 | 33.9 | 42.2 | 0 | 22.0 |

서 주머니를 만들어 간다.

6월 하순경이 되면 노숙유충이 되어 주머니의 상단부를 잎의 이면에 아니면 가지에 실을 토하여 붙여 놓고 번데기를 만든다.

암컷의 주머니는 수컷의 주머니보다 크다. 수컷의 주머니는 아래쪽에 구멍이 있어 탈출하여 성충이 되지만 암컷은 주머니에서 탈출할 수 없으며 주머니 속에서 교미가 이루어지고 산란(產卵)을 한다.

월동 후 생충을 조사해 본 결과 50%이상이 사멸되고 있으며 심한 해에는 92.6%가 사멸된다.

5) 방제법(防除法)

㉮ 신초에 달려 있는 주머니를 채집하여 소각하거나 깊이 매몰한다.

㉯ 약제로는 스미치온수화제 1,000배, 파마치온수화제 1,000배액을 살포한다.

## 다. 노랑 쐐기나방

(학명 : *Monema flavescens*)

1) 가해식물(加害植物)

감나무, 사과, 배, 살구, 복숭아, 양벚나무, 매실, 자두, 단풍, 느릅나무, 밤나무, 뽕나무, 대추나무, 감귤나무, 미류나무 등

2) 가해상태(加害狀態)

애벌레가 잎을 갉아 먹으며 독을 가진 털이 있어서 사람 몸에 닿으면 쏘고 피해는 따갑고 쓰리다.

3) 형태(形態)

어른벌레 　　　 애벌레 　　　 고치와 알

(그림 16-10) 노랑쐐기 나방의 형태

㉮ 성충 : 몸길이가 16mm, 날개를 펼친 길이가 32mm인 황색의 **나방**으로 배면은 약간 갈색이며 앞 날개의 앞면 끝에서 뒷면에 걸쳐 2줄의 갈색 사선이 있다.

㉯ 알 : 길이가 1mm가량이고 납작한 타원형으로 담갈색을 띤다.

㉰ 유충 : 몸이 통통하고 황록색이다. 앞가슴의 배면에 1쌍의 검은점이 있고 가운데 가슴에서 배에 걸쳐 큰 갈색반문이 있다.

㉱ 번데기 : 타원형으로 몸길이는 13mm가량이고, 백색～갈색의 고치 속에 있다.

4) 생태(生態)

1년에 1회 발생하며 유충으로 단단한 고치 속에서 월동을 한다. 다음해 5월경에 번데기가 되고 6월 상순경에 성충이 출현한다. 유충은 6월 중순부터 부화하여 가해하는데 4회 탈피(脫皮)후 고치

(표 16-4)  유충의 성장과정

| 구분 | 부화 | 제1회 탈피 | 제2회 탈피 | 제3회 탈피 | 제4회 탈피 | 고치만들기 |
|---|---|---|---|---|---|---|
| 일자 | 7.22 | 7.26 | 8.2 | 8.8 | 8.16 | 8.24 |

| 월<br>구분 | 1 | 2 | 3 | 4 | 5 | 6 | 7 | 8 | 9 | 10 | 11 | 12 |
|---|---|---|---|---|---|---|---|---|---|---|---|---|
| 생태별 | ○○○ | ○○○ | ○○○ | ◉◉◉ | ◉◉◉ | +++<br>●●● | +++<br>●●● | +++<br>●●● | +<br>●<br>--- | ---<br>○○○ | ○○○ | ○○○ |

● : 알,   - : 유충,   ○ : 고치내 유충,   ◉ : 번데기,   + : 성충

(그림 16-11)  노랑쐐기 나방의 생활사                                (名和)

속으로 들어간다.

　이외에도 파랑쐐기나방(*Latoia Consocia*), 배나무쐐기나방(*Narosoideus flavescens*), 흑점쐐기나방(*Thosea sinensis coreana*) 등이 있다.

5) 방제법(防除法)

　㉮ 천적(天敵)인 고치벌 1종의 기생률이 높아 자연적으로 발생 억제가 되고 있다.
　㉯ 방제 농약으로는 스미치온 수화제 1,000배, 다이아찌논 수화제 1,000배액을 살포한다.

## 라. 노린제류

　- 갈색 날개 노린제(학명 : *Plautia stali*)
　- 썩덩나무 노린제 (학명 : *Halyomopha mista*)
　- 기름빛 풀 노린제(학명 : *Claucias sudpunctatus*)
　- 풀색 노린제(학명 : *Nezara antennata*) 등의 노린제가 감나무에 피해를 준다.

1) 가해식물(加害植物)

　감나무, 감귤나무, 배나무, 복숭아나무, 자두나무, 포도나무, 비파나무, 등 다수

## 2) 가해상태(加害狀態)

노린제류의 피해는 과수원에 날라온 성충이 침같은 입으로 과실을 찔러서 과즙을 흡수하기 때문에 피해가 발생된다.

과수원에 성충이 날라오는 시기는 7월부터 시작하여 수확시기까지 장기간 동안 계속된다. 가해 최성기는 7월 하순부터 9월 하순까지이며 이 기간 중의 피해는 가해부를 손으로 누르면 물렁물렁하고 수침상(水侵狀)이 되어 낙과가 된다. 9월 하순이 지나 가해된 것은 낙과는 되지 않지만 가해부는 옴폭 들어가 과육은 스폰지상으로 되어 상품성이 떨어진다.

피해발생은 지역간 차이가 크며 동일 포장에서도 차이가 있다. 노린제 피해는 일반적으로 산간지역에 피해가 많고 조생종 단감에 피해가 많다.

## 3) 형태(形態)

갈색날개 노린제 성충의 체장은 11mm내외이고 몸은 초록색에 날개는 다갈색이다. 그러나 월동 중에는 몸 전체가 암갈색으로 변

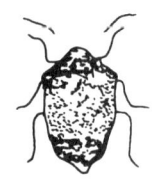
갈색 날개 노린제

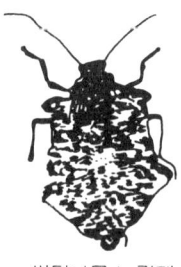
썩덩나무 노린제

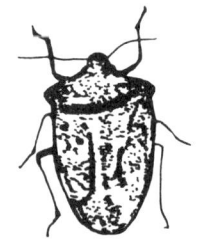
풀색 노린제

(그림 16-12) 노린제류의 성충

한다. 썩덩나무 노린제 체장은 14~18mm 암갈색의 바탕에 불규칙한 다갈색의 반점이 있다. 기름빛 풀 노린제의 체장은 15~17mm로 몸 전체가 선록색(鮮綠色)으로 되어 있으며 광택이 난다. 풀색 노린제는 체장이 11~17mm이고 보통때는 몸 전체가 녹색이지만 그중에는 황갈색인 것도 있다. 알은 무대기(卵塊)로 식물에 산란한다.

4) 생태(生態)

상기 4종의 노린제는 성충으로 월동을 한다. 주요 월동 장소는 갈색 날개 노린제는 낙엽 밑이고 썩덩나무 노린제는 큰나무 조피틈이나 가옥내이며 기름빛 풀 노린제는 상록광엽수(常綠廣葉數)이다. 그리고 풀색 노린제는 낙엽 밑이나 상록수에서 지낸다.

노린제는 잡식성인 해충으로 여러 식물을 가해한다. 그러므로 동

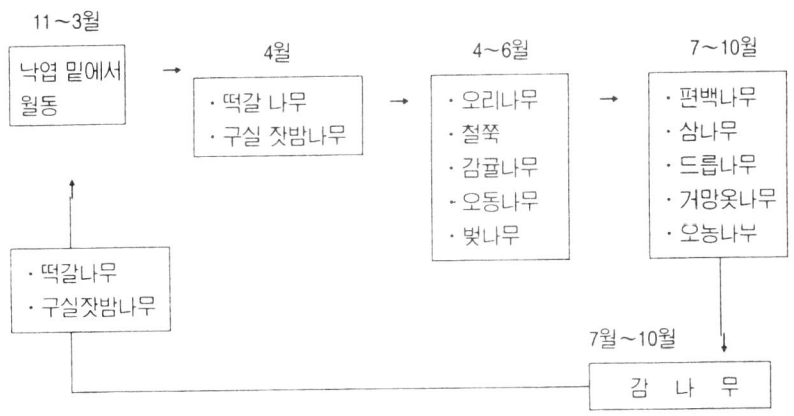

(그림 16-13) 노린제의 계절별 식성따라 이동 상태

일식물이라도 연간을 통하여 정착하는 것이 아니고 먹기 좋은 곳으로 옮겨간다.

　그림 16-13과 같이 월동 후 4월에는 떡갈나무와 구실 잣밤나무로, 4~6월이면 오리나무, 철쭉, 감귤나무, 오동나무, 뽕나무, 벚나무 등으로, 7~8월이면 편백, 삼나무드릅나무, 거망 옷나무 등으로 이동하여 가해한다.

　5) 방제법(防除法)

　㉮ 예찰등을 설치하여 유살하고 발생실태 조사 후 처리한다.
　㉯ 방제농약으로는 스미치온 수화제 1,000배, 엘산 수화제 1,000배 등을 교호로 살포한다.

## 마. 깍지벌레류

　감나무에 피해를 주는 깍지벌레는 다음의 3종이 있다. 이 깍지벌레는 반시목(般翅目)중 밑 깍지벌레과(Coccidae)에 속하는 해충이다.
　- 뿔밑 깍지벌레(학명 : *Ceroplastes pseudoceriferus*)
　- 루비 깍지벌레(학명 : *Ceroplastes rubens*)
　- 거북밑 깍지벌레(*Ceroplastes japonicus*)

　1) 가해식물(加害植物)

　감나무, 매실나무, 감귤나무 등

## 2) 가해상태(加害狀態)

밑깍지벌레류의 피해는 약충, 성충 모두가 주사기 같은 입으로 잎과 가지에 붙어 즙액을 빨아 먹어 수세를 쇠약하게 만들고 배설물에 의해 그을음병(매병)이 과실에 오염되어 상품성을 떨어뜨린다.

## 3) 형태(形態)

- 뿔밑 깍지벌레

㉮ 성충 : 암컷은 납질개각(蠟質介殼)으로 원형이며 직경은 8mm 정도이다. 등쪽은 불룩하게 나왔고 각상돌기(角狀突起)가 있어 앞쪽을 향하여 돌출되어 있다.

충체(蟲體)는 이 개각 밑에 원형으로 되어 있고 충체지름은 4mm로 자적색(紫赤色)이다.

수컷은 체장이 1.3mm로 날개가 있으며 날개 펼친 길이는 2mm 정도로 미소(微少)곤충이다.

㉯ 알 : 장타원형으로 양쪽 끝이 가늘고 장경(長經)이 0.3mm 정도로 작으며 붉은색이다.

㉰ 유충 : 부화유충은 타원형이고 적갈색이다.

㉱ 번데기 : 번데기는 적갈색이고 쌓은 고치는 백색의 납질물로 쌓여 있다. 번데기는 등쪽에 낮은 돌기 13개가 있다.

- 거북밑 깍지벌레

㉮ 성충 : 암컷은 타원형으로 장경(長徑)이 4mm로 붉은색의 띠를 두른 백색 납질물로 복합되어 있다. 등쪽은 거북무늬 모양을 하고 있으며 외부쪽으로 돌기가 다수 있다.

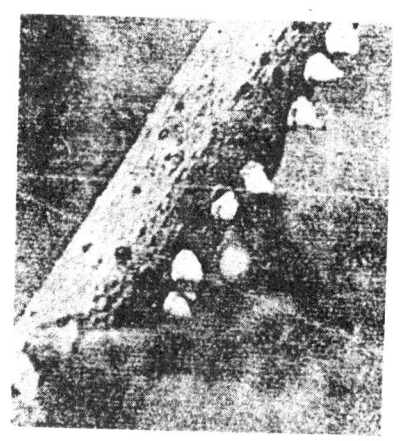

(그림 16-14) 뿌리밑 깍지벌레

수컷의 몸은 타원형의 암적색(暗赤色)이고 체장은 1mm이며 날개의 펼친 길이는 1.8mm 자적색의 띠무늬가 있다.

㉯ 알 : 장타원형으로 양쪽 끝이 가늘며 크기는 0.3mm이며, 산란당시는 붉은색이고 흰색의 납질같은 분으로 덮여 있으며 부화시기가 가까워지면 검붉은색으로 된다.

㉰ 유충 : 부화유충은 넓적한 타원형으로 적갈색이다. 체장은 0.35mm 이다. 유충이 정착하면 납질물을 분비하고 8개의 짧은 백색 납질의 돌기를 별모양으로 만든다.

유충의 체장은 1.4mm 폭은 0.8mm정도이다. 2령기가 되면 충체는 암적갈색이다. 3령기의 유충이 되면 길이는 1.8mm, 폭은 1.5mm 되며 초기의 별모양은 없어지고 유두(乳頭)상으로 변형된다.

4) 생태(生態)

− 뿌리밑 깍지벌레

1년 1회 발생하며 수정한 암컷으로 월동을 한다. 6월 중순경 산란을 하며 유충은 7~8월에 나타나고 가는 가지에 기생을 하고 9~10월이면 성충이 된다.

− 거북밑 깍지벌레

1년에 1회 발생하며 수정한 암컷으로 나무가지에 붙어서 월동을 한다. 5월 하순부터 알을 낳는데 부화시기는 7월 상순이며 5~7일이면 등쪽에 납질물을 분비한다. 수컷은 9월 중순경에 우화(羽化)하므로 번데기를 볼 수 있다.

5) 방제법(防除法)

㉮ 동계약제인 기계유유제 25배를 2월 하순경 살포한다.
㉯ 방제약제로는 스미치온 수화제 1,000배, 스프라사이드 수화제 1,5000배를 교호로 2~3회 살포한다.
루비 깍지벌레는 천적인 붉은 꼬마 좀벌레로 방제되고 있다.

## 바. 애모무늬 잎말이나방

(학명 : *Aadoxophyes orana*)

1) 가해 식물(加害植物)

사과나무, 배나무, 양벚나무, 장미, 뽕나무, 차나무, 자작나무, 느릅나무, 버드나무

2) 가해 상태(加害狀態)

사과만이 아니라 많은 과수류에 피해를 주는 나방으로 겨울을 지낸 애벌레는 싹이 튼 후 10일경부터 눈에 들어가 가해하는데 가해한 눈은 흰즙액이 나오므로 발견하기 쉽다.

피해가 심할 때는 꽃봉오리를 전부 갉아먹어 과실이 맺히지 않게 된다.

제 1세대 애벌레는 6월 중순부터 7월 중순까지 어린과실과 새가지 끝의 잎을 얽어매고 갉아먹는다. 제 2세대 애벌레는 7월 하순부터 8월 중순경까지 과실의 표면을 얇게 갉아 먹어 상품가치를 떨어지게 하며 새가지와 웃자란 가지 끝의 잎을 갉아 먹는다. 제 3세대 애벌레는 9월 상순부터 잎의 뒷면을 먹고 과실에는 작은 구멍을 뚫은 것과 같이 갉아 먹는다.

3) 형태(形態)

㉮ 성충 : 등황색으로 둥그스름하다. 몸길이가 7~9mm이며 등불 밑에 잘 모이는 성질이 있다.

㉯ 알 : 엷은 황록색으로 100개 정도의 고기 비늘처럼 과일의 겉

어른벌레

눈속에서 늙은 애벌레로 월동

(그림 16-16) 애모무늬 잎말이 나방

껍질에 알을 낳는다.

  ㉯ 애벌레 : 길이는 17mm이고, 후퇴를 하며 실을 토하고 그 줄을 타고 도망한다.

  ㉰ 번데기 : 타원형이고 적갈색이다.

4) 생태(生態)

1년 3~4회 발생하는 것으로 애벌레로 겨울나기를 하며 5월 중하순에 번데기가 되고 6월 중하순에 성충으로 출현한다.

제 2세대 성충은 7월 상순~8월 상순, 제 3세대는 8월 하순~9월 상순에 발생하여 9월 하순부터 겨울을 지낼 준비를 한다.

5) 방제법(防除法)

  ㉮ 봄철 나무줄기의 거친 껍질을 벗기고 기계유유제 25배액을 살포한다.

  ㉯ 유인띠 설치는 11~12월에 나무줄기에 설치하여 복숭아 순나방 및 가루 깍지벌레 등의 해충에 잠복처 내지 알을 낳게 한 후 이른 봄에 제거하여 불태운다.

  ㉰ 방제약제로는 스미치온 유제 1,000배 다이아지논 수화제 1,000배액을 살포한다.

# 引 用 文 獻

| | 저 자 | 책명(발행년도) | 발행처(출판사) |
|---|---|---|---|
| 1 | 傍島善次 外 | '83 農業技術大系(基礎篇) | 農山漁村文化協會 |
| 2 | 石埼正彦 外 | '83 農業技術大系(基本技術篇) | 農山漁村文化協會 |
| 3 | 木村先雄 | '57 柿篇 | 養賢堂 |
| 4 | 木村先雄 | '63 カキの増收技術 | 富民協會 |
| 5 | 北川博敏 | '70 カキの栽培と利用 | 養賢堂 |
| 6 | 小林 章 | '68 果樹の早期増收と早期出荷 | 試文堂 新光社 |
| 7 | 鴨田福也 | '85 果樹の共通技術 p319-331 | 農山漁村文化協會 |
| 8 | 渡部一郎 | '91 果樹の施設栽培 環境調節 | 太陽社 |
| 9 | 谷口哲微 | '85 果樹の施設栽培 | 家の洸協會 |
| 10 | 鄭厚燮 外 | '62 植物 病理學 | 鄕文社 |
| 11 | 白雲夏 外 | '65 植物 害蟲學 | 鄕文社 |
| 12 | 金 聖 奉 | '86 落葉果樹 病害蟲 生態 및 防除 | 全國農業技術者 協會 |
| 13 | 福田仁郎 | '63 果樹 蟲害篇(最新防除) | 養賢堂 |
| 14 | 筒井喜代治 | '69 作物 害蟲圖譜(原色 生態) | 養賢堂 |
| 15 | 中郎猛彦 | '66 標準 原色圖鑑(全集 第2圈) | 保育社 |
| 16 | 北島 博 | '79 カキ炭そ病 第54圈 第3號 p453-456 | 農業および 園藝 |
| 17 | 〃 | '79 カキ黑星病 第54圈 第4號 p571-573 | 農業および 園藝 |
| 18 | 〃 | '79 カキ圓星落葉病 第54圈 第5號 p701-703 | 農業および 園藝 |
| 19 | 〃 | '79 カキ角班落葉病 第54圈 第6號 p809-811 | 農業および 園藝 |
| 20 | 〃 | '79 カキつどんこ病 第54圈 第3號 p453-456 | 農業および 園藝 |
| 21 | 山口 昭 | '86 果樹の病害蟲(診斷と防除) | 全國農村敎育協會 |
| 22 | 工藤祐基 | '87 果樹の病害蟲(落葉果樹7種) | 農文協 |
| 23 | 武政邦夫 外 | 作物 榮農診斷カード(Ⅱ) | 全國農業協同組合聯合會 |
| 24 | 李運植 外 | '85 감栽培의 理論 實際 | 예일출판사 |

### ■ 오성 영농기술 시리즈

- 과수 원예 전서 　　편집부
- 버섯 재배기술과 경영 　신범수
- 가정 채소 　　박민수
- 비닐시설 채소 재배 　유철성
- 약초이용과 재배 　　최영전
- 고추 · 토마토 　　최관순
- 마늘 · 양파 · 파 　나우현
- 식용버섯의 속성재배법 이용학外1인
- 약초재배 　　유수열
- 대추 재배 신기술 　김월수
- 초지 조성 사료 작물 　김무남
- 바나나 · 파인애플 　편집부
- 딸기 재배 　　나우현
- 영지버섯 　　임응규
- 단감재배 신기술 　김성봉
- 가정과수 　　김정호
- 관상수 재배기술 　　최영전
- 비닐 채소 재배 　　편집부
- 복숭아 · 포도 · 호도 　편집부
- 참다래 재배 　　김의부
- 수박 재배 기술 　　강영모
- 토마토 · 오이 · 가지 　편집부
- 인삼 · 담배 　　윤정호
- 접목 · 삽목 　　최삼호
- 왜성사과 재배 신기술 김성봉外1인
- 무농약채소재배 　　편집부
- 유자 재배기술 　　김의부
- 채소재배 　　편집부
- 산나물 재배와 이용법 　최영전
- 수경재배 　　김광용
- 매실재배 　　김의부
- 향료 · 약미 향신료 식물 백과 　최영전
- 식물형태학 　　임응규外
- 배 재배 　　김정호外

### ■ 오성 사육 양식 시리즈

- 원색 관상 조류 총감 　박희신
- 조류 사육과 번식 　　박희신
- 관상 대조류 실무전서 　오석남
- 개사육 번식 훈련 　편집부
- 사슴 사육과 관리 　김찬규
- 멧돼지 사육 　　편집부
- 양봉꿀벌과 벌통 　　최승윤
- 소 · 젖소 질병과 사육 이원창
- 양계 질병과 사육 　이원창
- 양돈 질병과 사육 　이원창
- 한우 비육과 번식 　편집부
- 개기르기와 훈련 　편집부
- 미꾸라지 양식 　편집부
- 흑염소 · 염소 　이원창
- 양계경영과 사육 　김우영
- 양돈전서 　　김성환
- 양어전서 　　편집부
- 금붕어 · 열대어 기르기 백우열
- 산양 · 면양 · 사슴 　김광한
- 토끼 기르기 　　김병덕
- 꿩 · 칠면조 · 오리 　편집부
- 최신 양봉 　　김종인
- 관상열대어 사육과 번식 박수용
- 금붕어 기르기 　　김종근
- 새기르기 　　권학렬
- 양돈 사육과 경영 　김주영
- 왕우렁이 양식 　은혜수산
- 최신 젖소 　　편집부
- 꿩 사육과 번식 　박승환
- 담수어 양식 　　장계남
- 식용달팽이 양식과 이용 옥치섭
- 식용달팽이 양식과 요리법 이경삼
- 내수면 양어 기술 　장계남
- 축산폐수처리이용과 대책 김우영
- 양봉 사계절 관리 　조도행
- 양봉용어해설 　　조도행

### ■ 오성 원예 취미 시리즈

- 원예전서 　　편집부
- 한국의 수석 산지 　이면근
- 수석 강좌 　　이면근
- 수석 · 돌붙임분재 　오창학
- 최신 분재 　　차건성
- 현대 분재 기술 　송재손
- 자연과 분재 　　정한원
- 꽃꽂이 백과 　　방 식
- 꽃꽂이 디자인 　　김보민
- 꽃 재배 전서 　윤국병
- 동 · 서양란(蘭) 　곽동순
- 가정원예(개정판) 　최주견
- 관엽 식물 　　최주견
- 최신 정원 　　장문기
- 국화재배와 관상 　박병선
- 원예기사 · 기능사 이론과 문제 차건성
- 화훼 원예사 　차건성
- 화훼 원예 대백과 　차건성
- 동양란 　　차건성
- 정원과 조경 　　송재손
- 사계절 꽃꽂이(각권) 재현꽃꽂이外
- 방식부케 　　방 식
- 대한민국 유명 수석대보 이면근
- 한국 비장석보 　이면근
- 동양란 도감 　　차건성外
- 풍란 　　김완기

```
┌┈┈┈┈┈┈┈┈┐
┊판  권┊
┊본  사┊
┊소  유┊
└┈┈┈┈┈┈┈┈┘
```

## 단감재배 신기술

**2012년 5월 15일 발행**

---

저 자 : 김 성 봉
발행인 : 김 중 영
발행처 : 오성출판사

---

서울시 영등포구 6가 147-7
TEL : (02) 2635-5667~8
FAX : (02) 835-5550

---

출판등록 : 1973년 3월 2일 제 13-27호
http://www.osungbook.com

ISBN 978-89-7336-114-4

※파본은 교환해 드립니다
※독창적인 내용의 무단 전재, 복제를 절대 금합니다.